新文科·新传媒·新形态 精品系列教材

U0733448

数字多媒体作品创作

AIGC版

吴航行 ◎ 主编

人民邮电出版社

北 京

图书在版编目（CIP）数据

数字多媒体作品创作：AIGC版 / 吴航行主编.
北京：人民邮电出版社，2025. -- （新文科·新传媒·
新形态精品系列教材）. -- ISBN 978-7-115-67403-6

Ⅰ. TP37

中国国家版本馆 CIP 数据核字第 2025T17L33 号

内 容 提 要

　　随着人工智能技术的飞速发展，我们正处于一个前所未有的数字化、智能化时代。在这个时代，掌握 AIGC 技术已成为数字多媒体行业从业人员保持核心竞争力的关键。本书深入探讨了数字多媒体作品创作的技巧与应用，不仅介绍数字多媒体的基础知识，还分别介绍使用 Photoshop、Illustrator、Audition、Premiere、After Effects、剪映专业版、Animate、Cinema 4D、易企秀、凡科等进行数字图形图像、数字音频、数字视频、数字动画、H5 与微信小程序页面创作的全流程。此外，本书还详细讲解 AIGC 技术在数字多媒体作品创作中的实际应用，如创意策划，创作图像、音频、视频等素材。本书理论联系实际，并且融入实战案例，可以帮助读者掌握数字多媒体作品创作的核心技能，提升创作效率和质量。

　　本书既可以作为高等院校网络与新媒体、广播电视编导、广告学等专业相关课程的教材，也可以作为相关从业人员的参考书。

- ◆ 主　　编　吴航行
　　责任编辑　林明易
　　责任印制　陈　犇
- ◆ 人民邮电出版社出版发行　　北京市丰台区成寿寺路 11 号
　　邮编　100164　　电子邮件　315@ptpress.com.cn
　　网址　https://www.ptpress.com.cn
　　雅迪云印（天津）科技有限公司印刷
- ◆ 开本：787×1092　1/16
　　印张：13.75　　　　　　　　　2025 年 7 月第 1 版
　　字数：377 千字　　　　　　　2025 年 7 月天津第 1 次印刷

定价：69.80 元

读者服务热线：(010)81055256　印装质量热线：(010)81055316
反盗版热线：(010)81055315

前 言

在当今这个信息爆炸、数字技术日新月异的时代，数字多媒体作品已经成为人们获取信息、表达自我、分享生活的重要载体，其影响力之广、传播速度之快令人瞩目。在这一背景下，党的二十大报告提出的"加快发展数字经济，促进数字经济和实体经济深度融合，打造具有国际竞争力的数字产业集群"战略，更是为数字多媒体行业注入了强劲的发展动力。

为了帮助读者快速掌握数字多媒体作品的创作技巧，编者精心编写了这本专注于数字多媒体作品创作，并深度融合 AIGC 技术的图书——《数字多媒体作品创作（AIGC 版）》。本书旨在为读者提供全面、系统、前沿的学习平台，帮助读者掌握各种数字多媒体作品创作软件与 AIGC 工具的使用方法，高效地创作作品。本书涉及 Photoshop 2023、Illustrator 2023、Audition 2023、Premiere Pro 2023、After Effects 2023、剪映专业版、Animate 2023、Cinema 4D、易企秀、凡科等软件，以及各种 AIGC 工具，读者可以使用这些软件和工具进行案例实践操作，从而提升个人创作能力与专业素养。

一、本书内容

本书从数字多媒体作品创作的角度出发，全面系统地介绍了数字多媒体作品创作的相关基础知识和实践操作方法，旨在帮助相关从业人员不断提高数字多媒体作品的创作能力。本书共 7 章，建议分为 3 个部分展开学习，各部分的具体内容如图 1 所示。

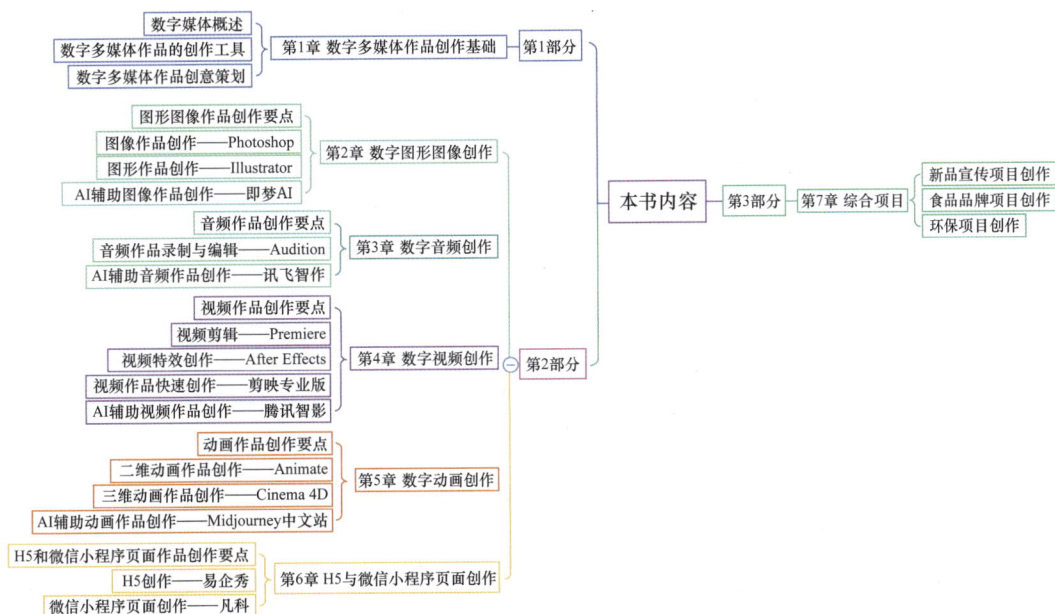

图1　本书内容结构

二、本书特色

本书作为数字多媒体作品创作的学习教材，与目前市场上的其他同类教材相比，具有以下特点。

（1）思路清晰，知识全面。本书从数字多媒体作品创作的宏观视角出发，知识结构分布合理，内容循序渐进、层层深入，并利用前沿的 AIGC 工具进行实际应用，可以使读者全面了解数字多媒体作品的内容、创作方法、实际应用等。

（2）案例多元，内容丰富。本书每章的章首页均设有"案例展示"板块，可以引导读者学习，并且在正文知识讲解的过程中穿插了对应的图示和大量案例，具有很强的可读性和参考性，可以帮助读者快速理解并掌握相关知识。

（3）立足前沿，注重实践。本书特别注重技术的更新与迭代，选用当前流行的数字多媒体作品创作软件，以及前沿的 AIGC 工具，确保读者所学技能紧跟时代发展。另外，本书将理论与实践结合，不仅详细介绍了数字多媒体领域的基础知识，以及各个软件的重要功能，更强调了这些软件在数字多媒体作品创作中的具体应用场景。

（4）能力与素养提升。本书设有"知识补充""小技巧""设计素养"等小栏目，用以补充与书中所讲内容相关的知识、技巧等，既可以帮助读者更好地总结和消化知识，又能拓宽读者的知识面。

三、学时安排

本书作为教材使用时，课堂教学建议安排 30 学时，实训教学建议安排 18 学时。各章的学时安排如表 1 所示，教师可以根据实际情况进行调整。

表1　各章的学时安排

章序号	章标题	课堂教学／学时	实训教学／学时
1	数字多媒体作品创作基础	3	2
2	数字图形图像创作	5	3
3	数字音频创作	4	3
4	数字视频创作	5	3
5	数字动画创作	5	3
6	H5 与微信小程序页面创作	4	2
7	综合项目	4	2
学时总计		30	18

四、教学资源

为了方便教学，编者为使用本书的教师提供了丰富的教学资源，包括教学大纲、电子教案、题库软件、PPT 课件、素材文件、效果文件、AIGC 工具使用技巧和拓展资源等。

如有需要，用书教师可登录人邮教育社区（www.ryjiaoyu.com）搜索本书书名或书号获取相关教学资源。

教学资源及数量如表2所示。

表2　教学资源及数量

编号	教学资源名称	数量
1	教学大纲	1份
2	电子教案	1份
3	题库软件	1份
4	PPT课件	7份
5	素材文件	501个
6	效果文件	174个
7	AIGC工具使用技巧	1份
8	音乐、音效、图片、视频、设计模板等拓展资源	1份

为了帮助读者更好地使用本书，编者为书中的案例录制了配套的微课视频，以帮助读者更加直观地学习相关操作。读者可以通过扫描书中的二维码观看微课视频。

微课视频的名称及二维码所在页码如表3所示。

表3　微课视频的名称及二维码所在页码

章节	微课视频名称	页码	章节	微课视频名称	页码
1.3	使用"通义"策划文具产品销售活动文案	16	第2章课堂实训	创作企业招聘易拉宝宣传物料	60
1.3	使用"豆包"策划"传统小吃"视频脚本	17	3.2	创作《石灰吟》教学课件音频	75
第1章课堂实训	使用"文心一言"策划中秋节活动宣传图	19	3.2	创作《太空奇遇》有声读物	79
2.2	创作"繁花异象"艺术展海报	33	3.3	创作《微生物之密》纪录片配音	83
2.2	创作"处暑"节气开屏广告	38	第3章课堂实训	创作"动物运动会"动画配音	86
2.3	创作"汁吖"品牌包装标签	48	第3章课堂实训	创作《晓悦音乐》电台访谈音频	87
2.3	创作微信公众号封面	51	4.2	创作春日踏青Vlog	100
2.4	创作"秋收场景"插画	57	4.2	创作"大雪"节气宣传短视频	103
第2章课堂实训	创作"旅行攻略"小红书笔记封面	59	4.3	创作"科技研讨会"会议开场特效视频	112

五、本书编者

本书由吴航行担任主编。在本书编写过程中，编者参考了大量的业界优秀案例，借鉴了部分学者的学术成果，在此对他们表示诚挚感谢！由于编者知识水平有限，书中难免存在不足之处，欢迎广大读者、专家批评指正。

编　者
2025年5月

目 录

第 **1** 章

数字多媒体作品创作基础

本章概述

在当今社会中，人们通过各种社交媒体、资讯网站、短视频平台等渠道，获取包含文字、图像、音频、视频等在内的多种类型的信息。这些信息的更新速度极快，而新型技术和平台的持续涌现，信息的呈现方式也越发多样化。在这样的背景下，各个行业都越发重视信息的呈现方式，如何让自己发布的信息在浩瀚的信息海洋中脱颖而出，成为其关注的焦点。因此，对能够助力实现这一目标的数字多媒体作品的需求也越发迫切。

学习目标

1. 熟悉数字媒体的关键技术、传播模式、作品类型和发展趋势
2. 熟悉数字多媒体作品的常用创作工具
3. 掌握数字多媒体作品创意策划方法
4. 能够灵活运用AI技术和工具辅助创作数字多媒体作品
5. 保持不断学习的热情，不断提升自身能力

案例展示

"何以文明"AIGC主题专辑《星河万里》（央视出品）

1.1 数字媒体概述

大多数人通常只熟悉媒体这一概念，而对作为时代发展产物的数字媒体，其涵盖的内容、关键技术、传播模式、作品类型及发展趋势等却知之甚少。创作人员深入了解这些内容，可以从不同层次和角度全面把握数字媒体的精髓。

1.1.1 媒体与数字媒体、数字多媒体

媒体（见图1-1）常指传播信息的媒介，通常包含两层含义：一是指储存和传递信息的实体，如杂志、报纸、磁带、光盘、电视等；二是指信息的载体或表现形式，如文字、音频、图像、动画、视频等。

储存和传递信息的实体（杂志、电视）　　　　　　　　信息的载体或表现形式（动画）

图1-1　媒体

数字媒体是指通过数字化技术，利用文字、音频、图像、图形等元素创作出的"数字化"作品，这些作品以互联网为主要传播载体，并通过完善的服务体系分发到终端，供受众观看、聆听、交互或分享。

> **知识补充**
>
> 数字化是将信息转换为数字格式的过程，该过程会先将文字、图像、音频等信息采集为声、光、电等模拟信号，再转换为二进制数字信号，以便计算机读取、处理、存储和传输。

相较于媒体，数字媒体的表现形式更为复杂，更具视觉冲击力，因此常以"多"来概述数字媒体，从而衍生出"数字多媒体"这一称呼。一般来说，多媒体的"多"指多种媒体表现、多种感官作用、多种设备组合、多学科交汇、多领域应用，"媒"指人与客观事物之间的中介，"体"强调其综合、一体化的特性。

1.1.2 数字媒体关键技术

数字媒体是一种综合性产物，它融合了众多学科和研究领域的理论、知识、技术与成果，其作品的创作和实现需要多项关键技术的支持。

1. 计算机视觉技术

计算机视觉技术是使用计算机及相关设备对生物视觉进行模拟的一种技术，通过处理采集的图

片或视频，实现对相应场景的多维理解。可以说这是一门研究如何使计算机"看"到物品，即可以让计算机模拟出人类的视觉过程的技术。人们利用该技术已实现使用摄像头代替人眼识别、跟踪和测量目标等，如图 1-2 所示。

图1-2　计算机视觉技术

2. 计算机图形技术

计算机图形技术是借助计算机来创建、操纵、存储和显示对象及数据的图形表示的方法和技术。

3. 数字媒体压缩技术

数字化处理媒体信息后，所得数据中往往包含大量冗余信息。例如，在视频数据中，连续的帧之间常有很大的相似性；在音频数据中，可能包含频率重复的内容；在图像数据中，相邻像素间常呈现高度相关性。为了缩减数据量、节约存储空间、提升传输效率、减少存储与传输成本，并方便管理和分享，需要运用压缩技术对这些媒体数据进行二次处理。

常用的数字媒体压缩技术主要有统计编码、预测编码、变换编码 3 种类型。

- **统计编码**。统计编码，即通过分析信息的出现概率，对概率大的信息用短码编码，对概率小的信息用长码编码，从而实现无损压缩。
- **预测编码**。预测编码，即通过降低数据在时间和空间上的相关性来实现有损压缩。
- **变换编码**。变换编码，即通过函数变换将信号的一种空间表示变换为另一种空间表示，然后对变换后的信号进行编码来实现有损压缩。

4. 存储与传播技术

利用计算机处理大量的数字媒体信息时，既要利用存储技术保证数字媒体信息存储的大容量、可靠性，又要利用传播技术保证数字媒体信息传播的高速度、实时性。

（1）存储技术

存储技术是指保存大量信息的技术，包括磁存储技术、缩微存储技术、光盘存储技术和云存储技术。

- **磁存储技术**。磁存储技术是指通过磁介质存储信息的技术，通常用于硬盘驱动器（计算机存储设备，又称硬盘）和磁带存储等设备中，如图 1-3 所示。
- **缩微存储技术**。缩微存储技术是用于存储大量信息的高密度存储技术，可使用微小的物理空间来存储信息，实现更大的存储密度和容量。例如，通过摄影机中的感光摄影原理将文件缩摄到微缩胶片上，如图 1-4 所示。

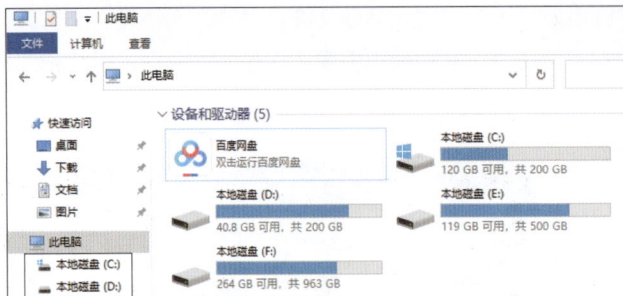

图1-3　磁存储技术

图1-4　缩微存储技术

- **光盘存储技术**。光盘存储技术是使用激光技术读取和写入信息的存储技术，使用光学介质来记录和存储信息，这种技术可以存储所有类型的媒体信息。常见的光盘有CD（Compact Disc，紧凑型光盘）、DVD（Digital Versatile Disc，数字通用光盘）和BD（Blu-ray Disc，蓝光光盘）等类型。

- **云存储技术**。云存储技术是一种新兴的网络存储技术，通过将信息上传到云服务提供商的服务器上，实现对信息的安全存储和随时访问。用户可以在任何地方通过联网的方式连接到云上存取信息。

（2）传播技术

在当今时代，传播数字媒体的技术多为流媒体技术。流媒体是指多媒体在网络上传输的方式，主要以下载和流式传输两种方式来实现。使用下载方式时，用户必须等待媒体文件从互联网上下载完成后，才能通过播放器进行播放；使用流式传输方式时，计算机会在播放多媒体时预先下载一段多媒体内容作为缓冲，当实际网络速度小于播放所耗用文件的速度时，播放程序就会取用一小段缓冲区内的信息进行播放，同时继续下载一段新的内容到缓冲区中，避免播放中断。

流媒体技术分为顺序流式传输和实时流式传输两种类型。

- **顺序流式传输**。顺序流式传输可以按顺序下载，使用户可以在观看在线媒体的同时下载文件，但只能观看已下载的部分，而不能跳到还未下载的部分进行观看。因此，顺序流式传输比较适合传输高质量、内容较短的多媒体内容。

- **实时流式传输**。实时流式传输可以借助专用的流媒体服务器和特殊的网络协议实现实时传输，适合传输现场直播、线上会议等需要实时传输的多媒体内容。需要注意的是，要想获得高质量的实时流式传输体验，良好的网络环境必不可少，否则流媒体会为了保持传输流畅度而降低多媒体的信息质量，无法带来良好的观看体验。

5. 虚拟现实技术、增强现实技术和混合现实技术

虚拟现实（Virtual Reality，VR）技术、增强现实（Augmented Reality，AR）技术和混合现实（Mixed Reality，MR）技术是近年来兴起的新型人机交互技术。虚拟现实技术通过计算机模拟现实世界，增强现实技术利用投影将影像投射到现实中，而混合现实技术则是一种介于虚拟现实技术与增强现实技术之间的综合形态。

- **虚拟现实技术**。虚拟现实技术是一种在许多相关技术（如仿真技术、计算机图形技术、多媒体技术等）的基础上发展起来的综合技术，是多媒体技术发展的更高境界。虚拟现实技术提供了一种沉浸式的人机交互界面，用户处在计算机产生的虚拟世界中，所见、所闻、所感像在真实的世界里体验的一样，通过输入和输出设备还可以同虚拟环

境进行交互，如图 1-5 所示。

- **增强现实技术**。增强现实技术是一种将真实世界的信息和虚拟世界的信息结合起来的新技术，其通过多媒体、三维建模、实时跟踪及注册、智能交互、传感等多种技术手段，把虚拟信息融入现实世界，并且用户还可以与虚拟信息进行交互操作。增强现实技术的常见应用是利用手机摄像头扫描现实世界的物体，然后通过图像识别技术在手机上的现实世界画面中显示相关的图片、音频、视频、3D 模型等，如图 1-6 所示。

图1-5　虚拟现实技术

图1-6　增强现实技术

- **混合现实技术**。混合现实技术是一种介于虚拟现实技术和增强现实技术之间的综合形态，也是虚拟现实技术和增强现实技术的进一步发展，可以将虚拟世界与现实世界进行更多的结合，建立一个新的环境。在这个新环境中，虚拟世界的物品能够与现实世界中的物品共同存在，并且即时与用户产生真实的互动，当用户改变现实空间时，也会间接影响虚拟空间。混合现实技术增强了虚拟的部分，能够让现实世界延伸到虚拟世界之中，如图 1-7 所示。

图1-7　混合现实技术

6. 融媒体技术

　　融媒体是互联网时代的产物，是指在使用互联网的基础上，整合传统媒体和新媒体，构建"资源通融、内容兼容、宣传互融、利益共融"的新型媒体。融媒体源自新媒体的发展，打破了传统媒体的壁垒和单一性，使不同媒体之间可以互相协作，形成更加多样化、丰富化的媒体产品和服务。融媒体技术是指用于融媒体内容采集、存储、制作、播出、分发、传输、接收等各环节的各种技术的统称，涉及计算机技术、通信技术、信息与网络技术，其技术体系错综复杂。

7．人工智能技术

人工智能（Artificial Intelligence，AI）技术是一门研究使用计算机模拟人类智慧活动的科学技术，致力于开发和构建能够自主学习、推理、理解、决策和执行任务的智能系统。人工智能技术包括机器学习、自然语言处理、专家系统、语音识别、自主导航与机器人等多种技术。

- **机器学习技术**。机器学习技术通过算法和模型让计算机从大量数据中识别模式和规律，使其能够自动学习并改进性能，实现图像识别、系统推荐和欺诈检测等方面的任务。
- **自然语言处理技术**。自然语言处理技术是使计算机能够理解和处理人类语言，实现信息提取、机器翻译、文字分析等任务的技术。
- **专家系统技术**。专家系统技术是基于专家知识和规则，构建能够模拟专家决策和问题求解系统的技术。
- **语音识别技术**。语音识别技术是使计算机能够理解人类语音，并将其转换为文字或命令的技术。
- **自主导航与机器人技术**。自主导航与机器人技术是使机器能够感知环境，并自主进行导航和执行任务的技术。

1.1.3　数字媒体传播模式

数字媒体的传播模式涉及多种方式和形态，这些模式根据传播要素的关系和数量，以及技术平台的特性，可以分为以下两类。

1．基本模式

能用于表征数字媒体传播基本模式的传播模式有 SMCR 模式和奥斯古德 – 施拉姆循环模式，这两种模式都突出了信息传播过程的循环性，即信息会产生反馈，并为传播双方所共享。

> **知识补充**
>
> 威尔伯·施拉姆是传播学科的创始人，被誉为"传播学之父"，他建立了首个大学的传播学研究机构，撰写了第一本传播学教科书。

- **SMCR 模式**。该模式把传播过程拆分为 8 个部分，如图 1-8 所示，其中源是传播的起点；信息是需要交流传播的内容；编码是将信息译成可被传播的形式；信道是用于从某地向异地传递信息的媒介或传播系统；解码是将编码过程递转过来；接收者是传播的终点；反馈是介于源与接收者之间的反馈机制，可用于调节传播的流动；噪声是在信息交换过程中可能带入的任何失真或误差。
- **奥斯古德 – 施拉姆循环模式**。该模式模糊了传播者和接收者的概念，传播双方都是主体，即参与传播过程的每一方在不同阶段都依次扮演着编码者、释码者和解码者的角色，并在这些角色间相互交替，如图 1-9 所示。

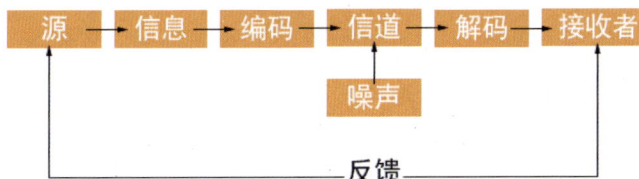

图1-8　SMCR模式

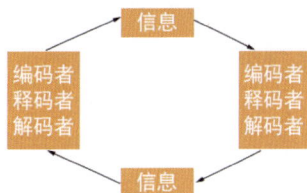

图1-9　奥斯古德‐施拉姆循环模式

2. 整合模式

由于数字技术的发展和应用，图像、音频、视频等信号都可以被统一编码，进行传输和交换，成为统一的"0"和"1"比特流，即传播的所有信息都可以通过"0"和"1"的组合形式表现出来，并整合为一种传播媒体。

> **知识补充**
>
> 在计算机中，各种信息都以数据的形式呈现。计算机中的数据可分为数值数据和非数值数据（如字母、汉字和图像等）两大类，无论什么类型的数据，在计算机内部都以二进制数字信号的形式存储和运算，而二进制数字信号只有"0"和"1"两个代码。

在整合模式中，传播分为人内传播、人际传播、群体传播、组织传播和大众传播，这些传播活动借助数字传播技术将人类社会中的各种传播形态给予充分的整合，加大了传播的范围，并提升了传播的深度。

- **人内传播**。人内传播也称内向传播或自我传播，是个人接收信息并在人体内部进行信息处理的活动。
- **人际传播**。人际传播是个体与个体之间的信息交流活动，互动性是其显著优势。
- **群体传播**。群体传播是指群体内部或外部的信息传播活动。
- **组织传播**。组织传播是组织所从事的信息活动，包括组织内传播和组织外传播。
- **大众传播**。大众传播是专门的传播机构通过特定的技术手段或工具向数量多、分散的受众进行的大规模的信息传播活动。

1.1.4　数字媒体的作品类型

图形图像、音频、视频和动画是数字媒体作品中较为常见的类型。随着科技的进步，集图形图像、音频、视频和动画等元素于一体的H5和小程序逐渐进入人们的视野。

- **图形图像**。图形图像是数字媒体中最基础的作品类型之一，也是人类较早时期开始传达信息的载体。如今，人们借助计算机图形学和工程图形学的原理，可以使用计算机、数位屏等设备绘制、捕捉、处理图形图像。同时，摄像机、手机等设备也能拍摄、处理现实中的画面，最终将数字图像呈现在人们眼前，发挥传达信息的作用。
- **音频**。音频是数字媒体作品中不可或缺的一部分，涵盖数字音乐、数字广播、数字语音等。人们利用数字技术和计算机可以录制、编辑和播放音频，制作出音效丰富、高品质的音频作品。音频具有传递情感、表达思想、讲述故事等作用，也可以作为背景音乐或音效元素应用于其他数字媒体作品中，提升其他数字媒体作品的听觉效果。

- **视频**。视频是数字媒体中重要的表现形式，包括数字电影、数字电视、数字广告等。人们通过数字技术和摄影机、手机等设备可以拍摄、制作和处理视频，将高质量的画面呈现在人们眼前。视频作品具有讲述故事、传递信息、展示产品或服务等作用，被广泛应用于娱乐、广告、教育等多个领域。

- **动画**。动画是数字媒体中极具表现力和吸引力的作品类型，人们利用数字技术和计算机可以制作出具有丰富视觉效果和动态效果的动画作品。动画被广泛应用于电影、电视、广告、游戏等领域，具有讲述故事、传递情感和信息等作用，能带来独特的视觉体验。

- **H5**。H5作品在移动设备上表现出色，具有丰富的视觉效果，以及即时性和便捷性等特点。通过分享H5作品链接，人们可轻松访问和体验H5作品。H5作品在品牌传播、活动推广、产品展示等方面具有广泛的应用价值，能够有效吸引用户的注意力，并提升品牌、产品形象。

- **小程序**。小程序是一种无须下载安装即可使用的应用程序，由微信、支付宝等平台提供，具有轻便、快捷、易用等特点，被广泛应用于电商、餐饮、旅游、教育等领域。通过小程序，用户可以方便地浏览商品、服务信息，查看商品或服务的图示或演示视频，然后下单购买或预约服务等。小程序不仅提升了用户体验，也为商家和企业提供了更多的营销和推广渠道。

1.1.5 数字媒体发展趋势

随着移动通信技术的不断发展，未来用户对数字媒体的要求将越来越细化。从当下环境来看，数字媒体的发展主要呈现出以下趋势。

- **移动化趋势**。随着智能手机、平板电脑等移动设备的广泛普及，人们越发倾向于利用这些设备来获取数字媒体内容。作为数字媒体内容的关键分发平台，这些移动设备中的应用软件的数量和种类正持续攀升，为用户提供了丰富多彩的数字媒体内容。这些应用软件不仅满足了用户在娱乐、社交和信息获取方面的需求，还凭借其强大的多媒体处理能力，使得数字媒体内容的消费与创作变得更为便捷，有力地促进了数字媒体产业的蓬勃发展。在此背景下，数字媒体需要不断进行自我调整与优化，以更好地适应移动设备的特性和满足用户的多样化需求。

- **智能化趋势**。随着数字媒体技术的进步，一些平台利用新兴的数字媒体技术和人工智能技术，可以精准地搜集并解析用户的使用偏好、浏览记录等信息，从而为用户提供定制化的内容推荐；甚至能预测用户的行为趋势，以及可能出现的违规或不当内容，从而提前采取措施进行干预，实现智能化监管。同时，一些公司利用AIGC技术研发出能够智能生成文章、视频、音频等的内容平台，极大地降低了人们生成这些内容的难度，让更多人能够参与数字媒体内容的创作，推动数字媒体行业和技术的发展。

- **自媒体和媒介融合趋势**。自媒体往往依托数字媒体技术，以新媒体平台为载体，并在数字媒体技术的支持下逐步形成和各大新媒体平台进行联盟的趋势，成为数字媒体发展的主流形式。从数字媒体技术发展的角度来看，基于数字媒体技术发展的文字、图形、图像、音频等媒介融合，不仅能提升数字媒体信息传播的公信力，以及数字媒体在用户心中的地位，还能为数字媒体技术的发展注入更多活力。

新媒体平台分为短视频平台（如抖音、快手等）、长视频平台（如爱奇艺、腾讯视频等）、资讯平台（如今日头条、百家号、知乎等）、社交平台（如新浪微博、小红书等）、音频平台（如喜马拉雅、蜻蜓FM等）等。

- **万物互联趋势**。万物互联通常被理解为将人、流程、数据和事物通过网络技术紧密结合起来，形成一个高度相关、有价值的网络体系。这种网络体系使得各种设备能够互通信息、交换数据，从而实现更加智能化、自动化的信息传递和控制。在数字媒体领域，万物互联的趋势尤为明显。数字媒体技术通过融合人工智能、大数据、物联网、区块链、网络技术等，使信息传播更加高效、精准和个性化。新媒体平台也是万物互联的重要载体，其通过提供丰富的应用场景和服务，推动了万物互联的进一步发展，以及数字媒体产业的创新和发展。

1.2　数字多媒体作品的创作工具

数字多媒体的领域宽广而深远，其作品类型日益多样化。从静态的图像与图形，到动态的音频、视频及动画，再到交互性强的H5和小程序，每一类作品都充分展现了数字多媒体的独特魅力和无限潜能。正是基于作品类型的多样性，才催生了与之适配的各种专业创作工具。

1.2.1　图形图像创作工具

在数字多媒体领域，图形与图像往往紧密相关，且常被一起使用。不少公司开发出了能够同时兼容处理图形与图像的工具。

- **Photoshop**。Photoshop是由Adobe公司开发的一款功能强大、专业的图像处理软件，用户可使用该软件绘制图形和图像、调整图像色彩、美化与修饰图像，以及添加文字等。该软件在图像处理领域具有举足轻重的地位，被广泛应用于摄影、广告、影视、游戏等多个领域，是专业人士和业余爱好者使用最多的图像处理软件之一。
- **Illustrator**。Illustrator是由Adobe公司开发的一款主要用于设计和处理图形的软件，能够生成清晰度高、缩放时不失真的图形，它支持无损放大和缩小图形，适用于设计标识和图标、绘制插画、排版和设计海报等场景。Illustrator是众多矢量图形设计软件中的佼佼者，为用户提供了丰富的创意空间，被广泛应用于广告、出版、印刷等多个行业。

1.2.2　音频创作工具

音频是传递情感的重要媒介，能够传达出丰富的情感信息。在其他数字多媒体作品中，音频同样发挥着至关重要的作用，它不仅能够增强受众的体验感，还能显著提升内容的质量。因此，音频一直以来都是数字多媒体领域中不可或缺且历久弥新的元素。

Audition是由Adobe公司开发的一款专业且功能强大的音频处理软件，它可以变换音频属性、调整音频音量、录制新音频及剪辑现有音频等。Audition 凭借强大的功能和对用户友好的界面设计，已成为专业人士和业余爱好者首选的音频编辑软件之一。

1.2.3　视频创作工具

在当今时代，视频的应用越来越广泛，其创作工具也层出不穷，可根据特点分为视频剪辑软件、视频特效软件，一些公司还开发了能快速制作视频的工具。

- **Premiere**。Premiere 是由 Adobe 公司开发的一款功能强大、专业的视频剪辑软件，它提供精确地分割、拼接和组合视频素材等功能，支持多轨道编辑，能够方便用户处理视频、音频、字幕等多种元素，并且提供丰富的过渡效果和调色功能，被广泛应用于电影、电视、广告、宣传片、短视频等多个领域。
- **After Effects**。After Effects 是由 Adobe 公司开发的一款功能强大、专业的视频特效软件，除了能够剪辑视频，还提供丰富的特效工具，可以为视频制作炫酷的特效，在影视制作、广告宣传、网络视频制作和数字艺术创作等领域具有广泛的应用。
- **剪映**。剪映是由深圳市脸萌科技有限公司开发的一款功能强大且易于使用的视频编辑软件，操作界面简洁明了，并且内置了庞大的素材库，以方便用户快速上手、丰富视频内容，能够让用户较为快速地制作出视频作品。另外，剪映不但有网页版、移动版和专业版，还支持与抖音、西瓜视频等多个平台合作，有效满足不同使用场合和平台的需求。

1.2.4　动画创作工具

随着科技的进步，使用计算机设备制作的动画逐渐分化为二维动画和三维动画两大类型，它们各自拥有独特的特点和技术需求，因此需要采用不同的创作工具。

- **Animate**。Animate 是由 Adobe 公司开发的一款功能强大、专业的动画制作工具，适合制作二维动画，前身为 Flash。该软件提供各种绘图工具，支持多种上色方法，可以让用户自行绘制所需的动画元素，并制作成动画效果；另外，Animate 还提供丰富的交互式功能和移动设备设计功能，可应用于交互式媒体和多媒体应用程序的制作。
- **Cinema 4D（简称 C4D）**。C4D 是由 Maxon Computer 公司开发的一款功能强大的三维建模工具，具备建模、材质、灯光、绑定、动画和渲染等多种功能，能够让用户制作出栩栩如生的模型，并为其制作动画效果。

1.2.5　H5创作工具

H5 是一个综合性的作品，集结了图像、图形、文字、音频、视频等多类元素，并且还包含交互设计。利用设计类在线平台提供的 H5 模板进行创作会更加便捷且高效，常用于创作 H5 的设计类在线平台有易企秀、人人秀、MAKA 等。

- **易企秀**。易企秀是一款集 H5、海报、长页、表单等制作功能于一体的在线工具，操作简单，具有海量 H5 模板供用户选择，用户也可以自行上传模板进行使用。并且其 H5 功能提供形式多样的组件和交互响应方式，可以让用户设计出新颖的交互效果，给用户提供了巨大的发挥空间。

- **人人秀**。人人秀是一款常用的H5制作工具，有海量精美模板，支持用户创建微信红包、投票、口令红包等互动活动，使制作的H5更具趣味性。
- **MAKA**。MAKA是一款强大而灵活的可视化H5制作工具，支持多人协作和云端存储，其H5模板众多，并提供丰富的插件和扩展功能，可以满足复杂的交互设计和个性化设计需求。

1.2.6　微信小程序创作工具

在小程序领域，微信小程序的商家数量和用户数量均遥遥领先，因此，创作人员在创作小程序时，绝大多数都以微信小程序为主。微信开发者工具和凡科网是比较常用的微信小程序创作工具。

- **微信开发者工具**。微信开发者工具是由腾讯公司开发的，专门用于微信小程序的开发、调试和发布的工具，拥有较高的权威性和可靠性，提高了开发效率和代码质量，是微信小程序开发者不可或缺的工具之一。
- **凡科网**。凡科网是广州凡科互联网科技股份有限公司（简称凡科）旗下网站，提供丰富多样的小程序模板，覆盖商城、餐饮、旅游等多个行业，让制作微信小程序变得简单易行。创作人员不需要编程知识，通过套用小程序模板、增删页面和功能模块，就能快速制作出一款个性化的微信小程序。

1.2.7　AIGC工具

除了上述专业性强的软件和在线工具，随着AI技术的日趋成熟，市面上诞生了许多能有效辅助数字多媒体作品创作的AIGC（Artificial Intelligence Generated Content，人工智能生成内容）工具。

- **即梦AI**。即梦AI是一个为创意爱好者打造的AI表达平台，具有文生视频、图生视频、AI绘画等AI创作功能，还提供图片扩展、图像消除、智能抠图等AI编辑功能，可应用于图形图像、视频、动画等数字多媒体作品的辅助创作。
- **腾讯智影**。腾讯智影是一个在线视频智能创作平台，经过不断发展，已不局限于视频类型的作品创作。如今，它提供文本配音、文章转视频、数字人播报、AI绘画等多种功能，能有效帮助创作人员制作出多种类型的数字多媒体作品。
- **讯飞智作**。讯飞智作是一款集配音，调节音量、语速、语调，添加背景音乐，以及纠错、改写和翻译文字等功能于一体的工具，支持多语种、多种声音风格，可运用在有声读书、播客、语音导航等类型的数字音频作品的创作中。
- **TTSMaker**。TTSMaker是一个简单易用的工具，可以将文字转换为语音、为语音添加背景音乐，支持50多种语言，超过300种语音风格，常用于制作视频配音和有声书朗读。
- **Midjourney**。Midjourney是一款功能强大的AI绘画工具，允许创作人员输入关键词，然后通过AIGC技术快速、稳定地生成各种风格的高质量图片。这些图片可应用于图形图像、视频、动画等数字多媒体作品的创作中。

在数字多媒体行业中，创作人员掌握多种类型软件的使用方法具有诸多好处。在工作效率方面，掌握多种软件可以更灵活地应对不同的工作任务，同时运用部分软件支持的自动化功能或批量处理功能，可以有效减少重复劳动；在个人能力方面，掌握多种软件有助于创作人员从不同的角度和视角看待问题，激发创新思维和想象力；在团队协作与沟通方面，掌握多种软件可以让自身与其他团队成员、客户更顺畅地协作，减少因软件不兼容或技术壁垒导致的沟通障碍，并能在团队中扮演多面手角色，提升团队的灵活性；在个人职业发展方面，掌握多种软件可以让自身在行业中更具竞争力，能够胜任更多类型的岗位，具有坚实的职业技能基础。因此，对于数字多媒体行业的创作人员，不断学习和掌握新的软件是非常重要的，有利于提升设计素养。

1.3 数字多媒体作品创意策划

创意是数字多媒体作品的灵魂所在。创作人员在正式投入制作之前，必须先进行创意策划，之后的整个制作过程需紧密围绕这一创意核心展开，借助各种工具和技术手段将创意变为现实。创意策划主要涵盖主题策划、文案和视频脚本策划、视觉策划3方面内容。

1.3.1 主题策划

主题策划直接关系到作品能否吸引目标受众、有效传达信息或情感，并最终实现预期的传播效果。一个系统而细致的策划流程主要包括确定需求、了解市场、明确用户这3个核心步骤。

- **确定需求**。确定需求，即清晰地定义此次制作数字多媒体作品的目的和目标，如提升品牌形象、促进产品销售或传达特定社会信息等。需求确定后，还要进行资源评估，包括技术能力、资金预算、人力资源等方面的评估，这些资源的限制条件将直接影响作品的形式、规模和复杂度。基于目标和资源评估，则可以开始探索创意方向，如通过什么方式有利于突出表现目的，现有资源适合制作什么形式的作品等，然后通过头脑风暴、市场调研等方式，初步筛选出几个具有潜力的主题或概念。

- **了解市场**。了解市场，即深入研究数字多媒体领域的最新趋势，包括流行的设计风格、用户偏好的变化、技术革新等，将这些趋势适当融入作品中有助于作品保持前瞻性和竞争力。同时，分析同类作品的成功与失败案例，了解它们的内容特色、传播渠道等，通过分析找出自身作品与同类作品的差异化表现点，避免同质化竞争。

- **明确用户**。明确用户，即通过问卷调查、用户访谈等手段收集用户信息，构建目标用户的详细画像，包括年龄、性别、职业、兴趣爱好、消费习惯、信息获取渠道等，深入了解目标用户的需求和痛点。这有助于精准定位内容和提升用户体验，确保作品能够引起用户的共鸣。

1.3.2 文案和视频脚本策划

文案和视频脚本是连接数字多媒体作品创意与受众的桥梁，它们不仅要准确传达主题信息，还要吸引目标受众的注意力，激发他们的兴趣，甚至引导他们采取行动。

1.　文案策划

在现代社会，文案的概念来源于广告行业，是"广告文案"的简称，主要指通过文字展现广告内容的形式，现已延伸到用文字描述书写对象的信息，涵盖标题、关键词、口号、正文等类型。

- **标题**。作为文案"门面"，标题承担着在第一时间吸引受众的注意力，并传达核心价值或亮点的重任。
- **关键词**。关键词是指那些能够概括或反映文案主题、内容、目标受众或产品特点的重要词语，它们能引导受众更好地理解文案的意图，增强文案的吸引力和说服力。
- **口号**。口号又叫标语，是书写对象（如品牌、产品或公司）形象的一种体现，它简明扼要地概括了书写对象的优良品质和良好形象或所倡导的理念。口号不是出现一两次就弃之不用，而是要在围绕书写对象所做的全部宣传性质的数字多媒体作品中反复出现，以加深受众印象。
- **正文**。正文是指详细描写文案主题的内容部分，要求以简单直接的方式向受众传递主题信息。

优秀的文案需要体现书写对象的核心价值，具备主动传播价值，并且能将书写对象的价值与传播价值相融合。在策划文案时，可采用以下方法。

- **用发散思维进行要点延伸**。这种方法需要创作人员对书写对象有深入的了解和认知，然后将书写对象的特点以单独的要点形式排列开来，再针对单独的要点展开叙述，丰富文案的素材、观点，为文案提供资料来源。
- **九宫格创意思考法**。九宫格创意思考法是产生创意的简单方法，需要创作人员先在一张白纸上绘制九宫格，将需要书写的对象写在正中间的格子内，将与主题相关的联想内容写在周围的 8 个格子内，尽量用直觉进行联想，并扩充 8 个格子的内容，在规定的时间内填完这些格子。在填完九宫格后，还需要检查这些内容是不是必要的，是否需要删去一些；或者其中是否有混杂、重复的内容需要调整、删改；或者有些内容是否不够明确，需要重新修改。
- **金字塔五步创意法**。这种方法共分为 5 步。①收集原始资料，即收集人们日常生活中所见所闻的令人感兴趣的事实，以及与书写对象有关的各种资料。②分析与理解资料，即创作人员审视收集的资料，进行理解。③放松自己。创作人员不需要思考任何问题，一切顺其自然，将问题置于潜意识之中。④创意出现。经历前三步后，此时创意灵感已经出现。⑤修正创意，即加工和改造出现的创意灵感，使其更加明确和完善。

2.　视频脚本策划

脚本通常是指表演戏剧、拍摄电影等所依据的底本或书稿的底本，视频脚本则是介绍视频的详细内容和具体拍摄工作的说明书，通常包含视频的创意构思、内容框架、镜头运用、音乐选择、文字说明等要素。视频脚本决定了视频的结构、节奏和传达的信息。

策划视频脚本包括定位主题、写作准备、确定脚本要素和填充细节 4 个环节，其中定位主题可运用前文所讲述的主题策划方式进行。

- **写作准备**。写作准备主要包括确定拍摄时间、拍摄地点和拍摄参照等，为确定脚本要素提供参照。

- **确定脚本要素。**确定脚本要素，即确定脚本中需要展现出来的相关要素，也就是通过什么样的内容细节及表现方式来展现视频的主题，并将这些要素详细地记录到脚本中，其中包括视频的具体情节、镜头运用、景别设置、时长、人物、背景音乐和台词等。
- **填充细节。**细节最大的作用就是加强用户的代入感，调动用户的情绪，让视频更有感染力。在视频脚本中指出拍摄方式、道具摆放方式、情感氛围等细节，可以使视频内容更明确，提升视频创作效率。

1.3.3 视觉策划

视觉策划和文案策划一样，都需要围绕已确定的主题展开。在视觉策划中，画面内容、色彩搭配、质感效果及艺术风格是 4 个核心要素，它们共同构成了视觉作品的创意性和表现力。

> **知识补充**
>
> 质感是指造型艺术形象在真实表现质地方面引起的审美感受，通常涉及视觉和触觉两个层面。在视觉层面，质感依赖物体的表面特征如光泽、色彩、肌理等，可以通过视觉观察直接感知，通常用不同材质和纹理元素来表现质感。在触觉层面，质感依赖物体的实际触感，如软硬、粗细、滑涩等，需要通过触摸才能感知。

- **画面内容。**根据已确定的主题精心挑选视觉元素，这些视觉元素应当与主题紧密相关，并在作品中发挥实际作用，同时应避免使用过多无效的装饰元素。例如，以中秋为主题的创作中，可使用月饼、满月、桂花、兔子等视觉元素。
- **色彩搭配。**根据主题选择能够引发预期情感反应的色彩（即主色），适当挑选其他颜色进行搭配，丰富色彩的类型。在这个过程中，可通过色彩的深浅、明暗变化营造画面的层次感和空间感。
- **质感效果。**根据画面内容和主题选择合适的材质和纹理来表现质感，增强画面的真实感、可信度和精致度。也可尝试运用非常规材质和纹理创造独特的质感效果，为用户带来新奇的视觉体验。
- **艺术风格。**根据主题和目标用户确定适合该作品的艺术风格，体现多媒体作品的个性，使其能与同类型作品有所区别。也可尝试将多种艺术风格进行融合和创新，创作出独一无二的视觉效果，提升作品的影响力和艺术价值。

1.3.4 AI策划工具

文字是表述创意、传达信息的重要媒介。思维导图则能够有效的整理文字信息，使信息的层级结构变得清晰明了。随着科技的不断进步，创作人员可以利用 AI 策划工具来辅助策划工作，提升效率，如利用文字类生成工具和思维导图类生成工具。

1. 文字类生成工具

文字类生成工具的使用原理通常为：用户通过输入文字的形式向工具提问，工具则分析和理解输入的文字内容，运用其资源库内容及搜索互联网资源进行解答。通常情况下，输入的文字结构为"角

色设定 + 基础指令 + 操作要求 + 结果限定"。例如，需要为 ×× 美妆品牌创作口号时，可以输入"请以文案创作者的身份，为 ×× 美妆品牌写一个口号文案，要求体现出该美妆品牌潜心研究各种技术的精神，字数限定在 20 字以内"。

以下是常用的几种文字类生成工具，它们分别具有不同的特色，适用不同场合。

（1）文心一言

文心一言是百度依托文心大模型技术推出的生成式对话产品，具备高效便捷的对话互动、文学创作、商业文案撰写、数理逻辑推算、中文深度理解及多模态内容生成等功能。此外，文心一言支持用户上传参考文档，以便其更深入地理解生成内容的背景与对象，从而使其生成的内容更贴合实际需求。同时，文心一言还提供定制化写作样式、丰富的模板库和素材库，以及数据分析与优化功能，可以满足用户多方面的写作需求。

图 1-10 所示为文心一言的主操作区。用户可在该区域输入关键词进行提问，同时可单击顶部的各个按钮，使用文档分析、网页分析、智慧绘图等多种特色功能。

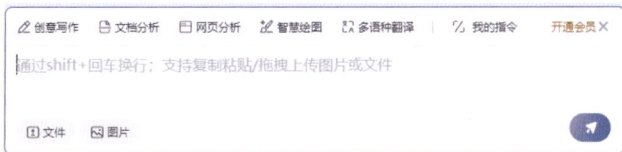

图1-10　文心一言的主操作区

（2）通义

通义是阿里云推出的语言模型，具备多轮对话、文案创作、逻辑推理、多模态理解、多语言支持等功能。它不仅能够跟用户进行多轮交互，还具备多模态的知识理解能力，拥有文案创作能力，能够续写小说、编写邮件等。

通义还可以根据用户的风格、偏好和目标受众来生成定制化的文字内容，从而满足不同场景下的内容创作需求。图 1-11 所示为通义的主操作区，用户通过单击顶部的前 3 个按钮可切换使用模式，以便进行有针对性的文字生成；而单击最后一个按钮，将在页面右侧打开"指令中心"面板，该面板中提供了多种类型的指令形式，供用户参考使用，如图 1-12 所示。

图1-11　通义的主操作区

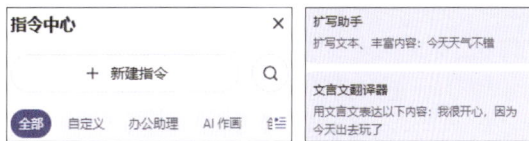

图1-12　通义的指令中心

（3）豆包

豆包是抖音开发的 AI 工具，拥有包括名言警句、诗词歌赋、热门话题等多种内容的庞大素材库，具备强大的语法检测能力，能够自动识别并纠正文章中的语法错误，同时提供恰当的词语替换建议，使文章更加通顺和流畅。此外，豆包还提供"帮我写作"功能，用户只需选择所需的写作类型，豆包便能自动添加指令；用户修改指令后，豆包即可自动为用户生成高质量的文字内容，并支持输出 PDF、Word 等多种格式。

图 1-13 所示为豆包的主操作区，用户可以通过单击顶部的按钮来切换使用不同的功能。单击右下角的按钮，可以上传文档和图片，也可以进行截图或语音提问。

图1-13　豆包的主操作区

2. 思维导图类生成工具

思维导图类生成工具的使用方式与文字类生成工具比较类似，用户也需要向工具提问，工具再根据提问的内容以思维导图的形式做出回应。

boardmix 由博思云创精心打造，具备快速生成结构化思维导图的能力，同时支持实时协作、提供多样化的节点内容选项，并拥有强大的导出功能，及无缝集成的 AI 技术。进入该工具的首页后，单击"AI 一键生成模板"选项便可进入AI 功能区，用户单击 生成思维导图 按钮便可切换到思维导图生成模

图1-14　boardmix的主操作区

式，然后在文本框中输入相关关键词，单击 ➤ 按钮，即可一键生成符合需求的思维导图，并可对生成内容进行修改。boardmix 的主操作区如图 1-14 所示。

👤 **设计素养**

在进行数字多媒体作品的创意策划时，要确保每个环节策划的内容不违反版权、隐私保护、广告法等法律法规，特别是涉及特定地域或文化的内容时，更需谨慎审查，以避免法律纠纷；并且尊重文化差异和各地习俗，特别是面向全球的数字多媒体作品，更要深入研究和了解目标市场的文化背景、宗教信仰，避免产生误解或冒犯。

【案例】 使用"通义"策划文具产品销售活动文案

每年的开学季是销售文具产品的黄金时机，"BO 文趣"文具品牌准备以"开学季"为主题策划相关销售活动。现需要使用"通义"策划该活动的文案，涵盖标题、关键词和口号，以降低人力成本。具体操作如下。

步骤 01 进入通义官网，单击 指令中心 按钮，打开"指令中心"面板，在其中浏览预设指令，挑选与文案策划相关的指令，选择图 1-15 所示的指令。

步骤 02 在文本框中修改指令，并添加"活动、产品相关信息 .txt"文件（配套资源 :\ 素材文件 \ 第1章 \ 活动、产品相关信息 .txt）中的内容，使通义能对"BO 文趣"文具品牌的产品销售和活动等信息有所了解，并避免出现敏感的词语，如图 1-16 所示。单击 ▶ 按钮开始生成内容。效果如图 1-17 所示。

微课视频

使用"通义"策划文具产品销售活动文案

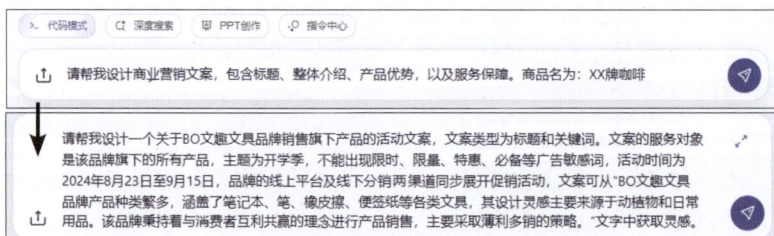

图1-15　选择指令

图1-16　修改指令内容

标题：

"开学季·BO文趣：自然灵感，多彩文具陪你探索新学期"

关键词：

#BO文趣 #开学季 #学习伙伴 #动植物设计 #日常用品创意 #笔记本 #笔类 #橡皮擦艺术 #便签纸 #学生文具 #线上线下同步 #互利共赢 #薄利多销 #学习乐趣 #激发创造力 #8月23日启航 #9月15日结束

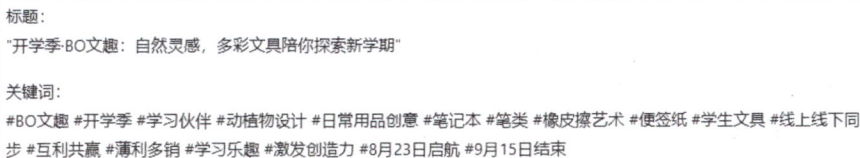

图1-17　生成的标题和关键词效果

步骤03　此时生成了较多的关键词，可尝试使用这些关键词来生成口号和正文。在文本框中重新输入"请帮我以生成的关键词为灵感，为该品牌所有产品的销售，生成20字以内的口号和100字以内的正文，语言风格比较童趣。"文字，再次单击 按钮生成内容，效果如图1-18所示。

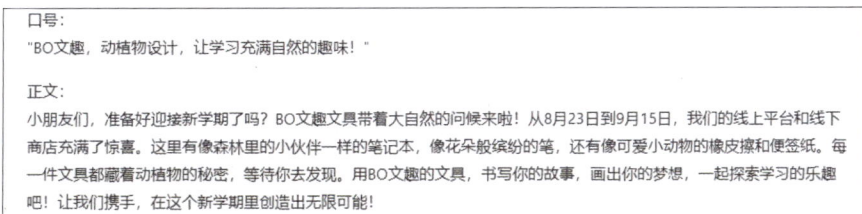

口号：

"BO文趣，动植物设计，让学习充满自然的趣味！"

正文：

小朋友们，准备好迎接新学期了吗？BO文趣文具带着大自然的问候来啦！从8月23日到9月15日，我们的线上平台和线下商店充满了惊喜。这里有像森林里的小伙伴一样的笔记本，像花朵般缤纷的笔，还有像可爱小动物的橡皮擦和便签纸。每一件文具都藏着动植物的秘密，等待你去发现。用BO文趣的文具，书写你的故事，画出你的梦想，一起探索学习的乐趣吧！让我们携手，在这个新学期里创造出无限可能！

图1-18　生成的口号和正文效果

步骤04　若对生成的口号或正文不满意，则重新输入"你能为我推荐一些其他的口号/正文吗？"文字，单击 按钮，效果如图1-19所示。

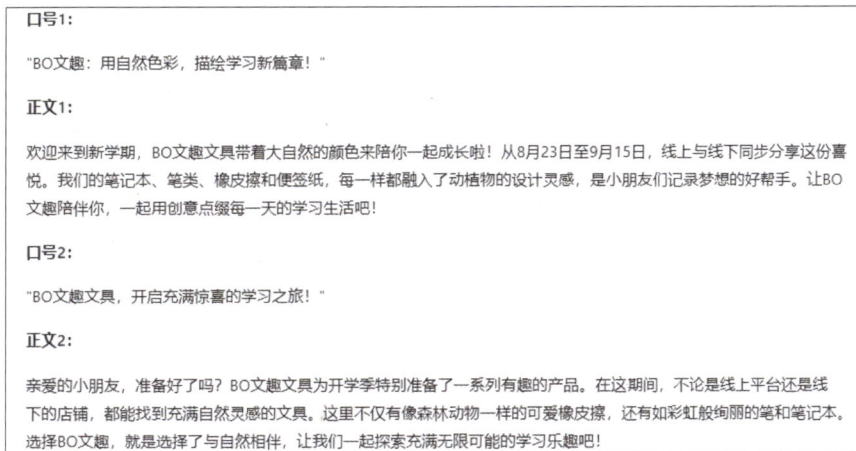

口号1：

"BO文趣：用自然色彩，描绘学习新篇章！"

正文1：

欢迎来到新学期，BO文趣文具带着大自然的颜色来陪你一起成长啦！从8月23日至9月15日，线上与线下同步分享这份喜悦。我们的笔记本、笔类、橡皮擦和便签纸，每一样都融入了动植物的设计灵感，是小朋友们记录梦想的好帮手。让BO文趣陪伴你，一起用创意点缀每一天的学习生活吧！

口号2：

"BO文趣文具，开启充满惊喜的学习之旅！"

正文2：

亲爱的小朋友，准备好了吗？BO文趣文具为开学季特别准备了一系列有趣的产品。在这期间，不论是线上平台还是线下的店铺，都能找到充满自然灵感的文具。这里不仅有像森林动物一样的可爱橡皮擦，还有如彩虹般绚丽的笔和笔记本。选择BO文趣，就是选择了与自然相伴，让我们一起探索充满无限可能的学习乐趣吧！

图1-19　重新生成的口号和正文效果

步骤05　从生成的内容中选择比较满意的部分，连同前文生成的标题、关键词整合成文档文件（配套资源:\效果文件\第1章\文具产品销售活动文案.txt）。

效果预览

文具产品销售活动文案

【案例】 使用"豆包"策划"传统小吃"视频脚本

某自媒体团队计划以"传统小吃"为主题制作一系列短视频，而庞大的内容设计成了难点。现打算使用"豆包"为"糖葫芦"篇章策划视频脚本，以走出内容设计困境。具体操作如下。

微课视频

使用"豆包"策划"传统小吃"视频脚本

步骤 01　进入豆包官网，单击 ✎ 帮我写作 按钮，打开"写作类型"选项区域，找到"脚本"选项，选择该选项，如图 1-20 所示。

图1-20　选择写作类型

步骤 02　此时文本框中将出现"帮我写一个用于视频制作的脚本，主题是 [主题]，脚本需要情节完整，结构清晰，请以表格形式输出。"文字，在"[主题]"处输入"传统小吃 糖葫芦"文字，并在"脚本"文字后添加"时长 1 分钟，"文字，如图 1-21 所示。

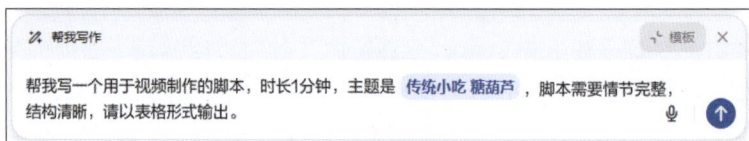

图1-21　调整指令

步骤 03　单击 ↑ 按钮，此时页面将自动调整布局，页面左侧显示视频脚本的名称和创作思路，右侧以表格形式显示生成的脚本内容（受屏幕限制，需要自行拖曳滚动条才能完整浏览内容），如图 1-22 所示。若对部分文字内容不满意，可以拖曳鼠标指针框选文字进行修改。

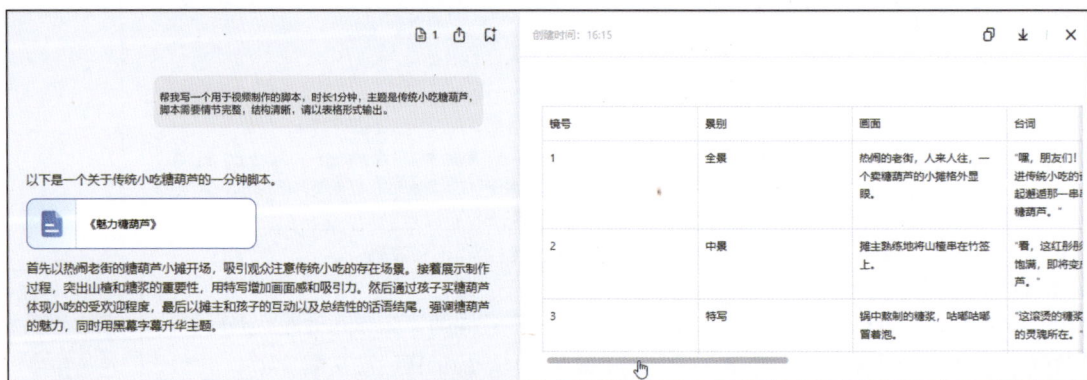

图1-22　生成的效果

步骤 04　单击 ↓ 按钮，在弹出的面板中选择"PDF"选项下载脚本，该脚本将以生成的标题为文件名（配套资源 :\效果文件 \ 第 1 章 \《魅力糖葫芦》.pdf），并且无法再次编辑内容。

效果预览

"传统小吃"
视频脚本

课堂实训——使用"文心一言"策划中秋节活动宣传图

实训背景

"山青"食品品牌计划以中秋节为契机，秉持"传承韵味，品味中式雅致"的品牌理念，在 2025 年 10 月 4 日至 6 日举办一场活动，提升品牌和旗下产品——"山青雅月"冰皮月饼的知名度。现需要制作宣传图进行营销，该品牌考虑到活动策划部门人手紧张，决定使用 AICG 工具进行策划。参考效果如图 1- 23 所示。

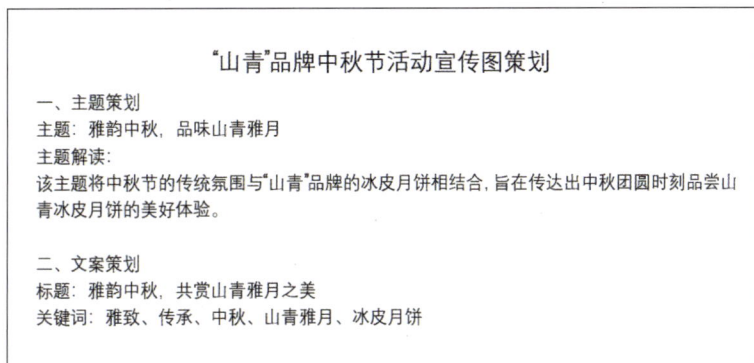

效果预览

中秋节活动宣传图策划

> **"山青"品牌中秋节活动宣传图策划**
>
> 一、主题策划
> 主题：雅韵中秋，品味山青雅月
> 主题解读：
> 该主题将中秋节的传统氛围与"山青"品牌的冰皮月饼相结合，旨在传达出中秋团圆时刻品尝山青冰皮月饼的美好体验。
>
> 二、文案策划
> 标题：雅韵中秋，共赏山青雅月之美
> 关键词：雅致、传承、中秋、山青雅月、冰皮月饼

图1-23　策划中秋节活动宣传图的部分效果

【素材位置】配套资源 :\ 素材文件 \ 第 1 章 \ 山青品牌和产品信息 .txt

【效果位置】配套资源 :\ 效果文件 \ 第 1 章 \ 中秋节活动宣传图策划 .docx

实训思路

步骤 01　进入文心一言官网，依次单击 📄阅读分析 按钮、 📄 按钮，将包含品牌已知信息（如品牌名称、品牌理念、活动目的、视觉元素、活动时间）和产品信息（如名称、制作工艺、原材料）的"山青品牌和产品信息 .docx"文件拖入上传区域。

步骤 02　参考"指定参考信息＋达成什么目标＋要求"的结构设计关键词，如"根据上传的文档，为'山青'品牌策划中秋节活动宣传图，主要视觉元素为冰皮月饼，要求包括主题策划、文案策划、视觉策划三个方面，其中文案仅包括标题和关键词，视觉策划包括画面内容、色彩搭配、质感效果及艺术风格，禁止出现网红、限时、抢购、限量等敏感字词"，单击 🚀按钮开始生成。

步骤 03　阅读生成的文字，针对不合理的地方重新输入关键词进行生成，直到对内容满意为止。

微课视频

使用"文心一言"策划中秋节活动宣传图

课后练习

1．填空题

（1）一般来说，多媒体的"多"指 _____、多种感官作用、_____、多学科交汇、多领域应用，"媒"指 _____ 之间的中介，"体"强调其综合、_____ 的特性。

（2）在数字媒体传播模式的整合模式中，传播分为＿＿＿＿＿＿、＿＿＿＿＿＿、＿＿＿＿＿＿、组织传播和大众传播。

（3）构建目标用户的详细画像时，需要包括＿＿＿＿＿＿、＿＿＿＿＿＿、＿＿＿＿＿＿、＿＿＿＿＿＿、＿＿＿＿＿＿、＿＿＿＿＿＿等关键特征。

2. 选择题

（1）【单选】顺序流式传输可以按（　　）下载，用户在观看在线媒体的同时下载文件。

　　A. 数量　　　　B. 顺序　　　　C. 方向　　　　D. 文件类型

（2）【单选】变换编码是通过函数变换将信号的一种（　　）变换为另一种（　　），然后对变换后的信号进行编码来实现有损压缩。

　　A. 空间表示　B. 数量表示　C. 层次表示　D. 内容表示

（3）【多选】视觉策划中的核心要素有（　　）。

　　A. 画面内容　B. 色彩搭配　C. 质感效果　D. 艺术风格

3. 操作题

尝试参考"旅行攻略计划.txt"文件内容，使用 boardmix 生成一份关于成都旅行拍摄计划的思维导图：行程为五天四晚，按照每一天的行程来划分，景点主要分布在成都市区、都江堰、青城山等地区，美食为当地特色。再使用"文心一言"策划成都旅行攻略视频的主题、文案和视觉效果，要求视频策划内容清晰、明确。

效果预览

成都旅行攻略
视频策划

【素材位置】配套资源:\ 素材文件 \ 第 1 章 \ 旅行攻略计划 .txt

【效果位置】配套资源:\ 效果文件 \ 第 1 章 \ 思维导图 .jpg、成都旅行攻略视频策划 .docx

第 **2** 章

数字图形图像创作

本章概述

　　图形与图像不仅是数字多媒体作品的常见类型，更是营造视觉效果的核心要素。Photoshop与Illustrator凭借其卓越的性能，在图形图像创作工具中独占鳌头；而即梦AI则凭借强大的AIGC技术，实现了图像的生成与高效编辑，进一步提升了图形图像创作效率。

学习目标

1. 熟悉图形图像作品的创作要点
2. 掌握Photoshop和Illustrator的基础知识
3. 能够灵活运用Photoshop、Illustrator和即梦AI创作各类图形图像作品
4. 提升创意思维，能创作出视觉效果新颖的作品

案例展示

艺术展海报

品牌标志

2.1 图形图像作品创作要点

在数字多媒体作品中，图形和图像具有不同的生成原理，其中图像通常为位图图像，由多个像素点构成，将图像放大到一定程度后会变模糊。而图形通常指矢量图，又称向量图，是使用一系列计算机指令描述和记录的点，由点构成线、面，组合成完整图形，任意缩放图形都能保持高清晰度，构成单位是图元。

2.1.1 图元、像素、分辨率

图元全称为图形输出，是图形软件中用来描述各种图形元素的函数，也可以简单理解为组成图形的基本单元。它可以是一个顶点、一条直线段，或者一个三角形、多边形、圆、二次曲线、曲面等。

像素点是构成像素的基本元素，而像素是构成图像的最小单位，每个像素在图像中都有自己的位置，并携带着该区域的颜色和亮度信息。单位面积上的像素越多，颜色信息越丰富，图像效果就越好，图像文件也会越大。

分辨率是图像中单位长度上的像素数目，单位通常为"像素／英寸"和"像素／厘米"。图像的分辨率越高，图像就越清晰，但相应的图像文件也就越大。在设计中为了使作品最终呈现的效果更好，需要为作品设置合适的分辨率，或者选择分辨率较高的素材进行编辑。例如，用于印刷的图像分辨率通常不低于 300 像素／英寸，用于屏幕显示的图像分辨率则通常为 72 像素／英寸。

2.1.2 颜色深度

颜色深度是指图像文件中记录每个像素的颜色信息所占的二进制位数，它决定了图像可以显示的颜色范围。颜色深度一般用"位（bit）"来描述，如 8 位、24 位等。颜色深度越高，每个像素可显示的颜色数目就越多，色彩就越丰富，但数据量也越多。

图元作为图形的构成单位，决定图形的形状和位置，而颜色深度则影响图像的颜色表现能力，两者并无直接关系。但在图形制作和处理过程中，它们可能会同时出现。例如，在三维图形渲染中，图元（如三角形）会被投影到屏幕上，经过光栅化等过程，最终成为像素。在这个过程中，颜色深度会影响图形的最终颜色表现。然而，这种影响是通过像素和颜色模式来实现的，而不是直接通过图元来实现的。

2.1.3 颜色模式

尽管图形和图像在构成原理上存在着差异，但在计算机图形学领域，它们都需要通过颜色模式来赋予其颜色和其他属性。颜色模式是用于定义和描述颜色的方式，不同的颜色模式会产生不同级别的色彩细节和不同大小的文件。常见的颜色模式有以下几种。

- **灰度模式**。灰度模式是指图像中没有颜色信息，色彩饱和度为零的颜色模式。灰度模式图像中，每个像素都有一个 0（黑色）～ 255（白色）的亮度值，能自然地表现黑白之间的过渡状态，并且该图像的颜色深度决定了可以使用的亮度级别。当彩色图像转换为灰度模式时，图像中的色彩信息都将被去掉，只保留亮度，得到纯正的黑白图像。

- **位图模式**。当彩色图像去掉彩色信息和灰度信息，只剩黑色或白色来表示图像中的像素时，便是位图模式。因为位图模式中包含的颜色信息量少，所以图像文件较小。在转换时，需要先将彩色图像转换为灰度模式才可以将其转化为位图模式，且颜色信息将会丢失，只保留亮度信息。

- **双色调模式**。双色调模式是在原有的黑色油墨基础上添加一种灰色油墨或彩色油墨来渲染灰度图像的颜色模式。该模式可向灰度图像添加 1 ～ 4 种颜色来表现颜色层次，使打印出的图像比灰度图像丰富生动，并减少印刷成本。在转换时，需要先将彩色图像转换为灰度模式，再转换为双色调模式。

- **索引颜色模式**。索引颜色模式是指系统预先定义好一个含有 256 种典型颜色的颜色对照表，当彩色图像转换为索引颜色模式时，系统会将该图像的所有色彩映射到颜色对照表中，如果彩色图像中的颜色在颜色对照表中没有对应颜色来表现，则系统会从颜色对照表中挑选最相近的颜色来表现。因此，索引颜色模式通常被当作存放彩色图像中的颜色，并为这些颜色创建颜色索引的工具。

- **多通道模式**。多通道模式是每个通道都使用 256 种灰度级别来存放图像中众多颜色信息的颜色模式。将图像转换为多通道模式后，系统将根据原图像产生一定数目的新通道。

- **RGB 颜色模式**。RGB 颜色模式又称真彩色（真彩色是一种通过使用 RGB 三基色不同强度及组合来呈现颜色的图像表示方法）模式，由红、绿、蓝 3 种颜色（这三种颜色便是 RGB 三基色）按不同的比例混合而成，也是最常见的颜色模式之一。

- **Lab 颜色模式**。Lab 颜色模式由 RGB 三基色转换而来，它将明暗和颜色数据信息分别存储在不同位置。修改图像的亮度并不会影响图像的颜色，调整图像的颜色同样也不会破坏图像的亮度，这是 Lab 颜色模式在调色中的优势。在 Lab 颜色模式中，L 指明度，表示图像的亮度，如果只调整明暗、清晰度，可只调整 L 通道；a 表示由绿色到红色的光谱变化；b 表示由蓝色到黄色的光谱变化。

- **CMYK 颜色模式**。CMYK 颜色模式是指印刷时使用的一种图像颜色模式，主要由 Cyan（青）、Magenta（洋红）、Yellow（黄）和 Black（黑）4 种颜色组成。为了避免和 RGB 三基色中的 Blue（蓝色）混淆，其中的黑色用 K 表示。若在 RGB 颜色模式下制作的图像需要印刷，则需要将其转换为 CMYK 颜色模式。

2.1.4　图形图像文件格式

图形图像的文件格式是指用计算机表示和存储图形、图像信息的格式。同一幅图形、图像可以用不同的格式存储，但不同格式的文件所包含的信息并不完全相同，且文件大小也有差别。

- **PSD（*.psd）格式**。PSD 格式是 Photoshop 自身生成的文件格式，支持全部图像颜色模式，以 PSD 格式保存的图像文件包含图层、通道、颜色模式等信息。

- **JPEG（*.jpg）格式**。JPEG 格式是一种有损压缩格式，其生成的图像文件较小，也是常用的图像文件格式之一。在生成 JPEG 格式的图像文件时，可以设置压缩的类型，得到不同大小和质量的图像文件。压缩程度越高，图像文件越小，图像质量越差。

- **PNG（*.png）格式**。PNG 格式可以使用无损压缩方式压缩图像文件，从而保证图像质量，并且可以为图像定义 256 个透明层次，使图像的边缘与背景平滑地融合，从而得到透明的、没有锯齿状边缘的高质量图像效果。

- **EPS（*.eps）格式。** EPS格式的优点是可以在排版软件中以低分辨率预览效果，而在打印时以高分辨率输出。EPS格式可用于存储矢量图和位图，在存储位图时，可以将图像中的白色像素设置为透明效果。
- **SVG（*.svg）格式。** SVG格式是一种存储矢量图的文件格式，可任意进行缩放，且保证图像边缘清晰，生成的文件很小，便于传输。文字在该格式的文件中保留可编辑和可搜寻的状态，没有字体的限制，因此常用于设计高分辨率的Web图形页面。
- **AI（*.ai）格式。** AI格式是Illustrator自身生成的文件格式，这种格式的图形文件用Illustrator、Photoshop和CorelDRAW都能打开和编辑。

2.2 图像作品创作——Photoshop

鉴于图像历史悠久，大众对其比较熟知，并且在多媒体领域广泛使用，无论是数字视频、数字动画，还是H5和微信小程序，都离不开图像的支持，所以本节讲述如何使用Photoshop创作图像作品。

2.2.1 认识Photoshop工作界面

在计算机上双击Photoshop图标将启动该软件，并进入主页界面。此时，创建或者打开某文件后可进入工作界面（见图2-1），该工作界面主要包含菜单栏、标题栏、工具箱、工具属性栏、浮动面板、图像编辑区、状态栏和上下文任务栏。

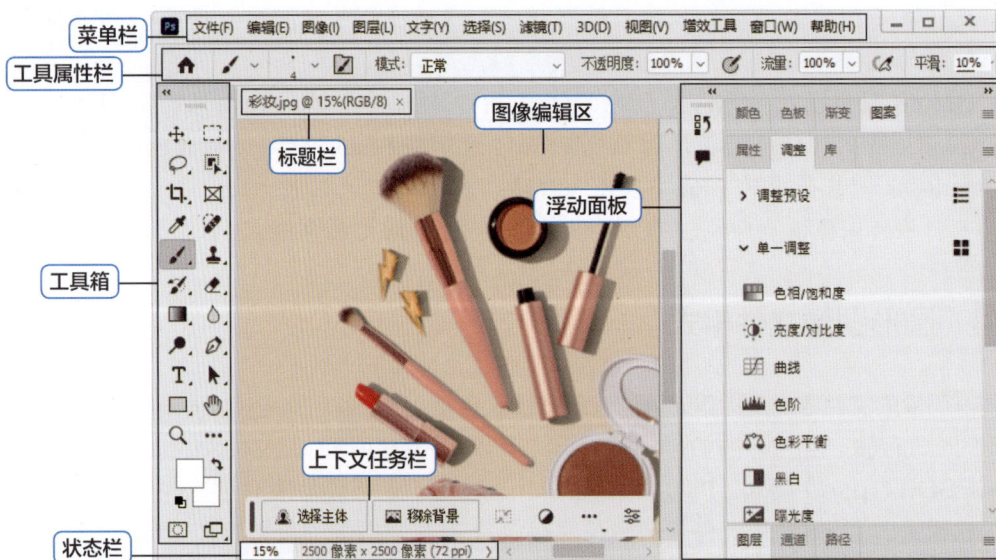

图2-1 Photoshop工作界面

- **菜单栏。** 菜单栏由"文件""编辑""图像""图层""文字""选择""滤镜""3D""视图""增效工具""窗口""帮助"12个菜单项组成，每个菜单项下包含多个命令。若命令右侧标有▶符号，则表示该命令还有子菜单；若某些命令呈灰色显示，则表示没有激活或当前不可用。

- **标题栏**。标题栏中通常会显示已打开或已创建图像文件的名称、格式、显示比例、当前所选图层、颜色模式、通道位数及该图像文件的"关闭"按钮×。如果新创建的图像文件未命名且未被存储过，则标题栏中的文件名称将以"未命名＋连续数字"的形式显示。
- **工具箱**。工具箱中集合了 Photoshop 的常用工具，单击工具箱顶部的展开按钮，可以将工具箱中的工具以双列方式显示。单击工具箱中对应的工具图标，可选择该工具。若工具图标右下角有黑色小三角形，则表示该工具位于一个工具组中，右击或长按鼠标左键都能显示该工具组中的所有工具。
- **工具属性栏**。在工具属性栏中可设置所选工具的参数。工具属性栏默认位于菜单栏下方，当创作人员选择工具箱中的某个工具后，工具属性栏将显示该工具对应的参数选项。
- **浮动面板**。在浮动面板中可进行选择颜色、编辑图层、新建通道、编辑路径和撤销等操作。在"窗口"菜单中选择某个面板的命令后，该面板将被添加到浮动面板中，以缩略图标的形式显示，创作人员可通过拖曳面板缩略图标的方法来调整该面板的位置。另外，单击面板组左上角的"展开面板"按钮，可展开该面板组中隐藏的面板；单击"折叠为图标"按钮，可还原为图标模式。
- **图像编辑区**。图像编辑区是用于查看与编辑图像的区域，所有的图像处理结果都在图像编辑区中显示。
- **状态栏**。状态栏用于查看当前文件在图像编辑区中的显示比例和文件的其他信息。状态栏默认位于图像编辑区左下方，左端显示当前图像编辑区的显示比例；中间区域默认显示当前文件的尺寸；单击右侧的按钮，可在弹出的下拉列表中设置中间区域的显示内容。
- **上下文任务栏**。上下文任务栏用于显示当前工作流程中最相关的后续步骤，如选择并遮住、羽化、反转等。

> 💡 **小技巧**
>
> 若不习惯使用当前工作界面的布局，可将鼠标指针移动到工具箱或浮动面板顶部，拖曳它们到工作界面中的其他位置。

2.2.2　选择和变换对象

在 Photoshop 中，文件中的所有内容都被放置在图层上，选择一个图层，按【Ctrl + T】组合键可选中图层上的对象，选中后对象四周将出现定界框，如图 2-2 所示，并且定界框上存在控制点，调整这些控制点可变换对象，变换完成后需按【Enter】键确定操作。此外，按【Esc】键可取消变换图像，取消后图像将恢复到变换前的状态。

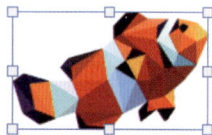

图2-2　被选中的对象

- **缩放图像**。将鼠标指针移至定界框左上角的控制点上，当其变成状态时拖曳鼠标指针，可缩放图像，如图 2-3 所示。

- **旋转图像**。将鼠标指针移至定界框右上角的控制点上，当其变为↰状态时拖曳鼠标指针，可旋转图像，如图2-4所示。
- **斜切图像**。右击图像，在弹出的快捷菜单中选择"斜切"命令，将鼠标指针移至定界框的任意一边上，当其变为▷状态时拖曳鼠标指针，可使图像朝垂直或水平方向倾斜，如图2-5所示。
- **透视图像**。右击图像，在弹出的快捷菜单中选择"透视"命令，将鼠标指针移至定界框的任意一角上，当其变为▷状态时拖曳鼠标指针，可改变图像的透视角度，如图2-6所示。

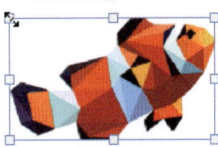

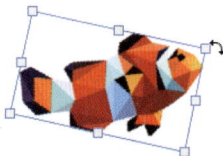

| 图2-3　缩放对象 | 图2-4　旋转对象 | 图2-5　斜切对象 | 图2-6　透视对象 |

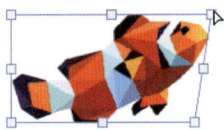

- **扭曲图像**。右击图像，在弹出的快捷菜单中选择"扭曲"命令，将鼠标指针移至定界框的任意一角上，当其变为▷状态时拖曳鼠标指针，可以扭曲图像，如图2-7所示。
- **变形图像**。右击图像，在弹出的快捷菜单中选择"变形"命令，此时定界框上会出现控制杆，拖曳控制杆可以使图像产生变形效果，如图2-8所示，拖曳时鼠标指针将变为▷状态。

| 图2-7　扭曲对象 | 图2-8　变形对象 |

2.2.3　抠取、修复和修饰对象

抠取、修复和修饰对象是 Photoshop 的特色功能，也是创作图像作品时的常用手法。

1. 抠取对象

运用工具和命令可以快速抠取对象，其中常用的抠取工具存放在套索工具组和对象选择工具组内，常用的抠取命令有"主体"命令和"色彩范围"命令。

- **套索工具组**。套索工具组包含"套索工具"♢、"多边套索工具"≥、"磁性套索工具"≥，在其位置单击确定一个锚点后，再单击其他位置确定锚点，待回到起始锚点后，就能绘制选区；按【Ctrl + J】组合键可将选区内的对象单独复制到一个新图层中，使其脱离原图层。
- **对象选择工具组**。对象选择工具组包含"对象选择工具"▣、"快速选择工具"≥、"魔棒工具"≥。使用"对象选择工具"▣时，可直接在需要抠取的对象上单击，Photoshop 将自动为较为明显的部分创建选区，如图2-9所示。使用"快速选择工具"≥时，只需在图像上拖曳，Photoshop 将自动为拖曳轨迹内的对象创建选区。使用"魔棒工具"≥时，只需在图像上单击，Photoshop 将自动根据单击点下方的像素创建选区。
- **"主体"命令**。选择【图像】/【主体】命令，可为主体明确的对象自动创建选区。

图 2-10 所示的面包图片，面包颜色和桌面颜色较为相似，但面包纹理清晰，使用"主体"命令可为其创建选区。

- **"色彩范围"命令**。选择【选择】/【色彩范围】命令，可为与背景颜色相差较大的对象创建选区，如图 2-11 所示。

图2-9　使用"对象选择工具"
创建选区

图2-10　使用"主体"命令创建选区

图2-11　使用"色彩范围"命令
创建选区

2. 修复和修饰对象

Photoshop 提供的修复和修饰工具众多，下面挑选比较常用的工具进行讲解。

- **"污点修复画笔工具"** 。该工具可以快速地去除图片中的污点、划痕等部分，如图 2-12 所示。操作时，只需要在修复区域拖曳鼠标指针或单击，可发现不需要的图像已被去除。
- **"修补工具"** 。该工具可以用于指定图像或图案修复所选区域中的图片，如图 2-13 所示。操作时，可先在工具属性栏中设置修补方式，在图像上拖曳鼠标指针，为需要修复的图像区域建立选区；将鼠标指针移动到选区上，将选区朝修补的取样区域拖曳，可发现修复区域逐渐被取样区域的效果覆盖，若没有被完全覆盖，可重复操作。

图2-12　修复木头

图2-13　修复所选区域

- **"仿制图章工具"** 。该工具可将图像的一部分复制到同一图像的另一位置，如图 2-14 所示。操作时，需按住【Alt】键不放，在原图像中单击确定要复制的取样点，然后将鼠标指针移动到图像中需要覆盖的区域单击或拖曳，即可将取样点周围的图像复制到单击点周围。
- **"加深工具"** 和**"减淡工具"** 。这两个工具可分别用于加深和减淡图像中的色调（画面整体的色彩倾向），使图像中指定区域变暗或变亮。图 2-15 所示为使用这两种工具分别加深和减淡玻璃碗区域图像的前后对比效果。
- **"模糊工具"** 和**"锐化工具"** 。这两个工具可分别用于柔化和加强图像中相邻像素之间的对比度，从而使图像产生模糊效果，或者使模糊的图像变得更加清晰、细节鲜明。但需要注意的是，使用"锐化工具" 时，若反复锐化图像，则易造成图像失真。

图2-14　复制树莓图像

原图　　　　　加深　　　　　减淡

图2-15　加深和减淡玻璃碗区域图像的效果

2.2.4　调整颜色和应用滤镜、图层样式

调整颜色和应用滤镜、图层样式是美化画面的重要手段，其中调整颜色可以改变图像的色彩氛围，应用滤镜和图层样式则能为图像添加特殊效果。

1. 调整颜色

调整颜色主要是调整图像的亮度、对比度、饱和度和色调，从而改变图像的明暗和色彩。选择【图像】/【调整】命令，可在打开的子菜单中选择不同调色命令调整画面颜色，选择部分命令后会打开同名的对话框，需要自行设置参数才能调色。较为常用的调色命令有以下8种。

- "亮度/对比度"命令。该命令用于调整图像的亮度和对比度。
- "色阶"命令。该命令用于调整图像的明暗对比效果，包括阴影、高光和中间调。
- "曲线"命令。该命令用于综合调整图像的色彩、亮度和对比度。
- "曝光度"命令。该命令用于调整曝光不足或曝光过度的图像。
- "色相/饱和度"命令。该命令用于调整图像中不协调的单个颜色，也可用于调整图像全图或单个通道的色相、饱和度和明度。

> **知识补充**
>
> 颜色是光作用于人眼所引起的视觉心理感受，是人眼对光的频率、波长和亮度的感知。颜色一般可分为无彩色和有彩色两大类。其中无彩色指白色、黑色，以及由黑、白两色相互调和而形成的各种深浅不同的灰色，只具有亮度一种属性；有彩色指具备色相、饱和度和亮度（明度）三种属性的颜色，是光谱上的颜色或这些颜色按一定比例混合得到的颜色，如红、橙、黄、绿、蓝、靛、紫等。
>
> 色相指颜色的基本属性，是各颜色相互区分的特征，人们常说的红色、紫色等都为色相。饱和度又称纯度或彩度，是指颜色的纯度，含灰色比例越少，则颜色越纯。亮度（明度）指颜色的明暗程度。

- "自然饱和度"命令。该命令用于调整图像的整体色彩，其中自然饱和度参数用于调整图像中饱和度相对不足的颜色，饱和度参数用于调整所有颜色的饱和度。
- "照片滤镜"命令。该命令用于调整图像的色彩偏向。图2-16所示为将左图的偏冷色调调整为暖色调的前后对比效果。
- "色彩平衡"命令。该命令用于调整图像中整体色彩的分布，常用于校正偏色图像。

图2-16　调整图像的色调

在 Photoshop 中，调色命令仅对选中的图层产生影响，而调整图层可对所选图层及其下方所有图层产生影响，且可以二次编辑调色参数。使用调整图层的具体操作方法是：打开"调整"面板，单击对应按钮；或者在"图层"面板底部单击"创建新的填充或调整图层"按钮 ，在打开的下拉列表中选择一个调整图层命令，这样将会在"图层"面板中新建一个调整图层，并且在"属性"面板中将出现参数设置，设置参数后即可对调整图层下方的所有图层进行调色。

2. 应用滤镜

Photoshop 中的滤镜分布在"滤镜"菜单项中，可分为滤镜库、特殊滤镜和滤镜组 3 种类型，如图 2-17 所示。

- **滤镜库**。滤镜库可同时为图像应用多种滤镜，节省多次应用滤镜的操作时间。滤镜库中共有 6 个滤镜组，各个滤镜组的使用方法基本相同。打开需要处理的图像，选择【滤镜】/【滤镜库】命令，打开"滤镜库"对话框，然后在"滤镜库"对话框中选择合适的滤镜，在右侧设置参数，在左侧预览效果，合适后单击 确定 按钮便可完成滤镜的添加。

- **特殊滤镜**。特殊滤镜用于调整图像透视、色调，修复图像扭曲等，其使用方式与滤镜组一致。

- **滤镜组**。滤镜组中包括多个滤镜效果，可对图像进行模糊、锐化等效果的处理。选择滤镜组中的滤镜后，除极个别特殊的滤镜，大多都会打开与滤镜同名的对话框，在其中设置参数后，单击 确定 按钮便可应用滤镜效果。

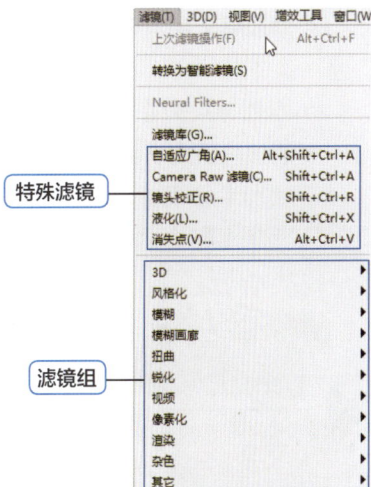

图 2-17 "滤镜"菜单项

另外，选择【滤镜】/【转换为智能滤镜】命令，在打开的对话框中，单击 确定 按钮，此时，"图层"面板中的图层缩览图右下角将出现一个 图标，表示该图层已转换为智能图层，之后为智能图层添加的滤镜就会变为智能滤镜（如果该图层已经是智能图层，则可直接为其添加滤镜，无须且也不能选择"转换为智能滤镜"命令）。应用智能滤镜后，在"图层"面板中双击"智能滤镜"图层后的 图标，可打开相应滤镜的对话框，以便重新编辑滤镜。

3. 应用图层样式

应用图层样式可使图像具有真实的质感、纹理等。图层样式共有 11 种，可叠加使用，图 2-18 所示为运用"描边"图层样式的效果，这样的处理使画面增加了趣味感。

Photoshop 提供了 3 种添加图层样式的方法，具体方法为：选择图层后，选择【图层】/【图

图2-18 运用"描边"图层样式

层样式】命令，在弹出的子菜单中选择一种样式命令；在"图层"面板底部单击"添加图层样式"按钮 ，在弹出的快捷菜单中选择需要创建样式的命令；双击需要添加图层样式的图层右侧的空白区域，打开"图层样式"对话框，设置相关参数后，单击 确定 按钮。

2.2.5　添加文字、图形和图像

在数字图形图像作品中，文字、图形和图像扮演着不同的角色。文字是信息传递的直接载体，能够精确、简洁地表达作者的意图和作品的内涵；图形和图像是视觉元素的重要组成部分，也可以传递特定的信息。

1.　添加文字

文字工具组中的"横排文字工具"**T**和"直排文字工具"**↓T**是添加文字的常用工具，它们分别用于添加横排和直排的点文字或段落文字。

- **添加点文字**。选择这两个工具中的其中一个，在工具属性栏中根据具体需求自行设置文字格式后，在图像编辑区内单击，插入文字定位点即可输入沿水平方向或垂直方向排列的点文字，如图 2-19 所示。点文字不能自动换行，需创作人员手动换行。
- **添加段落文字**。选择这两个工具中的其中一个，在工具属性栏中根据具体需求自行设置文字格式后，拖曳图像绘制文字定界框，在框内可输入段落文字，如图 2-20 所示。段落文字会根据定界框宽度自动换行。

图2-19　添加点文字

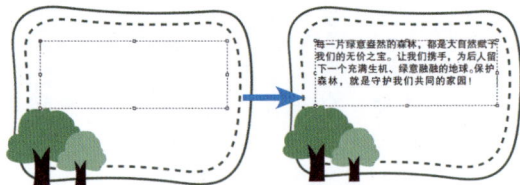

图2-20　添加段落文字

添加文字后，可以使用"字符"面板（见图 2-21）或"段落"面板（见图 2-22）重新调整文字格式或进行更多设置。

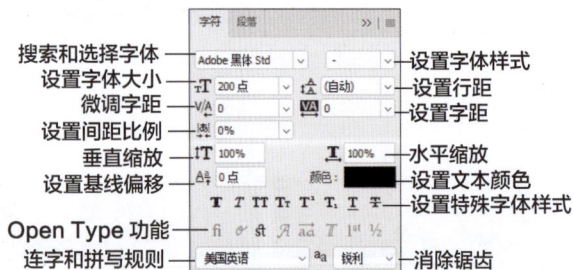

图2-21　"字符"面板

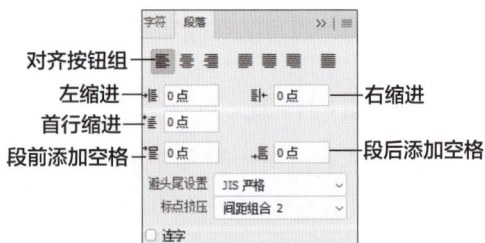

图2-22　"段落"面板

2.　添加图形和图像

添加图形的常用工具主要有形状工具组和"钢笔工具"，这些工具各具特色，适用于不同的场景。

- **形状工具组**。形状工具组包括"矩形工具"□、"圆角矩形工具"▢、"椭圆工具"○、

"三角形工具" △、"多边形工具" ⬡、"直线工具" ╱和"自定义工具" ✍。形状工具组内工具的使用方式比较相似，选择任一工具，保持工具属性栏中的模式为"形状"，在图像编辑区中拖曳鼠标指针，即可绘制对应的图形。

- **"钢笔工具"** ✍。该工具用于绘制由直线或曲线组成的图形。选择该工具，在工具属性栏中设置模式为"形状"，其他参数根据具体需求设置，在图像编辑区中单击创建锚点，然后移动鼠标指针，再单击可创建直线段，当鼠标指针重回初始锚点时变为 ✎。状态，此时单击可闭合图形，如图 2-23 所示。若拖曳鼠标指针，则创建曲线段，如图 2-24 所示。

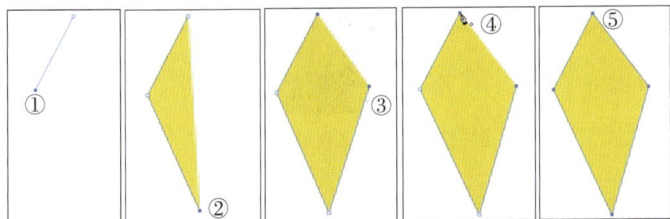

图2-23　创建直线段　　　　　　图2-24　创建曲线段

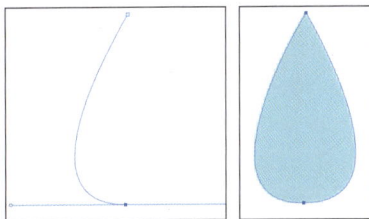

Photoshop 还提供了"画笔工具" ╱用于绘制图像。选择该工具，在工具属性栏中设置相关参数，将鼠标指针移到图像编辑区中单击，该位置将出现与前景色、画笔样式对应的色块，而拖曳鼠标指针将沿着拖曳轨迹绘制色块形成图像，图 2-25 所示为使用"硬边圆"画笔样式绘制的图像。若对绘制的图像形状不满意，除了按【Ctrl + Z】组合键撤销绘制操作，还可以使用"橡皮擦工具" ✎拖曳鼠标指针，拖曳轨迹下的图像都将被擦除，如图 2-26 所示。

图2-25　绘制图像　　　　　　　图2-26　擦除图像

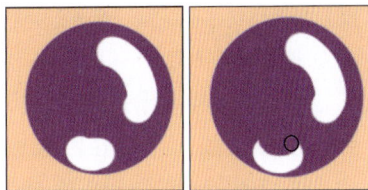

2.2.6　合成对象

合成对象是指将多个对象融为一体，在视觉上呈现出一种既独特又协调的效果。Photoshop 提供了混合模式、不透明度和蒙版三大功能来合成对象。

1.　混合模式和不透明度

混合模式和不透明度功能都位于"图层"面板中，如图 2-27 所示，需要选中对象所在的图层，才能运用这两个功能。

- **混合模式**。混合模式是一种可以混合所选图层与其下方图层中颜色的高级功能，下方图层中的颜色为基色，所选图层中的颜色为混合色，混合后得到的颜色为结果色。具体方

图2-27　"图层"面板

31

法为：选择用于混合的图层，在"图层"面板中的"混合"下拉列表中选择所需的图层混合模式，共有27种模式。图2-28所示为运用"柔光""差值"混合模式的对比效果，可以看出即使是相同的两张图，运用不同的混合模式也会得到不同的视觉效果。

图2-28　运用"柔光""差值"混合模式的对比效果

- **不透明度**。调整当前图层的不透明度，可使本图层中的内容呈现透明效果，使其下方图层的内容显现，并与本图层内容叠加显示。具体方法为：选中需要调整不透明度的图层，在"图层"面板上调整"不透明度"数值或"填充"数值。其中，100%表示完全不透明；0%表示完全透明；0%～100%的数值表示半透明，且数值越低，透明度越高。

2. 蒙版

用于合成对象的蒙版主要有图层蒙版和剪贴蒙版两种类型，它们分别有不同的使用方法和效果。

- **图层蒙版**。图层蒙版可通过控制蒙版中的灰度信息，来控制图像在图层蒙版不同区域内隐藏或显示的状态。选择图层，单击"图层"面板中的"添加图层蒙版"按钮 ▢，或选择【图层】/【图层蒙版】/【显示全部】命令，可创建一个完全显示图层内容的白色图层蒙版，然后在图像编辑区中将需要隐藏的部分涂黑。通常白色区域为完全显示，灰色区域为半透明显示，黑色区域为完全隐藏。图2-29所示为运用图层蒙版合成两张图像的效果。

图2-29　运用图层蒙版合成两张图像的效果

- **剪贴蒙版**。剪贴蒙版主要由基底图层和内容图层组成，是指通过使用处于下方图层的形状（基底图层）来限制上方图层（内容图层）的显示状态。选择内容图层并右击，在弹出的快捷菜单中选择"创建剪贴蒙版"命令，可创建以基底图层形状为外观的蒙版，并且内容图层和基底图层的状态也会出现变化。

【案例】　创作"繁花异象"艺术展海报

　　某会展中心承办了一个以花卉表现现代艺术的"繁花异象"艺术展，为扩大知名度，准备开展宣传活动。现需要制作尺寸为"1240像素×1754像素"、分辨率为"150像素/英寸"的酸性风格海报，投放在车站、商场等公共场合的广告位，以吸引人们前来观展。具体操作如下。

微课视频

创作"繁花异象"艺术展海报

👤 设计素养

　　酸性风格来源于迷幻艺术，是一种面向未来的概念趋势，也是一种前卫的设计理念，其显著特点包括高饱和度的色彩、繁复华丽的图案、复古与现代交织的元素，可以呈现一种仿佛时空扭曲、前后颠倒或模拟液态金属流动的视觉效果。酸性风格在平面设计领域，尤其是海报设计、音乐专辑封面、产品外包装等方面，得到了广泛的应用。

　　步骤 01　启动 Photoshop，创建一个名称为"'繁花异象'艺术展海报"，尺寸为"1240像素×1754像素"，分辨率为"150像素/英寸"，颜色模式为"CMYK 颜色"的文件。

　　步骤 02　将前景色设置为黑色"#000000"，按【Alt + Delete】组合键填充背景图层。选择3次【滤镜】/【渲染】/【云彩】命令，效果如图 2-30 所示。

　　步骤 03　选择【滤镜】/【液化】命令，打开"液化"对话框，使用默认设置先向内推制作出流动液体效果，当液体未填满画布时向外推来填满画布，通过不断外推和内推制作出液态背景，参考效果如图 2-31 所示，单击 确定 按钮。

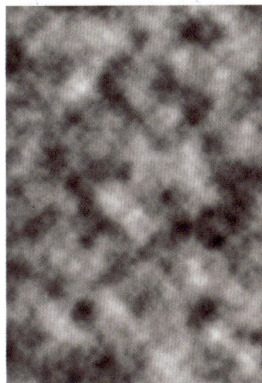

图2-30　制作云彩效果　　　　　　　　　　图2-31　液态背景

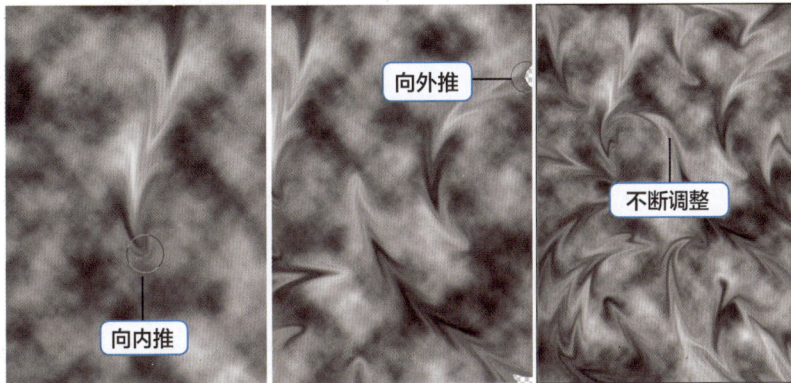

　　步骤 04　创建"曲线"调整图层，在"属性 曲线"面板的"预设"下拉列表中选择"强对比度（RGB）选项"，如图 2-32 所示，让背景图层的黑白对比更加明显。

　　步骤 05　创建"渐变映射"调整图层，在"属性 渐变映射"面板中单击渐变条，打开"渐变编辑器"对话框，在"蓝色"文件夹中选择"蓝色_17"选项，单击 确定 按钮，如图 2-33 所示。

　　步骤 06　此时背景图的色彩颜色不够清透，可通过调整亮度、对比度来优化。创建"亮度/对比度"调整图层，在"属性 亮度/对比度"面板中设置亮度为"34"、对比度为"67"，如图 2-34 所示。

　　步骤 07　按【Ctrl + O】组合键打开"打开"对话框，选择"百合花.png"素材文件（配套资源:\素材文件\第2章\"艺术展海报"文件夹），单击 打开(O) 按钮。选择【图像】/【模式】/CMYK

颜色命令，将素材由 RGB 模式转换为 CMYK 模式，此时整体色彩将会稍微变暗。

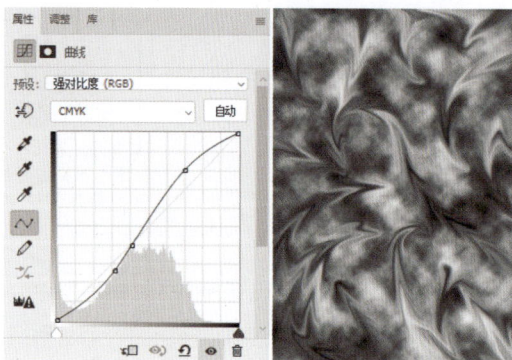

图2-32　强化黑白关系

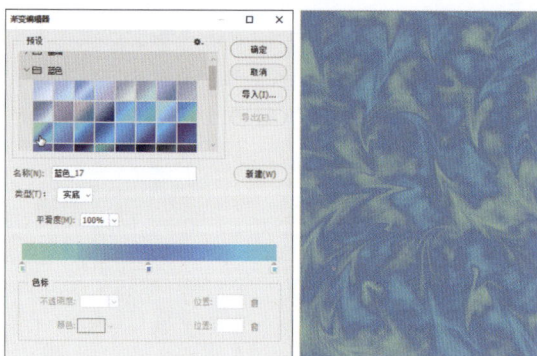

图2-33　设置渐变映射

步骤 08　新建图层，放置在花朵图层下方，按照与步骤 02 相同的方法将新图层填充为黑色，以便查看花朵后续的处理效果。按【Shift + Ctrl + U】组合键去色，前后对比效果如图 2-35 所示。

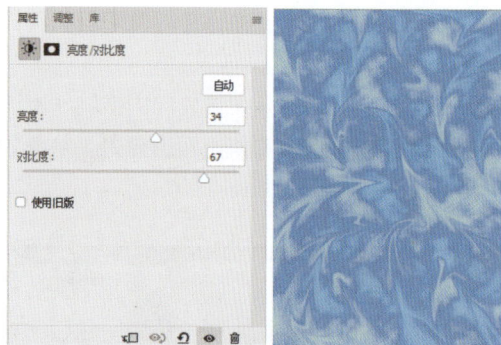

图2-34　设置亮度和对比度

图2-35　花朵去色

步骤 09　按【Ctrl + J】组合键复制图层，设置复制图层的混合模式为"差值"，按【Ctrl + I】组合键反相图像，选中两个花朵图层，按【Ctrl + E】组合键合并图层。重复 4 次操作得到金属效果的花朵，每次操作所得花朵效果如图 2-36 所示。

图2-36　制作金属效果的花朵

步骤 10　选择花朵图层并右击，在弹出的快捷菜单中选择"复制图层"命令，打开"复制图层"对话框，在"文档"下拉列表中选择"'繁花异象'艺术展海报"选项，单击 确定 按钮，可将该图层复制到目标文件中。

知识补充

选择"移动工具" ，拖曳当前文件图像编辑区中的对象到其他文件的标题栏处，该对象将跨文件复制到目标文件中。这种方法适用于当前打开文件不多的场景。而"复制图层"命令不受当前打开文件数量的影响，能更加精准地跨文件复制对象，若在"文档"下拉列表中选择"新建"选项，还可以新建一个文件来承载复制的对象。

步骤 11　切换到海报文件，此时，海报文件将自动选中花朵素材所在图层，按【Ctrl + T】组合键，拖曳定界框右下方的控制点放大该素材，如图 2-37 所示。设置该图层混合模式为"亮光"，不透明度为"70%"，使其与背景图片更好地融合，如图 2-38 所示。

步骤 12　在花朵图层上方新建图层，设置前景色为接近原花瓣颜色的橙色"#f3c021"，选择"画笔工具" ，设置大小为"199 像素"，样式为"柔边圆"，拖曳鼠标指针在花瓣处绘制色块，效果如图 2-39 所示。然后选中色块图层，按【Alt + Ctrl + G】组合键创建剪贴蒙版，设置不透明度为"67%"，如图 2-40 所示。

图2-37　放大花朵　　　图2-38　合成花朵和背景　　　图2-39　为花朵上色　　　图2-40　调整上色效果

知识补充

在为对象上色时，使用与对象真实颜色相似的颜色可增强画面的真实感，这基于人类对色彩感知的心理学原理，人类大脑对特定色彩与特定物体之间的关联有着强烈的认知。例如，人们通常会认为树叶是绿色的，天空是蓝色的。使用这些"预期"的色彩，可以加强受众对画面内容的识别和理解，进而提升真实感。

步骤 13　选择"椭圆工具" ，依次在工具属性栏上单击填充色块和渐变色块，在渐变预设文件夹中依次选择"粉色""粉色_07"选项，取消描边，在图像编辑区中间区域拖曳鼠标指针绘制一个椭圆，如图 2-41 所示。

步骤 14　选中椭圆图层并右击，在弹出的快捷菜单中选择"栅格化图层"命令。选择【滤镜】/【模糊】/【动感模糊】命令，打开"动感模糊"对话框，设置角度为"33"、距离为"257"，单击 确定 按钮。在"图层"面板中设置椭圆图层的不透明度为"66%"，混合模式为"叠加"，效果如图 2-42 所示，以提升画面中间区域的亮度。

图2-41　绘制渐变椭圆

图2-42　模糊和合成渐变椭圆

步骤 15　选择"椭圆工具"⚪，取消填充，设置描边为白色"#ffffff"，描边粗细为"3 像素"，在图像编辑区中间区域绘制 1 个椭圆。选择椭圆图层，单击"添加图层蒙版"按钮◻创建图层蒙版，设置前景色为黑色"#000000"，选中图层蒙版缩览图，再使用"画笔工具"🖊涂抹框线，制作出穿插效果，如图 2-43 所示。

步骤 16　按照与步骤 15 相同的方式再绘制一个描边粗细为"4 像素"的椭圆框线，并制作穿插效果，如图 2-44 所示。

步骤 17　选择"横排文字工具"🅣，设置字体为"方正隶变简体"，字号为"31 点"，文字颜色为黑色"#000000"，在图像编辑区左上角输入"ART EXHIBITION"英文文字，打开"字符"面板，单击"全部大写"按钮🅣；在英文文字下方输入"一场视觉与心灵的双重盛宴"文字，设置字号为"26点"；在图像编辑区中输入"繁花异象"艺术展名称文字，设置字体为"方正黑体简体"，字号为"180点"，如图 2-45 所示。

图2-43　制作穿插效果

图2-44　制作其他椭圆框线

图2-45　输入文字

步骤 18　双击"繁花异象"文字图层右侧的空白区域，打开"图层样式"对话框，选中"投影"复选框，设置颜色为蓝色"#295aa2"，其他参数如图 2-46 所示。选中"渐变叠加"复选框，设置颜色为"彩虹色_19"，其他参数如图 2-47 所示，单击 确定 按钮，文字效果如图 2-48 所示。

步骤 19　选择"横排文字工具"🅣，设置字体为"方正隶变简体"，字号为"18 点"，文字颜色为黑色"#000000"，在图像编辑区左下角输入素材文件夹"艺术展宣传信息 .txt"文件内的活动相关文字，单击"字符"面板中的"仿粗体"按钮🅣；在活动信息文字顶部输入"2024"文字，设置字号为"48 点"，单击"仿粗体"按钮🅣。

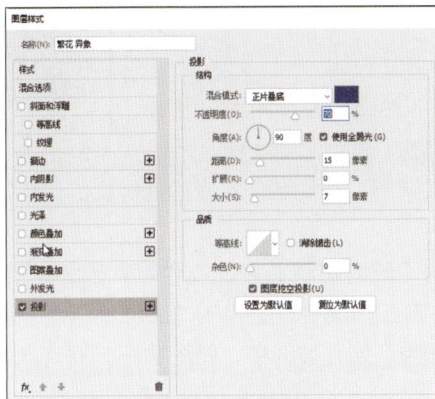

图2-46 设置投影

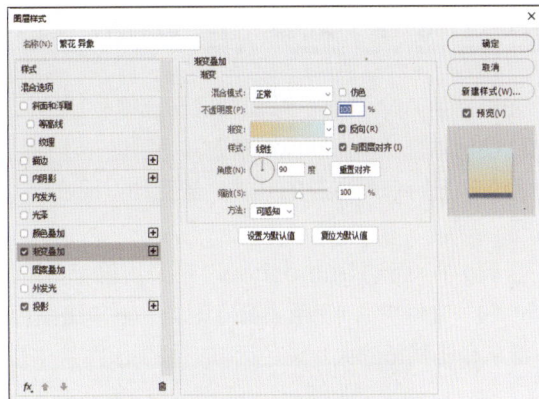

图2-47 设置渐变叠加

步骤20 选择"直排文字工具"，设置字体为"方正黑体简体"，字号为"21.5点"，文字颜色为黑色"#000000"，在图像编辑区右侧输入素材文件夹"艺术展宣传信息.txt"文件内的活动宣传语文字。按照与步骤15相同的方法调整两个椭圆框线的图层蒙版，使框线不遮挡活动宣传语文字，如图2-49所示。

步骤21 按【Ctrl＋S】组合键，打开"另存为"对话框，设置存储位置后，单击 保存(S) 按钮保存文件（配套资源:\效果文件\第2章\"繁花异象"艺术展海报.psd）。选择【文件】/【导出】/【导出为】命令，打开"导出为"对话框，在"格式"下拉列表中选择"JPG"选项，单击 导出 按钮打开"另存为"对话框，设置存储位置后，单击 保存(S) 按钮保存导出的文件（配套资源:\效果文件\第2章\"繁花异象"艺术展海报.jpg）。

步骤22 打开素材文件夹中的"海报样机.psd"文件，选择【文件】/【置入嵌入对象】命令，打开"置入嵌入对象"对话框，选择"'繁花异象'艺术展海报.jpg"文件，单击 置入(P) 按钮，调整素材大小并斜切素材，然后创建为"样机"图层的剪贴蒙版。

步骤23 按照与步骤22相同的方法，再置入相同的文件，调整大小、形状和方向后，将其所在图层创建为"样机 拷贝"图层的剪贴蒙版，效果如图2-50所示。按【Shift＋Ctrl＋S】组合键另存文件，设置文件名为"海报样机效果"（配套资源:\效果文件\第2章\海报样机效果.psd）。

图2-48 添加图层样式效果

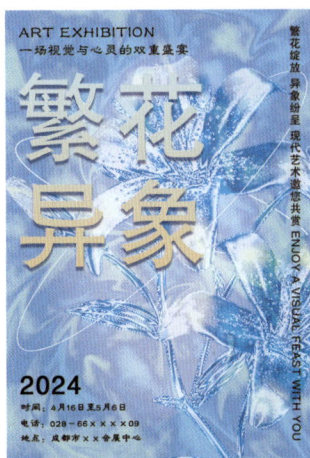

图2-49 输入文字和调整图层蒙版

图2-50 海报样机效果

【案例】 创作"处暑"节气开屏广告

光影捕手 App 作为一款深耕摄影摄像领域的应用软件，始终致力于为用户提供卓越的使用体验与丰富的视觉享受。为了进一步增强用户黏性，其运营团队精心策划了一系列节日、节气主题的开屏广告活动，现临近"处暑"节气，需要制作对应的开屏广告。具体操作如下。

步骤 01　启动 Photoshop，打开"图案 .png"素材（配套资源 :\ 素材文件 \ 第 2 章 \ "节气开屏广告"文件夹），使用"魔棒工具" 🪄 单击黑色区域，在工具属性栏上单击"添加到选区"按钮 🔲，继续单击残留的大片黑色区域，直到该图片中较大的黑色区域都被选中，如图 2-51 所示。

💡 **小技巧**

在使用抠图工具抠图时，若其工具属性栏有 🔲🔲🔲🔲 按钮组，会默认选中"新选区"按钮 🔲，而按住【Shift】键不放可快速切换到选中"添加到选区"按钮 🔲 的状态。

步骤 02　按【Shift + Ctrl + I】组合键反选，按【Ctrl + J】组合键将白色图案区域从原图上抠取出来，隐藏背景图层查看效果，如图 2-52 所示。

步骤 03　打开素材文件夹中的"小麦 .jpg"素材，可发现该图像色彩暗淡，如图 2-53 所示，需要优化。选择【图像】/【调整】/【亮度 / 对比度】命令，打开"亮度 / 对比度"对话框，设置亮度为"29"、对比度为"22"，单击 确定 按钮，效果如图 2-54 所示。

图2-51　创建选区

图2-52　抠取图案的效果

图2-53　预览图像素材

步骤 04　选择【图像】/【调整】/【自然饱和度】命令，打开"自然饱和度"对话框，设置自然饱和度为" + 13"、饱和度为" + 38"，单击 确定 按钮，效果如图 2-55 所示。选择【图像】/【调整】/【照片滤镜】命令，打开"照片滤镜"对话框，在"滤镜"下拉列表中选择"Deep Yellow"选项，设置密度为"48%"，单击 确定 按钮，效果如图 2-56 所示。

图2-54　设置亮度和对比度

图2-55　设置自然饱和度和饱和度

图2-56　设置照片滤镜

步骤 05　创建一个名称为"'处暑'节气开屏广告",尺寸为"1080 像素 ×2160 像素",分辨率为"72 像素 / 英寸",颜色模式为"RGB"的文件。将前文处理后的两个素材都移至新文件中,调整素材的大小和位置,并创建剪贴蒙版,适当调整图案的宽度,效果如图 2-57 所示。

步骤 06　选择"横排文字工具"**T**,设置字体为"汉仪中圆简",字号为"72 点",文字颜色为绿色"#50750e",在图像编辑区顶部输入"光影捕手"文字,打开"字符"面板,单击"仿粗体"按钮**T**;设置字号为"36 点",在文字下方输入"轻松捕捉生活中的美好瞬间"文字,单击"仿粗体"按钮**T**。

步骤 07　选择"直排文字工具"**↓T**,设置字体为"汉仪行楷简",字号为"200 点",文字颜色为白色"#ffffff",在图像编辑区中间区域输入"处暑"文字,在"字符"面板上设置字距为"400"。选择"横排文字工具"**T**,设置字体为"汉仪中圆简",字号为"48 点",颜色为灰色"#9f9f9f",在"段落"面板中单击"居中对齐"按钮**≡**,在图像编辑区底部绘制文本框,输入图 2-58 所示的段落文字。

步骤 08　选择"矩形工具"**□**,取消填充,设置描边为白色"#ffffff",描边粗细为"4.5 像素",在图像编辑区中部绘制两个矩形框线。选择"直线工具"**/**,取消填充,设置描边为白色"#ffffff",描边粗细为"4 像素",按住【Shift】键不放并水平拖曳鼠标指针在"暑"文字下方绘制一条横线。

💡 **小技巧**

使用"直线工具"**/**绘制直线时,按住【Shift】键不放并水平拖曳鼠标指针可绘制水平直线,按住【Shift】键不放并竖直拖曳鼠标指针可绘制垂直线。使用其他形状工具组中的工具时,按住【Shift】键不放将等比例绘制图形,如正圆、正方形、正三角形等。

步骤 09　选择【文件】/【置入嵌入对象】命令,打开"置入嵌入对象"对话框,选择素材文件夹中的"印章 .png"素材,单击 置入(P) 按钮,放大素材并调整位置,效果如图 2-59 所示。

| 图2-57　添加素材 | 图2-58　添加文字 | 图2-59　添加装饰 |

步骤 10　选择"多边套索工具"**⊻**,围绕矩形框线绘制矩形选区,按【Ctrl + J】组合键复制图层,再将复制图层创建为剪贴蒙版。选择【滤镜】/【滤镜库】命令,打开"滤镜库"对话框,在"画笔

描边"文件夹中选择"成角的线条"选项，设置方向平衡为"74"、描边长度为"6"、锐化程度为"4"，如图 2-60 所示。

步骤 11　单击"新建效果图层"按钮 ⊞，再在"扭曲"文件夹中选择"玻璃"选项，设置扭曲度为"6"、平滑度为"3"，在"纹理"下拉列表中选择"磨砂"选项，再设置缩放为"58%"，单击 确定 按钮，效果如图 2-61 所示。

图2-60　添加"成角的线条"滤镜

图2-61　添加"玻璃"滤镜

步骤 12　按【Ctrl + S】组合键保存文件（配套资源:\效果文件\第 2 章\"处暑"节气开屏广告 .psd），再使用【文件】/【导出】/【导出为】命令，导出 JPG 格式的文件（配套资源:\效果文件\第 2 章\"处暑"节气开屏广告 .jpg），效果如图 2-62 所示。

步骤 13　打开"手机样机 .psd"文件，使用【文件】/【置入嵌入对象】命令置入"节气开屏广告 .jpg"文件，调整图像的大小和位置后，将其所在图层创建为"图层 3"图层的剪贴蒙版，效果如图 2-63 所示，最后保存文件（配套资源:\效果文件\第 2 章\开屏广告样机效果 .psd）。

图2-62　开屏广告效果

图2-63　开屏广告样机效果

2.3　图形作品创作——Illustrator

　　Illustrator 与 Photoshop 作为 Adobe 公司开发的同系列软件，在工作界面的布局和部分功能的使用上颇为相似。创作人员可以运用前文所讲知识举一反三，快速上手使用 Illustrator。本节将学习重点集中在该软件的特色功能——图形创作上。

2.3.1　认识Illustrator工作界面

启动 Illustrator 并打开文件后，将进入图 2-64 所示的工作界面，该界面主要由菜单栏、控制栏、标题栏、工具箱、画板、状态栏和浮动面板组成。

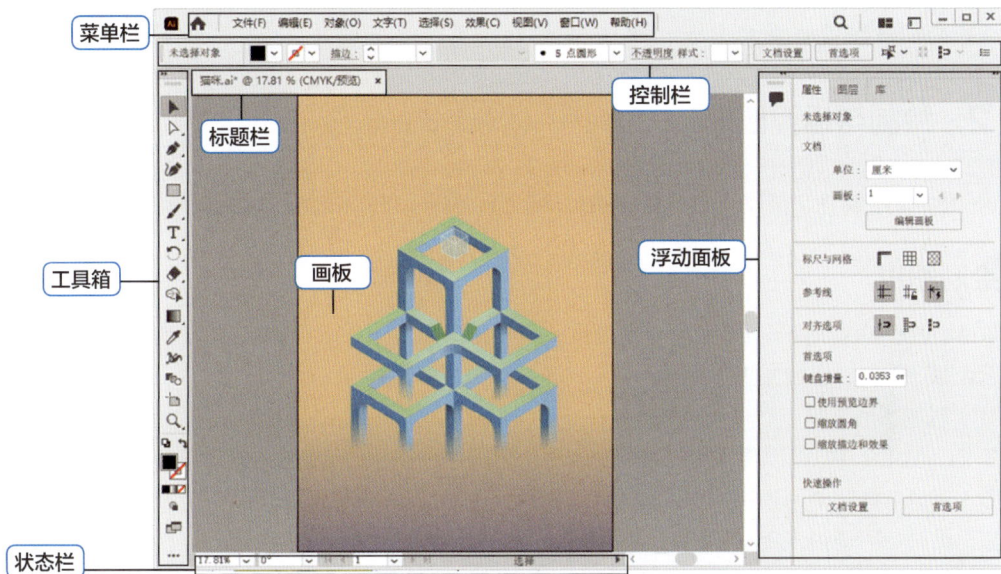

图2-64　Illustrator工作界面

- **菜单栏**。菜单栏由"文件""编辑""对象""文字""选择""效果""视图""窗口""帮助"9个菜单项组成，每个菜单项下包含多个命令。若命令右侧显示字母，表示该命令有对应的快捷键，可按这些快捷键来执行相应命令，如按【Ctrl+W】组合键，将执行【文件】/【关闭】命令。
- **控制栏**。控制栏显示了一些常用的参数选项。使用不同工具或选择不同的对象时，控制栏的参数会随之发生变化，如选择绘制的图形后，控制栏会显示图形的填充、描边、不透明度、位置、宽度和高度等参数。默认情况下，控制栏不显示在工作界面中，可以选择【窗口】/【控制】命令将控制栏显示出来。
- **标题栏**。打开文件后，标题栏中会自动显示该文件的名称、格式、窗口缩放比例及颜色模式等信息。当同时打开多个文件时，在名称标签上单击会切换到对应文件，单击名称标签右侧的 ✖ 按钮可以关闭该文件。
- **工具箱**。工具箱中集合了 Illustrator 的常用工具，单击工具箱顶部的展开按钮 ➡，可以将工具箱中的工具以双列方式显示。单击工具箱中对应的工具图标，可选择该工具。若工具图标右下角有黑色小三角形 ◢，则表示该工具位于一个工具组中，右击或长按鼠标左键都能显示该工具组中的所有工具。此外，单击"编辑工具栏"按钮 ⋯，将打开"所有工具"面板，在其中可以查看隐藏的工具与工具分组信息，将鼠标指针移动到工具上，将工具拖曳到工具箱中，可在工具箱中显示该工具。
- **画板**。画板是文件窗口中的中心矩形区域，也是在 Illustrator 中进行操作和预览文件效果的区域。
- **状态栏**。状态栏位于画板底部，显示当前画板的缩放比例、画板数量、切换画板按钮、

41

工具信息等内容。

- **浮动面板**。Illustrator 提供了多种面板，主要用于编辑图稿、设置工具参数和选项等，创作人员通过"窗口"菜单项可以打开这些面板。系统默认已打开的面板是在操作过程中经常使用的，位于工作界面右侧，单击面板右上角的 ✕ 按钮可关闭该面板。面板可以单独显示，也可以拖曳面板到已有面板顶部形成面板组。单击 ▸▸ 按钮可以将展开的面板折叠成图标显示，单击 ◂◂ 按钮可再次展开面板。

2.3.2 绘制与运算图形

Illustrator 的特色功能是可以高度自由地绘制各种图形，并且能通过运算图形生成更复杂的图形。

1. 绘制图形

Illustrator 提供了许多工具用于绘制图形，依据所得图形的特点可将这些工具划分为基本图形工具、锚点图形工具、手绘图形工具。

（1）基本图形工具

在 Illustrator 中，可以将常见的线性图形和几何形状，如直线、弧线、螺旋线、网格、圆、正方形、三角形、五角形等归纳为基本图形。而绘制这些图形的工具分布在直线段工具组和形状工具组中。使用这些工具时，可通过拖曳鼠标指针绘制图形或通过参数对话框精确绘制图形。

例如，选择"直线段工具" ╱，在画板中拖曳鼠标指针到需要结束的位置；或单击画板，在打开的"×××工具选项"对话框中设置相关参数（不同工具的具体参数设置有所不同），单击 确定 按钮后，可绘制对应的图形。另外，在绘制图形前或者图形绘制完成后，都可以在控制栏中设置所绘制图形的属性，如图 2-65 所示。

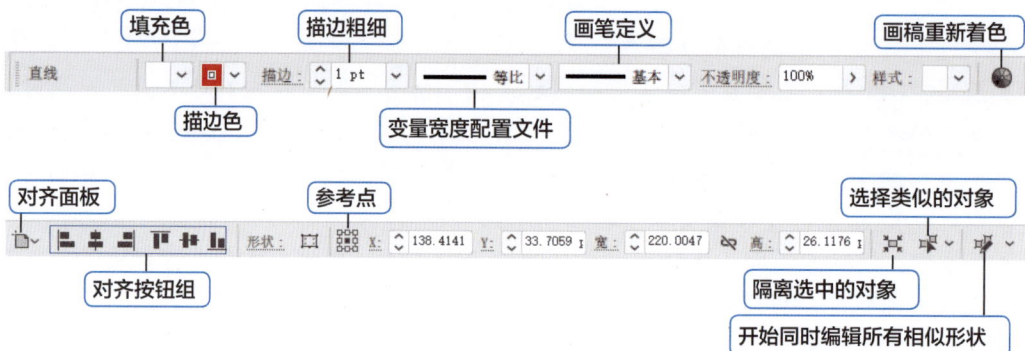

图2-65　设置所绘制图形的属性

- **直线段工具组**。直线段工具组包括"直线段工具" ╱、"弧形工具" ╭、"螺旋线工具" ◎，分别用于绘制直线段、弧线段、螺旋线，如图2-66所示；还包括"矩形网格工具" ▦、"极坐标网格工具" ◉，分别用于绘制矩形网格和椭圆形的极坐标网格，如图2-67所示。

图2-66　绘制直线段、弧线段、螺旋线

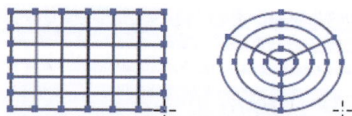

图2-67　矩形网格和椭圆形的极坐标网格

- **形状工具组**。形状工具组包括"矩形工具" ■、"圆角矩形工具" ■、"椭圆工具" ◯、"多边形工具" ⬡、"星形工具" ☆，分别用于绘制矩形、圆角矩形、椭圆、多边形、星形。

> **🔖 知识补充**
>
> 绘制图形时按住【Shift】键，可绘制长度和高度相等的图形（除直线、螺旋线）；按住【Alt】键，可绘制以单击点为中心的图形；按住【～】键，可自动绘制多个图形。

（2）锚点图形工具

锚点图形是指依据锚点形成路径，再由路径组成图形的轮廓，经过填充后得到的实心图形。路径是指使用绘图工具创建的直线、弧线、几何形状或用线条组成的轮廓。路径本身没有宽度和颜色，在未被选中的状态下不可见，只有对路径添加了描边粗细和颜色，路径才能被看见。为控制路径走向，一段路径中包含若干控制点，这些控制点被称为锚点。

在曲线上，锚点表现为平滑锚点（见图2-68），选中锚点后，锚点上可能会出现一条或两条控制线，控制线呈现的角度和长度决定了曲线的形状，控制线的端点称为控制点，通过调整控制点可以调整曲线。在直线上，锚点表现为尖角锚点（见图2-69），没有控制线。

绘制锚点图形的常用工具有"钢笔工具" ✒ 和"曲率工具" ✒。

- **"钢笔工具"** ✒。该工具用于绘制由直线段、曲线段组成的图形。通过单击的方式可以绘制直线或者折线，而需要绘制曲线时，需要通过拖曳控制线来控制曲线弧度，如图2-70所示。在绘图过程中，按【Enter】键结束绘制，可绘制开放路径；在路径断开处单击，可在之前绘制的路径上继续绘制；按【Delete】键可删除路径。绘制完成后，将"钢笔工具" ✒ 定位在路径的起始锚点上，"钢笔工具" ✒ 会变为 ✒ 状态，此时单击即可闭合路径，形成封闭图形，如图2-71所示。

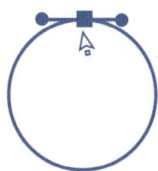

图2-68 平滑锚点　　图2-69 尖角锚点　　　图2-70 绘制曲线　　　　图2-71 闭合路径

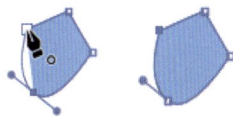

- **"曲率工具"** ✒。该工具用于绘制由曲线段组成的图形。选择该工具，在画板上单击确定一个锚点，确定曲线起始位置，继续单击确定另一个锚点，确定曲线转折点，此时移动鼠标指针，软件会根据鼠标指针悬停位置预览生成路径的形状，如图2-72所示，在合适位置继续单击创建第3个锚点时，这3个锚点将自动连接并形成平滑的曲线，如图2-73所示。绘制结束时，将鼠标指针移至第1个锚点处，当鼠标指针变为 ✒ 状态时单击，闭合路径。

图2-72 预览生成的路径形状　　　　　　图2-73 创建3个锚点的效果

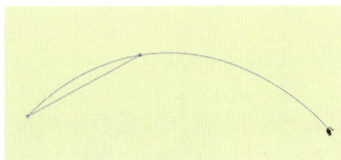

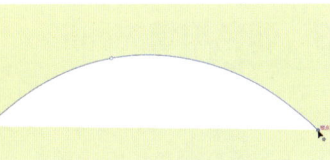

（3）手绘图形工具

铅笔工具和画笔工具是手绘图形的常用工具，这两种工具的使用方法基本相同。

- **"铅笔工具"** ✏️。该工具用于绘制相对比较随意的路径。选择该工具，在画板中拖曳鼠标指针到目标位置，释放鼠标后，将沿着轨迹绘制出一条线段。双击该工具，在打开的"铅笔工具选项"对话框中可设置铅笔工具属性，如精确度、平滑度等参数，单击 重置(R) 按钮，将清除当前设置并恢复默认设置，设置完成后单击 确定 按钮。

- **"画笔工具"** ✒️。该工具用于绘制样式繁多的精美线条和图形，还可以编辑画笔样式，实现不同的绘制效果。选择该工具，在画板中拖曳鼠标指针，可进行图形的绘制，释放鼠标后，完成图形的绘制。双击该工具，在打开的"画笔工具选项"对话框中可设置精确度、平滑度、范围等参数，设置完成后单击 确定 按钮。

若对绘制的图形效果不满意，可以使用"Shaper工具" ✅（用于将手绘的几何形状自动转换为规则的矢量形状）、"平滑工具" ✏️（用于将尖锐的路径变得流畅、平滑）、"路径橡皮擦工具" ✏️（用于擦除已有的全部或者一部分路径）、"连接工具" ✂️（用于将交叉、重叠或开放的路径连接为闭合路径）、"剪刀工具" ✂️ 和"美工刀工具" ✒️（用于分割或断开路径）等工具来调整图形，提高绘制图形的效率和准确率。

2. 运算图形

运算图形主要依靠形状生成器和路径查找器来完成。

- **形状生成器**。运用形状生成器可以通过合并、分割和删除等操作生成复杂的图形。选择"形状生成器工具" 🔘，或按【Shift+M】组合键切换到该工具，鼠标指针将变为▶形状，选择需要生成形状的全部图形，移动鼠标指针至需要生成的图形上，能够被合并、分割和删除的部分会自动显示网格。在需要合并的区域涂抹，可合并生成新形状，如图2-74所示；直接单击，可将所选区域从形状中提取出来，如图2-75所示；按住【Alt】键，此时鼠标指针将变为▶形状，直接单击需要删除的选区，可将所选区域从形状中删除，如图2-76所示。

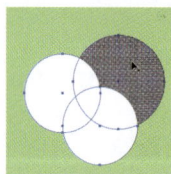

图2-74　合并图形　　　　图2-75　提取部分图形　　　　图2-76　删除部分图形

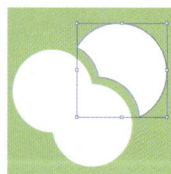

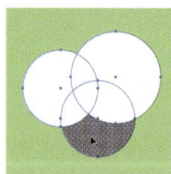

- **路径查找器**。选择【窗口】/【路径查找器】命令或按【Shift+Ctrl+F9】组合键，打开"路径查找器"面板，点击其中的按钮可以裁剪、合并、分割图形，达到变换形状的效果。

扫码阅读

"路径查找器"
面板功能详解

2.3.3　调色与填充图形

通常情况下，绘制出的图形需要赋予描边颜色或填充颜色才能提升视觉美观度。除了在控制栏中设置图形的填充颜色和描边颜色，还可以通过工具箱底部的"填充"按钮▢和"描边"按钮◼，及

"吸管工具" ，、"渐变工具" 来快速设置图形的填充颜色和描边颜色。

● **通过按钮设置。** 在工具箱底部的"填充"按钮 或"描边"按钮 上双击，打开"拾色器"对话框，可设置填充颜色或描边颜色，如图2-77所示。另外，单击"描边"按钮 或"填充"按钮 可以更改按钮叠放顺序，单击"默认填色和描边"按钮 可恢复默认的黑色描边、白色填充，单击"互换填色和描边"按钮 可以互换填充颜色和描边颜色，单击"颜色"按钮 可以设置纯色填充，单击"渐变"按钮 可以设置渐变填充，单击"无"按钮 可以取消填充颜色。

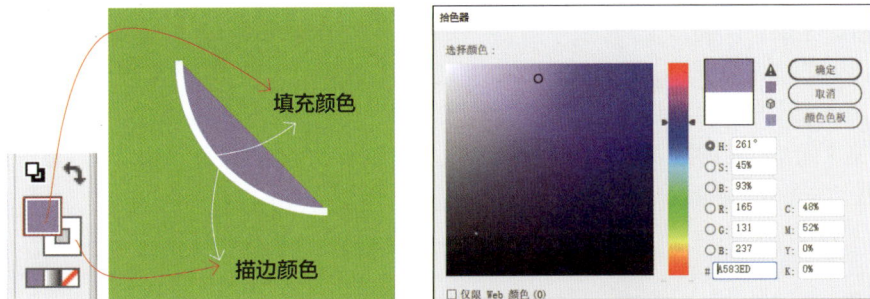

图2-77 在"拾色器"对话框中设置颜色

● **通过"吸管工具" 设置。** 在 Illustrator 中，利用"吸管工具" 可以吸取描边颜色、填充颜色、文字属性、位图的颜色。选择需要吸取属性的对象，选择"吸管工具" ，将鼠标指针移动到目标上，单击即可吸取目标属性到所选择对象上。若需要单独吸取填充颜色或描边颜色，需要在工具箱中单击 按钮切换填充颜色或描边颜色，按住【Shift】键不放，单击可单独吸取填充颜色或描边颜色。

● **通过"渐变工具" 设置。** 使用"渐变工具" 能随意设置渐变的起点、终点、角度。选择"渐变工具" ，在控制栏中单击相应按钮设置渐变类型，在图形上单击并拖曳鼠标指针，图形上将出现渐变条，如图2-78所示，双击渐变条上的渐变色标，可在打开的面板中设置颜色、位置、不透明度等参数，拖曳渐变条中的渐变范围滑块，可以修改渐变范围。

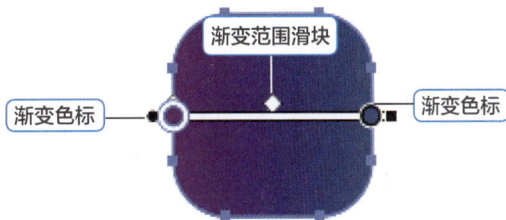

图2-78 渐变条

2.3.4 应用文字与符号

应用文字可以更直观高效地传递信息，而应用符号则可以快速完成一些矢量小图标的绘制。

1. 应用文字

Illustrator 提供文字工具组，可用于创建横排或直排的点文字、段落文字、路径文字等。

● **创建点文字和段落文字。** 选择"文字工具" 或"直排文字工具" ，在画板处单击后插入文字插入点，然后可以直接输入沿水平方向和垂直方向排列的点文字；在画板中拖曳鼠标指针，可以绘制一个蓝色矩形文本框，然后在矩形文本框中输入文字，可以形成段落文字。

- **创建路径文字。** 选择"路径文字工具" ，将鼠标指针移动到路径上，当鼠标指针呈 形状时单击，输入文字，文字将沿着路径排列，如图2-79所示，并且原来的路径将不再具有填充或描边属性。选择路径文字，双击"路径文字工具" ，打开"路径文字选项"对话框，在其中可设置路径文字样式。

图2-79　路径文字

Illustrator 提供"字符"面板和"段落"面板来编辑文字的格式，并且面板中的参数与 Photoshop 提供的颇为相似。另外，Illustrator 还提供"修饰文字工具" 用于编辑一串文字中的单个文字。具体操作方法为：使用该工具选中单个文字，在控制栏中可以更改文字的字体、大小、颜色等。拖曳文字四角的空心圆点，可以调整文字大小；拖曳左上角的实心圆点，可以调整文字的基线偏移；拖曳正上方的空心圆点，可旋转文字，如图 2-80 所示。

图2-80　编辑单个文字

2. 应用符号

Illustrator 提供"符号"面板，用于创建、存储和编辑符号。选择【窗口】/【符号】命令，打开"符号"面板，在"符号"面板中选中符号，可直接将其拖曳到当前画板中进行应用，如图 2-81 所示。单击该面板右上角的 按钮，在弹出的快捷菜单中选择"打开符号库"命令，可在打开的子菜单中看到 Illustrator

图2-81　应用符号

提供的所有符号库类型，选择任意库都能打开对应的面板，在其中查看该类型的全部符号，在该面板中单击符号可将其添加到"符号"面板中使用。

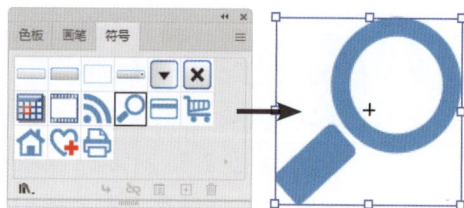

2.3.5 应用特殊效果

Illustrator 提供丰富的效果，不仅可以使对象产生形态上的变化，也能在外观上呈现特殊的效果。这些特殊效果主要通过"图形样式"面板、不透明度、混合模式、蒙版和"效果"菜单项中的命令来实现。

1. "图形样式"面板

图形样式是指可反复使用的外观属性，通过图形样式可以快速更改对象的外观，提高工作效率。

选中对象后，选择【窗口】/【图形样式】命令，可打开"图形样式"面板，在其中选择图形样式，将其应用到所选对象，如图 2-82 所示。

2. 不透明度和混合模式

Illustrator 提供不透明度和混合模式功能，其效果与 Photoshop 中这两个功能的效果一致，但在 Illustrator 中需要借助不同的面板来实现。

- **不透明度**。选择对象后，选择【窗口】/【透明度】命令，或按【Shift+Ctrl+F10】组合键打开"透明度"面板（见图 2-83），在"不透明度"数值框中输入相应的数值可设置对象的不透明度。
- **混合模式**。选择对象后，在"透明度"面板中单击"正常"右侧的下拉按钮，在弹出的下拉列表中可选择混合模式（见图 2-83）。

图2-82 应用图形样式

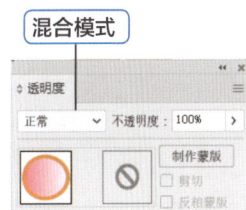

图2-83 "透明度"面板

3. 蒙版

在 Illustrator 中可以创建两种蒙版，分别是剪切蒙版和不透明度蒙版。

- **剪切蒙版**。在需要创建剪切蒙版的对象上绘制一个图形对象作为蒙版，使用"选择工具"同时选中内容和蒙版图形，选择【对象】/【剪切蒙版】/【建立】命令，或按【Ctrl+7】组合键，将制作出剪切蒙版效果。
- **不透明度蒙版**。该蒙版的效果类似于 Photoshop 的图层蒙版。选择需要创建不透明度蒙版的对象，在其上绘制形状，同时选择对象和绘制的形状，在"透明度"面板中单击 制作蒙版 按钮，可创建不透明度蒙版，此时"透明度"面板中左侧为内容缩略图，右侧为蒙版缩略图，如图 2-84 所示。若在面板中选中"剪切"复选框，可同时创建剪切蒙版，如图 2-85 所示。按住【Shift】键单击蒙版缩略图，可以停用或启用蒙版。若蒙版为黑色，表示其中的内容将被隐藏；若蒙版为白色，表示其中的内容将被显示出来；若蒙版为灰色，表示其中的内容呈半透明状态显示。

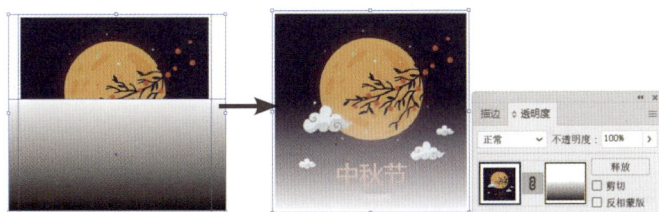

图2-84 创建不透明度蒙版

图2-85 选中"剪切"复选框

47

4. "效果"菜单项

Illustrator 中的"效果"菜单项提供多个效果组，可以使对象产生形态上的变化，或者在外观上呈现特殊的纹理和质感。其中 Illustrator 栏内的效果组如图 2-86 所示，而 Photoshop 栏内的效果组功能则与 Photoshop"滤镜"菜单项中的滤镜组作用一致，此处不重复介绍。

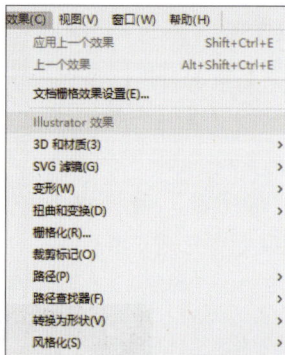

图 2-86 "效果"菜单项

- **"3D 和材质"效果组**。该效果组用于将二维（2D）对象转换为三维（3D）对象，支持添加灯光、投影和材质等，使对象更加立体。
- **"SVG 滤镜"效果组**。利用该效果组可为对象填充各种纹理，也可进行模糊、阴影等设置。
- **"变形"效果组**。该效果组用于对选择的对象进行各种变形操作。
- **"扭曲和变换"效果组**。该效果组用于改变对象的形状、方向和位置，创造出扭曲、收缩、膨胀、粗糙和锯齿等效果。
- **"风格化"效果组**。该效果组用于使对象产生颇具风格的特殊效果，如投影、外发光、羽化等。
- **"效果画廊"效果组**。该效果组实质上是滤镜库，支持快速进行滤镜的设置、叠加与切换，包括风格化、画笔描边、扭曲、素描、纹理、艺术效果等滤镜效果。
- **"像素化"效果组**。该效果组用许多小块来组成所选的对象，使其产生像素化的颗粒效果。
- **"模糊"效果组**。该效果组用于处理对象中过于清晰和对比过于强烈的区域，通常用于模糊背景和创建柔和的阴影。
- **"画笔描边"效果组**。该效果组用于模拟使用不同类型的画笔和油墨产生的绘画效果。
- **"素描"效果组**。该效果组用于模拟素描和速写等效果。
- **"纹理"效果组**。该效果组用于让对象产生各种纹理效果，如拼缀图、龟裂缝、染色玻璃、颗粒、马赛克等。
- **"艺术效果"效果组**。该效果组用于使对象产生不同的绘画效果，如壁画、木刻、水彩、涂抹、粗糙蜡笔等。

【案例】 创作"汁吖"品牌包装标签

微课视频

创作"汁吖"
品牌包装标签

"汁吖"作为一家专注于年轻消费群体的果汁品牌，深知产品包装对于吸引消费者的重要性，尤其是包装标签这一直接附着或印制在商品包装上的元素，更是视觉焦点所在。鉴于其旗下的葡萄汁产品深受消费者喜爱，销量屡创新高，品牌决定以该产品的核心原料——葡萄为设计灵感，为其打造全新的包装标签，使视觉效果更加贴合目标受众追求新潮、青春时尚的审美偏好。具体操作如下。

步骤 01　启动 Illustrator，创建一个名称为"'汁吖'品牌包装标签"，尺寸为"300 像素 ×300 像素"，光栅效果为"高（300ppi）"，颜色模式为"RGB"的文件。

> **知识补充**
>
> 　　光栅效果是指通过光栅结构或光栅技术所产生的特殊视觉效果，而在 Illustrator 中，光栅效果的分辨率越高，图像的质量就越高。这是因为高分辨率能够包含更多的像素点，从而呈现更多的细节和更清晰的效果。

步骤 02　选择"椭圆工具" ◯，在控制栏处单击"填充"按钮 ▢，在打开的面板中选择"兰花"渐变颜色选项，取消描边，在画板左侧单击，打开"椭圆"对话框，宽度和高度均设置为"54px"，单击 确定 按钮后将在单击处得到一个正圆，即单颗葡萄，如图 2-87 所示。

步骤 03　此时控制栏将会出现新参数，单击"径向渐变"按钮 ▣，再选择"渐变工具" ▣，此时正圆处将出现渐变条，双击渐变条的左侧渐变色标，在打开的面板中设置颜色为淡紫色"#b693fe"，如图 2-88 所示。双击右侧渐变色标，在打开的面板中设置颜色为紫色"#8c82fc"，设置不透明度为"100%"，拖曳渐变范围滑块至最右侧，如图 2-89 所示。

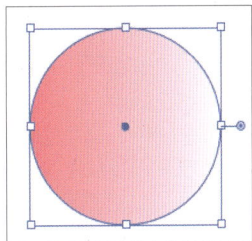

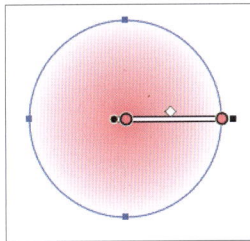

图2-87　绘制正圆　　　　　　　图2-88　设置左侧色标　　　　　　　图2-89　设置右侧色标

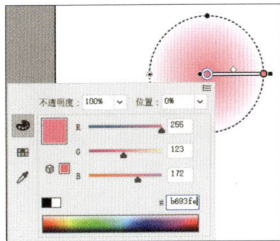

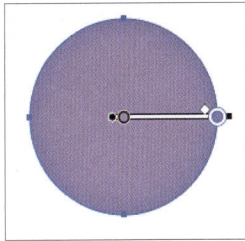

> **小技巧**
>
> 　　拖曳渐变条中的渐变范围滑块，可以设置两个渐变色标之间渐变的位置；单击渐变范围滑块后，在"渐变"面板的"位置"数值框中输入数值，可精确设置渐变范围滑块的位置。

步骤 04　按照与步骤 02、03 相同的方法，在浅紫圆右上方绘制一个宽度和高度均为"12px"的渐变正圆，渐变颜色为粉色"ffe6eb"～白色"#ffffff"，其中白色的不透明度为"0%"，适当调整渐变范围滑块，在控制栏中设置不透明度为"78%"，效果如图 2-90 所示。

步骤 05　选中绘制的图形并右击，在弹出的快捷菜单中选择"编组"命令，按【Ctrl + C】组合键、【Ctrl + V】组合键复制并粘贴正圆（共复制 8 个），调整复制后编组图形的位置和大小，得到图 2-91 所示的葡萄组合图形。

步骤 06　选择"画笔工具" ✐，在工具箱底部双击"描边"按钮 ▣，在打开的"拾色器"对话框中设置颜色为绿色"#448e4d"，单击 确定 按钮；在控制栏中设置描边粗细为"1pt"，拖曳鼠标指针在葡萄图形上绘制一条曲线，如图 2-92 所示。重复操作，在曲线右侧绘制出枝柄效果，如

图 2-93 所示。

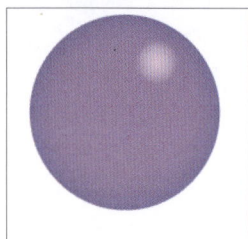

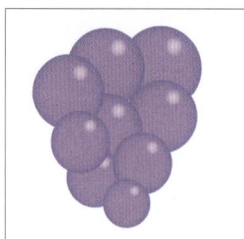

图2-90　绘制高光　　　图2-91　复制并粘贴葡萄　　　图2-92　绘制曲线　　　图2-93　制作枝柄效果

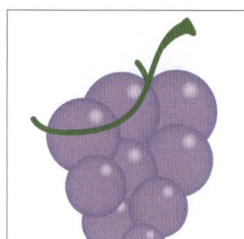

　　步骤 07　选择"钢笔工具"，通过不断创建平滑锚点绘制曲线，形成叶片效果，闭合路径后按【Enter】键结束绘制，如图 2-94 所示。使用"渐变工具"双击叶片，在显示的渐变条中分别设置左侧渐变色标和右侧渐变色标颜色为淡绿色"#3aff2a"、绿色"#448e4d"，取消描边，适当调整渐变色标位置，如图 2-95 所示。

　　步骤 08　复制、粘贴该叶片至枝柄左侧，旋转方向，如图 2-96 所示。在"图层"面板中找到枝柄曲线最长部分所在图层，将其拖曳至图层排列顺序倒数第 4 的位置，效果如图 2-97 所示。

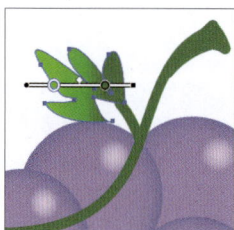

图2-94　绘制叶片　　　图2-95　调整叶片颜色　　　图2-96　制作其他叶片　　　图2-97　移动图层位置

　　步骤 09　使用"椭圆工具"绘制一个宽度和高度均为"150px"、不透明度为"40%"的紫色"#6a65d8"正圆，调整位置后右击，在弹出的快捷菜单中选择【排列】/【置于底层】命令，效果如图 2-98 所示。

> **💡 小技巧**
>
> 　　选中并调整对象的排列顺序时，按【Shift + Ctrl +]】组合键可将对象置于顶层，按【Ctrl +]】组合键可将对象前移一层，按【Ctrl + [】组合键可将对象后移一层，按【Shift + Ctrl + [】组合键可将对象置于底层。

　　步骤 10　按照与步骤 09 相同的方法，绘制一个宽度和高度均为"156px"、不透明度为"40%"的紫色"#6a65d8"正圆边框，无填充颜色，调整位置后再置于底层，效果如图 2-99 所示。

　　步骤 11　选择"直排文字工具"，在"字符"面板中设置字体为"汉仪琥珀体简"，字体大小为"36pt"，输入"汁吖"品牌名称文字，在"属性"面板的"外观"栏中设置填充颜色为粉色"ffe6eb"、描边颜色为紫色"6a65d8"、描边粗细为"0.5pt"，效果如图 2-100 所示。

　　步骤 12　选择"修饰文字工具"，单击"吖"文字将其选中，拖曳鼠标指针来调整位置，再在"属性"面板的"外观"栏中调整填充颜色为白色"#ffffff"，效果如图 2-101 所示。

| 图2-98　制作底层圆 | 图2-99　制作底层圆框线 | 图2-100　输入品牌名称文字 | 图2-101　调整单个文字 |

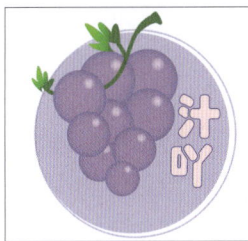

步骤 13　使用"钢笔工具" 🖊在底层圆下方绘制一条曲线路径，如图 2-102 所示。选择"路径文字工具" 📝，在曲线左侧单击后输入"多汁每一口 鲜美满心头"文字。在"字符"面板中设置字体为"方正黑体简体"，字体大小为"10pt"，再在"属性"面板的"外观"栏中调整填充颜色为白色"#ffffff"，然后适当向上调整品牌名称文字的位置，以免遮挡路径文字，效果如图 2-103 所示。

步骤 14　按照与步骤 13 相同的方法，在底层圆左侧输入"ZHI YA"路径文字，设置字体大小为"13pt"，效果如图 2-104 所示。

步骤 15　按【Ctrl + S】组合键保存文件（配套资源:\效果文件\第 2 章\汁吖品牌标志 .ai），选择【文件】/【导出】/【导出为】命令，打开"导出"对话框，设置文件名为"汁吖品牌标志"，在保存类型中选择"PNG(*.PNG)"选项，单击 导出 按钮，在打开的"PNG 选项"对话框中设置分辨率为"高（300ppi）"，单击 确定 按钮导出文件（配套资源:\效果文件\第 2 章\"汁吖"品牌包装标签 .png）。

步骤 16　使用 Photoshop 打开"包装样机 .psd"文件（配套资源:\素材文件\第 2 章\"包装标签"文件夹），双击"矩形 1"图层，在打开的文件中置入导出的文件（"汁吖"品牌包装标签 .png），查看运用效果，如图 2-105 所示，最后按【Shift + Ctrl + S】组合键另存文件（配套资源:\效果文件\第 2 章\包装标签样机效果 .psd）。

| 图2-102　绘制路径 | 图2-103　输入路径文字 | 图2-104　输入品牌名称文字 | 图2-105　查看运用效果 |

【案例】　创作微信公众号封面

微信公众号作为品牌与用户之间直接沟通的桥梁，能够确保活动信息迅速、准确地传达给关注品牌的潜在用户和现有用户。悦科商场决定以一周年店庆活动为主题发布一篇微信公众号文章，现需要制作封面。具体操作如下。

步骤 01　启动 Illustrator，创建一个名称为"微信公众号封面"，尺寸为"900 像素 ×383 像素"，光栅效果为"屏幕（72ppi）"，颜色模式为"RGB"的文件。

步骤 02　使用"矩形工具" 🔲绘制一个非白色、与画板等大的矩形。使用"渐变工具" ⬛将矩

微课视频

创作微信公众号封面

形调整为渐变矩形，其中渐变颜色为黄色"#ecce27"～橙色"#e64a4c"，渐变模式为"线性渐变"，如图 2-106 所示。

步骤 03　使用"钢笔工具" ✒ 绘制一个白色"#ffffff"的三角形，如图 2-107 所示。选择【效果】/【扭曲和变换】/【变换】命令，打开"变换效果"对话框，设置旋转角度为"20°"、旋转基点为右下角基点▦、副本为"17"，单击 确定 按钮，效果如图 2-108 所示。

💡 **小技巧**

在计算使旋转变换的图形能够均匀分布一圈所需的副本数时，可利用公式"360°÷角度-1"快速得到所需的副本数量。

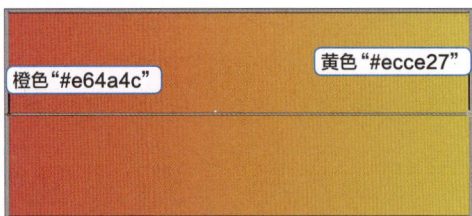

图2-106　制作渐变矩形

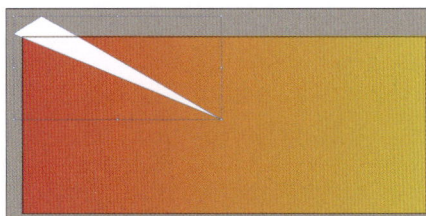

图2-107　绘制白色三角形

步骤 04　选择【对象】/【扩展外观】命令，将得到的变换效果图形化。选择【效果】/【变形】/【扭转】命令，打开"变形选项"对话框，设置弯曲为"81%"、"水平"扭曲为"38%"、"垂直"扭曲为"12%"，单击 确定 按钮，效果如图 2-109 所示。

步骤 05　拖曳定界框右上角的编辑点来放大和变形扭曲的图像，使扭曲的三角形的每条短边都位于画板外，如图 2-110 所示。

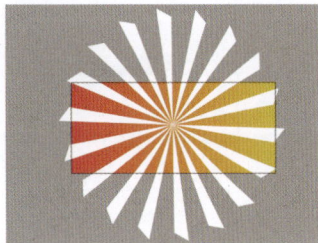

图2-108　变换图形效果

图2-109　扭曲图形效果

图2-110　放大和变形扭曲图形

步骤 06　复制背景矩形并调整排列顺序为顶层，同时选择扭曲对象和该矩形后右击，在弹出的快捷菜单中选择"建立剪切蒙版"命令，然后在控制栏中设置不透明度为"45%"，效果如图 2-111 所示。

步骤 07　使用"钢笔工具" ✒ 绘制一个不规则图形，其中填充颜色为红色"#ff5126"、描边颜色为白色"#ffffff"、描边粗细为"5pt"，效果如图 2-112 所示。

图2-111　调整剪切蒙版不透明度

图2-112　绘制不规则图形

步骤 08　选择【对象】/【扩展】命令，扩展图形。选择【效果】/【3D 和材质】/【3D 经典】/【凸出和斜角（经典）】命令，打开"3D 凸出和斜角选项（经典）"对话框，设置绕 X、Y、Z 轴旋转的角度为"-10°""-16°""1°"、透视为"0°"、凸出厚度为"100pt"，在"表面"下拉列表中选择"无底纹"选项，单击 确定 按钮创建 3D 对象，效果如图 2-113 所示。

步骤 09　打开"公众号素材 .ai"文件（配套资源 :\ 素材文件 \ 第 2 章 \ "微信公众号封面"文件夹），将其中的素材复制到"微信公众号封面"中，并调整位置和大小，同时再次复制彩旗、气球和花枝图形进行布局，布局过程中可调整图层顺序，制作出立体堆叠效果，如图 2-114 所示。

图2-113　制作3D对象

图2-114　添加素材

步骤 10　此时部分素材与背景色和不规则图形颜色相近，整体缺乏空间感。选择上方左侧的彩旗元素，选择【效果】/【风格化】/【投影】命令（Illustrator 栏内），打开"投影"对话框，在其中设置颜色为黄色"#fff800"，其余参数如图 2-115 所示，单击 确定 按钮。

步骤 11　按照步骤 10 的方法为上方右侧彩旗设置投影，再为底部的黄色礼物、气球和蛋糕元素添加投影，参数设置需更改不透明度为"10%"、X 位移为"15px"、Y 位移为"-12px"，效果如图 2-116 所示。

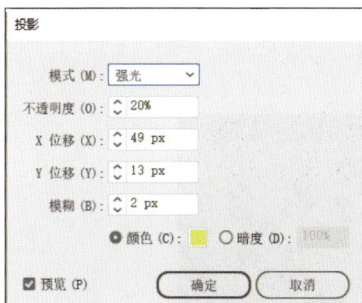

图2-115　设置投影参数

图2-116　添加投影

步骤 12　使用"文字工具" T 输入字体为"阿里妈妈东方大楷"、颜色为白色"#ffffff"的文字，其中第一排文字大小为"63pt"，第二排文字大小为"35pt"，第 3 排文字大小为"22pt"。选择"圆角矩形工具" ，在第 3 排文字下方绘制一个颜色为白色"#ffffff"、圆角半径为"12px"的圆角矩形，将其图层移动至文字图层下方，再调整文字颜色为红色"#ff0000"，效果如图 2-117 所示。

步骤 13　复制背景矩形，选中超出画板范围的元素，创建剪贴蒙版。保存文件（配套资源 :\ 效果文件 \ 第 2 章 \ 微信公众号封面 .ai），导出 JPG 格式的文件（配套资源 :\ 效果文件 \ 第 2 章 \ 微信公众号封面 .jpg）。使用 Photoshop 打开素材文件夹中的"公众号样机 .psd"文件，置入导出的文件（微信公众号封面 .jpg），查看运用效果（见图 2-118）后，保存样机文件（配套资源 :\ 效果文件 \ 第 2 章 \ 公众号样机效果 .psd）。

图2-117　添加文字和文本框

图2-118　查看运用效果

2.4　AI辅助图像作品创作——即梦AI

如今，各大企业依托 AIGC 技术研发出了许多 AI 创作平台，其中专注于 AI 创作图形图像的平台尤为常见。即梦 AI 凭借其强大的 AI 创作和编辑功能，成了这些平台中的佼佼者。创作人员可以优先考虑使用这一平台来辅助创作图像作品。

2.4.1　图片生成

进入即梦 AI 官网，单击"AI 作图"栏内的 ▢▢▢▢ 按钮，或者单击"AI 创作"栏的"图片生成"选项卡都可以进入工作界面。其中，界面左侧是该功能的参数设置区，如图 2-119 所示。关键词的拟定可参考"主体描述（即主体的外表特征）+ 背景描述（即身处环境）+ 视觉效果描述（即画面风格、色彩效果、光线效果）"的形式，用户描述得越详细，生成的内容就越符合需求。

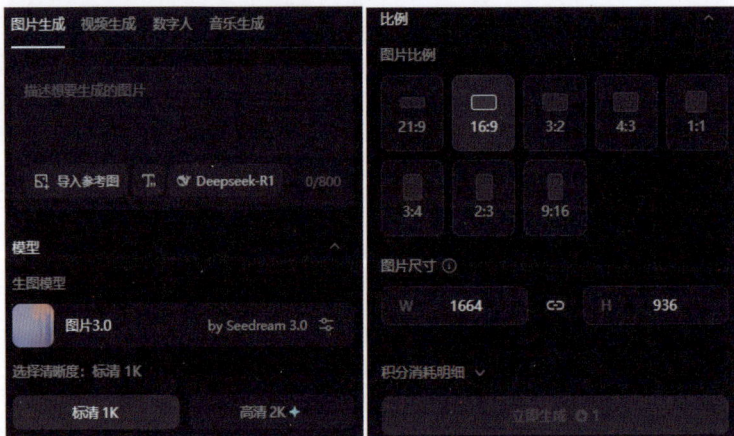

图2-119　图片生成的参数设置区

▢▢▢▢ 按钮用于上传参考的图像；"文字增强"按钮 ▢ 用于标注需要重点生成的内容，如标注"紫色"文字，那么生成的图像将重点表现紫色；▢▢▢▢ 按钮用于与 DeepSeek 对话以获取关键词灵感。"比例"栏用于设置生成图像的宽高比和大小；模型栏用于设置生图模型，不同的模型所生成的图片效果不同，如图 2-120 所示。

| 图片 3.0 | 图片 2.0 Pro | 图片 2.0 | 图片 XL Pro |

图2-120　不同生图模型生成的图片效果

在文本框中输入要生成画面内容的关键词，并设置其他参数后，单击 立即生成 ⏺2 按钮便可以执行图片生成功能，生成的图像默认为 4 张，显示在参数设置区左侧。

2.4.2　超清

超清是指画面清晰度达到一定标准，即分辨率为 3840 像素 ×2160 像素或更高，画质接近 4K。

生成图片后，将鼠标指针移至图像缩略图上，其右下角将显示 按钮组，这六个按钮分别对应六种编辑功能，如单击"超清"按钮 可执行超清功能，生成所选图像的超清图像。单击图像缩略图，将打开一个面板，在该面板的右下角（见图 2-121）也显示这六种编辑功能，单击 按钮同样可执行超清功能。

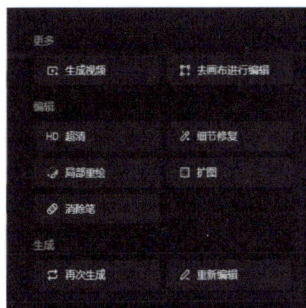

图2-121　面板内的功能

2.4.3　细节修复

细节修复是指更精细的调整生成的图像画面，使细节更丰富。使用该功能可能会重绘部分画面的内容。其使用方式与"超清"功能一致，只需单击功能按钮便可以执行操作。

图 2-122 所示为使用细节修复功能的前后对比，可发现修复后的图像的色彩更浓郁，人物动作更加精准，画面中的水壶、奶茶杯变为透明材质，更显清透，同时桌子形状也更加规整。

图2-122　细节修复的前后对比

2.4.4　局部重绘

局部重绘是指重新绘制所选中区域的画面，常用于修改不合理的画面内容，其使用方式与"超清"功能相似，只是单击功能按钮后会打开"局部重绘"面板，此时鼠标指针将变为画笔形状。涂抹画面后，可在文本框中输入要重绘的内容，也可以不输入内容，但将基于原图生成新内容。单击 立即生成 ⏺1

按钮便可执行局部重绘功能，并生成新的图像。

图 2-123 所示为重新绘制花瓶，并将其变为绿植的前后对比。

图2-123　局部重绘的前后对比

2.4.5　扩图

扩图是指在原图内容的基础上向四周填充合适的内容，还可以改变画面的尺寸。扩图的使用方式与"超清"功能相似，只是单击功能按钮后会打开"扩图"面板，面板下方可设置画面的尺寸，在文本框中输入要扩图的内容，也可以不输入内容，但将基于原图生成扩图内容。单击 立即生成 按钮便可执行扩图功能，并生成新的图像。

需要注意的是，根据所选图像的不同，"扩图"面板中显示的参数会产生变化，有时会显示扩图的比例，如 1.5x、2x、3x，使图像向四周均等填充内容。图 2-124 所示为将画面扩展为1:1 尺寸的效果。

图2-124　扩图后的效果

2.4.6　消除笔

消除笔是指消除图像中的部分内容，其使用方式与"局部重绘"功能相似，只是单击功能按钮后会打开"消除笔"面板，此时鼠标指针将变为画笔形状。涂抹画面后，单击 立即生成 按钮便可消除涂抹地方的内容，并生成新图像。

有时为了使消除区域的效果自然，也会生成新内容，可多执行几次消除笔功能，直至彻底消除原有内容。图 2-125 所示为消除桌面绿植的效果。

图2-125　消除桌面绿植的效果

【案例】 创作"秋收场景"插画

某市文化部门计划通过绘制以秋收为主题的文化墙，来彰显劳动的重要性，体现对农业劳动的尊崇与认可，弘扬与传承劳动精神。为高效推进此项目，该市文化部门决定采用 AIGC 技术生成一幅秋收场景插画作为文化墙设计的辅助素材。具体操作如下。

步骤01　进入即梦 AI 官网，单击"AI 作图"栏内的 智能生成 按钮进入工作界面，单击 导入参考图 按钮打开"打开"对话框，选择"插画参考图"文件（配套资源 :\ 素材文件 \ 第 2 章 \ 插画参考图 .jpg），单击 打开(O) 按钮，此时将弹出"参考图"对话框展示上传的图像。单击"智能参考"选项，预览图左下角将出现 参考强度 按钮，单击该按钮，在弹出的面板中设置参考强度为"70"，如图 2-126 所示。

步骤02　单击 立即生成 按钮保存设置，关闭"参考图"对话框。

步骤03　在文本框中输入"生成一张插画，插画内容为两个农民正背对着麦田，动作为收割小麦，麦田远方为蓝天白云，给人一种舒适感，色彩明亮、暖色调，采用油画笔触"关键词。

步骤04　此时由于上传了参考图，因此生图模型仅能选定图片 2.0 Pro，且图片比例和图片尺寸不能自定义设置。单击 立即生成 2 按钮执行生成操作，如图 2-127 所示。

图2-126　上传参考图

图2-127　设置生成参数

步骤05　等待生成进度条消失后，可在工作界面查看生成的图像，如图 2-128 所示。

步骤06　单击最左侧图片，将打开预览面板查看大图，可发现该图像中的人物五官和手部刻画不清晰，不能选用。单击 ▶ 按钮预览下一张，查看其余三张图像并进行综合对比，可发现左二图片人物更加清晰，视觉重点也较为突出，可选用，但是该图像仍需优化部分细节，如图 2-129 所示。若对四张图片都不满意，可重新生成。

步骤07　保持预览左二图像的状态，单击 局部重绘 按钮打开"局部重绘"对话框，涂抹左侧的人物，如图 2-130 所示，单击 立即生成 1 按钮可基于原图重新生成图像。

图2-128　查看生成的图像

图2-129　查看生成的第二张图像

步骤08　在预览面板中查看新生成的图像，选择人物轮廓更合理的图像，可单击 HD 超清 按钮生成超清图像。将鼠标指针移至生成的超清图像上，图像顶部将显示按钮组，单击"下载"按钮下载图像，并在储存位置修改文件名称为"秋收插画"（配套资源:\效果文件\第2章\秋收插画.png）。预览插画效果，如图2-131所示。

图2-130　涂抹图像

图2-131　预览下载的图像

课堂实训

实训1　创作"旅行攻略"小红书笔记封面

实训背景

　　小红书的日均活跃用户数越来越多，吸引了众多商家和品牌入驻。某旅行社为了提升自己的曝光度，计划以"旅行攻略"为主题发布一系列笔记来吸引流量，现正着手制作川西地区的旅行攻略笔记封面，要求使用 Photoshop 创作，主要图像为当地知名景点——四姑娘山。参考效果如图 2-132 所示。

　　【素材位置】配套资源:\素材文件\第 2 章\"小红书笔记封面"文件夹

　　【效果位置】配套资源:\效果文件\第 2 章\"旅行攻略"小红书笔记封面 .psd、"旅行攻略"小红书笔记封面 .jpg

图2-132　"旅行攻略"小红书笔记封面

实训思路

　　步骤 01　新建文件，置入"装饰框 .png"图像文件，栅格化图层后，抠取该图像，去除背景部分。

　　步骤 02　置入"四姑娘山 .jpg"图像文件，栅格化图层，使该图层位于装饰框图层下方，调整大小和位置后，使用调整图层调整其亮度、对比度、饱和度、色彩平衡和色调。

　　步骤 03　选取装饰框内部的雪山图像，复制该部分图像，使其与其他部分分离。高斯模糊雪山图像，使装饰框外部的图像变得较为模糊。

　　步骤 04　绘制一个类似于矩形的图形，复制三份并修改颜色分别为白色、深蓝、黄色、浅蓝色。置入"贴纸 .png""自驾 .png"图像文件进行布局。

　　步骤 05　在四色图形、贴纸图像、自驾图像上分别输入文字，再绘制一个黄色圆角矩形和一条白色曲线，分别用于装饰画面和文字。最后保存文件，导出 JPG 格式的图像。

微课视频

创作"旅行攻略"小红书笔记封面

小红书笔记封面作为笔记内容的缩略图，会直接呈现给用户，帮助用户快速了解和识别笔记的主题、风格和内容。对纯图文笔记来说，常见的封面比例有竖屏3∶4（1242像素×1660像素）、竖屏9∶16（1920像素×1080像素）、正方形1∶1（1080像素×1080像素）和横屏4∶3（1440像素×1080像素）4种类型。

实训2 创作企业招聘易拉宝宣传物料

实训背景

"远航科技"企业为弥补企业人力资源的不足，计划在人力资源市场招聘设计总监、设计助理和销售人员，现需要制作易拉宝形式的宣传物料放到招聘展位上使用。要求使用 Illustrator 创作，画面中招聘信息罗列清晰明了、内容易识别。参考效果如图 2-133 所示。

【素材位置】配套资源 :\ 素材文件 \ 第 2 章 \ "易拉宝宣传物料"文件夹

【效果位置】配套资源 :\ 效果文件 \ 第 2 章 \ 企业招聘易拉宝宣传物料 .ai、企业招聘易拉宝宣传物料 .jpg

图2-133　企业招聘易拉宝宣传物料

实训思路

步骤 01　新建文件，参考"招聘文案 .txt"文件中的内容，在文件顶部添加文字并排版。

步骤 02　打开"图标 .ai"文件，复制其中的帆船图标到布局后的文字中，修改图标颜色和大小，然后围绕图标创建路径文字，同时绘制椭圆图形装饰路径文字。

微课视频

创作企业招聘易拉宝宣传物料

步骤 03　在部分文字底部绘制装饰文本框，在部分文字周围绘制直线段和虚线段进行装饰。使用"创建轮廓"命令将"招"文字转换为轮廓，然后调整其笔画上的锚点，更改文字外观，并绘制一些海鸥图形进行装饰。

步骤 04　参考"招聘文案 .txt"文件中的内容，在文件中部添加并排版段落文字，薪资文字需添加下划线，部分段落文字前添加项目符号，同时在岗位名称文字下层绘制渐变圆角矩形。

步骤 05　在画板底部绘制蓝色矩形，参考"招聘文案 .txt"文件中的内容添加文字并排版，将"图标 .ai"文件剩余的图标添加到这些文字附近。打开"冲浪插画 .ai"文件，复制其中的插画到招聘易拉宝底部，调整大小后置于底层。最后保存文件，导出 JPG 格式的图像。

易拉宝也称海报架、展示架、易拉架等，由可伸缩的支架和可卷曲的横幅组成，常用尺寸为80mm×160mm，适用于会议、展览、销售宣传等场合，用于吸引受众的目光，传达相关信息，是使用频率最高、最常见的便携展具之一。

课后练习

1．填空题

（1）用于印刷的图像分辨率通常不低于 _____ 像素 / 英寸，用于屏幕显示的图像分辨率则通常为 _____ 像素 / 英寸。

（2）尽管图形和图像在构成原理上存在差异，但在计算机图形学领域，它们都需要通过 _____ 来赋予颜色和其他属性。

（3）图形图像的文件格式是指用计算机 _____ 和 _____ 图形、图像信息的格式。

（4）混合模式是一种可以混合 _____ 与 _____ 中颜色的高级功能，_____ 中的颜色为基色，_____ 中的颜色为混合色，混合后得到的颜色为结果色。

2．选择题

（1）【单选】在 Photoshop 中，能快速为画面中主体明确的对象创建选区的命令为（　　　）。

　　A．主体　　　　B．色彩范围　　C．焦点区域　　D．选取相似

（2）【单选】在 Illustrator 中，使用（　　　）单击创建第 3 个锚点时，这 3 个锚点将自动连接，并且形成平滑的曲线。

　　A．画笔工具　　B．钢笔工具　　C．曲率工具　　D．弧形工具

（3）【多选】在即梦 AI 中，可以使用（　　　）功能编辑图像。

　　A．扩图　　　　B．消除笔　　　C．局部重绘　　D．再次生成

（4）【多选】在 Illustrator 中，利用"吸管工具" 🖊 可以吸取（　　　）。

　　A．描边色　　　B．填充色　　　C．文字属性　　D．位图的颜色

3．操作题

（1）某美食组织精心筹办的"研磨悦享集"市集活动即将拉开序幕，为吸引游客，该组织计划在活动现场设置精美的活动展板，要求使用 Photoshop 创作，尺寸为 4724 像素 ×2657 像素，分辨率为 150 像素 / 英寸，符合年轻人的审美。参考效果如图 2-134 所示。

【素材位置】配套资源 :\ 素材文件 \ 第 2 章 \ "市集活动" 文件夹

【效果位置】配套资源 :\ 效果文件 \ 第 2 章 \ 市集活动展板 .psd、市集活动展板 .jpg

图2-134　市集活动展板

（2）光影捕手 App 的运营团队见节气开屏广告大受好评，便决定为旗下另一款 App——光影绘手，采用相同的模式制作以同一节气为主题的开屏广告，要求使用 Illustrator 创作，风格为插画风，画面元素多为精致的图形，符合该 App 的定位。参考效果如图 2-135 所示。

图2-135　开屏广告效果

【素材位置】配套资源 :\ 素材文件 \ 第 2 章 \ "光影绘手节气开屏广告"文件夹

【效果位置】配套资源 :\ 效果文件 \ 第 2 章 \ 光影绘手 App 节气开屏广告 .ai、光影绘手 App 节气开屏广告 .jpg

（3）某出版社计划为一本语文教材增添大量插画以美化内容。为提升工作效率，出版社决定尝试使用 AIGC 技术来生成图像。要求使用即梦 AI 创作，并以"春晓"这首古诗为主题进行初步探索与尝试，尺寸为 1:1，尝试多种视觉风格。参考效果如图 2-136 所示。

图2-136　《春晓》古诗配图

【效果位置】配套资源 :\ 效果文件 \ 第 2 章 \ 古诗配图 1.png、古诗配图 2.png、古诗配图 3.png

第 **3** 章

数字音频创作

本章概述

　　声音是人们感知世界的重要媒介，随着科技的发展，将声音录制或编辑为各式音频作品早已屡见不鲜。Audition凭借其简洁易用的工作界面和强大的功能，在数字音频创作领域一直占据重要地位，而讯飞智作结合AIGC技术，也在音频生成领域展现出令人瞩目的潜力，为创作人员带来了更加便捷的操作体验。

学习目标

1. 熟悉音频专业术语、类型、压缩标准和文件格式
2. 能够使用Audition录制和编辑音频作品
3. 能够使用讯飞智作辅助创作音频作品
4. 培养耐心、细心打磨作品的工匠精神，提升个人创作素养

案例展示

效果预览
《石灰吟》教学
课件音频

效果预览
《太空奇遇》有
声读物

效果预览
《微生物之密》
纪录片配音

3.1 音频作品创作要点

在数字多媒体作品创作中，除了利用图形图像为用户提供丰富的视觉效果，利用音频来增强用户的听觉体验也同样重要。创作人员在创作数字音频之前，需要对音频的相关专业术语、类型、压缩标准及文件格式有一定的了解。

3.1.1 音频专业术语

了解音频的专业术语，有助于掌握音频的产生原理和特征，为创作高质量音频作品奠定基础。

1. 音频波形

当发音物体振动时，会引发周围的弹性媒质（传递波动或振动的物质介质）——空气的气压产生波动，从而形成疏密波，这就是声波，也是一种连续的模拟音频信号。在电子设备中，这些模拟音频信号通常被转换为数字信号进行存储和处理。另外，由于声音的传播主要通过声波进行，因此，科学家们采用从左到右呈现连续波动的波形图形来可视化数字信号，以直观地展示其内容和变化，这便形成了音频波形。

图 3-1 以波浪线的形式模拟数字音频的波形，波形的零点线表示静止中的空气压力；当声音波动为停止状态且到达最低点时，代表空气中的压力较低；当声音波动为振动状态且到达最高点时，代表空气中的压力较高。

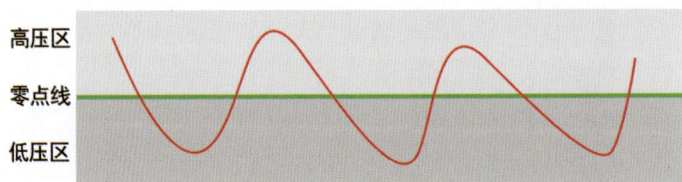

图3-1　音频波形

- **零点线**。在波形图中，零点线是在外界大气压力正常的状态下音频的基准线。当音频波形与零点线相交时，表示没有声音。
- **高压区**。在波形图中，高压区中的音频波形表示空气中的压力比外界大气的气压要高。
- **低压区**。在波形图中，低压区中的音频波形表示空气中的压力比外界大气的气压要低。

2. 周期、波长和振幅

周期、波长和振幅是区别每一个波形所代表音频内容的关键，如图 3-2 所示。其中，周期是指音频每振动一次所经历的时间长度，即从零点线位置到高压区再到低压区，最后以相同的方向返回原点所需的时间。波长以英寸或厘米为测量单位，是指声波在一个振动周期内传播的距离，可以用两个相邻波峰或波谷之间的距

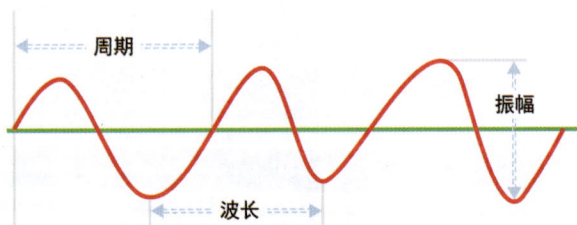

图3-2　周期、波长和振幅

离来表达。振幅是指振动物体离开零点线位置的最大距离，用于描述音频波形的变化幅度和振动的强弱，可以反映音频的强度或音量，常使用声压级或分贝（dB）表示。振幅越大，声音越大；振幅越小，声音越小。

3. 相位和频率

相位用于描述音频波形的变化，通常以"°"（角度）为单位，也称为相角。当音频波形以周期的方式变化时，波形循环一周即为360°。零点（即原点）为起始点，当相位为90°时处于波峰位置，当相位为180°时第一次回到零点，当相位为−270°时处于波谷位置，当相位为360°时再次回到零点，如图3-3所示。

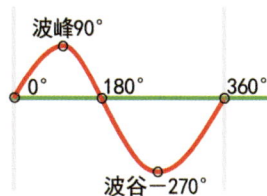

图3-3 相位

频率是指振动物体每秒振动的次数，也是音频波形的振荡频率，用于描述一段音频单位时间内声源所完成的全振动的周期数，单位是赫兹（Hertz，Hz）。人类的听觉范围为20Hz ～ 20kHz（kilohertz，赫兹的千倍单位），在这个范围内的声音被称为音频；频率范围小于20Hz的信号被称为亚音频；频率范围高于20kHz的信号被称为超音频或超声波。

4. 采样率、取样大小和位深度

采样率、取样大小和位深度之间存在直接关系，三者共同决定数字音频的质量和文件大小。

（1）采样率

采样率是指一段时间内连续采集音频信号的频率，表示每秒采集的样本数，它决定了数字音频的频率范围。采样率越低，数字音频的频率范围越窄；采样率越高，数字音频的波形越接近原始音频的波形，其频率范围越宽。

（2）取样大小

取样大小，又称量化位数，是每个采样点能够表示的数据范围。例如，8位量化位数可以表示为2^8，即256个不同的量化值；16位量化位数则可表示为2^{16}，即65 536个不同的量化值。量化位数的大小决定了音频的动态范围，即被记录和重放的最高音频与最低音频之间的差值。量化位数越高，音频质量越好，数据量也越大。实际使用中经常要在波形文件的大小和音频质量之间进行权衡。

（3）位深度

一般情况下，位深度等于"取样大小 ×8"，如取样大小为16位的音频，对应的位深度为128位。采样音频时，需要为每个采样指定最接近原始声波振幅的振幅值，而较高的位深度可以提供更多可能的振幅值，从而产生更大的动态范围，提高声音保真度。但是位深度越高，音频文件也越大，因此在实际使用中，经常要在音频文件的大小和音频质量之间进行权衡。

5. 声道

由于音频信号在传输、记录、编辑处理的过程中常常使用多个音轨，为了使其信号在用户终端能得到正确的播放，音频信号的最终形态分为单声道（单耳声）、立体声（双声道）、多声道（环绕立体声）3种标准制式。

- **单声道**。单声道也称为单耳声，仅有一个音频波形，没有相位和方位感。在播放单声道音频时，左右两个音箱发出的声音完全相同，因此，听众会感觉听觉效果比较单调，基本没有空间感。

- **立体声**。立体声也称为双声道，立体声音频有两个音频波形，分别是左声道（缩写 L）、右声道（缩写 R），并且两个音频波形不能完全一致。在播放双声道音频时，左右两个音箱发出的声音不完全一样。立体声可以还原真实声源的空间方位，因此，效果听起来要比单声道更丰富，但与单声道相比需要两倍的存储空间。

- **多声道**。多声道也称为 5.1 环绕声，是指声音把听众包围起来的一种重放方式，包含"5+1"共 6 个声道，分别是中央声道（缩写 C）、左声道（缩写 L）、右声道（缩写 R）、左环绕声道（缩写 Ls）、右环绕声道（缩写 Rs），以及重低音声道——"0.1 声道"（缩写 LFE）。多声道音频文件需要更大的存储空间，也需要特定的播放设备。在播放多声道音频时，听众能够区分来自前左、前中、前右、后左、后右等不同方位的声音。多声道音频能逼真地再现声源的直达声和厅堂各方向的反射声，能使听众获得更真实的沉浸式体验。

3.1.2　音频类型

根据音频的内容特征，音频大致分为语音、音乐、音效、噪声和静音 5 种类型。

- **语音**。语音即语言的声音，是语言符号系统的载体，也是包含信息量较大的数字音频载体，由人的发声器官发出，并具有一定的语言意义。评价语音质量的重要指标是识别度和清晰度。识别度是指语音内容能被精准识别的程度，如单词或单句通过房间或电声设备传输后，能被听众正确辨认的字数；清晰度是指语音中蕴含的说话者语气、情感和音色特征传达给听众的清晰程度。

- **音乐**。音乐是一种由规则振动发出来的声音，它是表达人们思想情感和反映现实生活的艺术形式。在物理学中，由规律振动产生、具有周期性波动的声音都可以称为音乐。

- **音效**。音效又称效果声，是伴随着一些自然界现象发出的，或有特殊内容和效果的音频，如雷雨声、脚步声和爆炸声等，是影视作品中的重要组成元素。

- **噪声**。噪声是发声体做无规律振动时，发出的与音频信息内容无关的声音，通常来自机械、电子、交通等各种杂乱环境。一般将干扰生活和工作的声音都称为噪声。

- **静音**。静音是指无音频内容的声音，在音频中可以起到营造对比效果、分隔音频片段、去除噪声和调整节奏等重要作用，因此，静音也是音频中重要和常见的类型之一。

3.1.3　音频压缩标准和文件格式

在完成数字音频的创作后，创作人员需要存储音频文件，这就要求自身必须熟悉音频压缩标准及相应的文件格式。

1. 音频压缩标准

音频压缩标准是处理和存储音频时的重要指标，它是一种全球统一的语言编码标准，旨在通过适当的数字信号处理技术，降低原始数字音频信号流的码率，同时尽可能保留有用的信息。音频压缩标准可以分为有损压缩和无损压缩两大类。

- **有损压缩**。有损压缩是一种在压缩过程中会丢失部分原始数据信息的压缩方法。这种压缩方法通过去除数据中的冗余信息或者对数据进行近似处理，以达到减小文件体积的目的。由于有损压缩会丢失部分信息，因此解压后的数据与原始数据相比会有一定的差异，这种差异通常表现为音质下降、图像失真或者视频质量降低等。
- **无损压缩**。无损压缩是一种在压缩过程中不会丢失原始数据信息的压缩方法。这种压缩方法通过算法对数据进行编码，使解压后的数据与原始数据完全一致。无损压缩通常用于需要保持原始数据完整性的情况，如音频文件的存储、文字文件的压缩等。

2. 文件格式

音频文件的格式有许多种，较为常用的有以下5种。

- **WAV（*.wav）格式**。WAV格式是一种被Windows系统广泛支持的、无损压缩的音频文件格式。用不同的采样频率采样声音的模拟波形，可以得到一系列离散的采样点，以不同的量化位数（8位或16位）把这些采样点的值转换成二进制数，然后存入磁盘，可产生WAV格式的音频文件。
- **MP3（*.mp3）格式**。MP3是MPEG标准中的音频部分，也就是MPEG音频层。根据压缩质量和编码处理的不同可以分为3层，分别对应"*.mp1""*.mp2""*.mp3"。需要注意的是，MPEG音频文件的压缩是一种有损压缩，基本保持了低音频部分不失真，但牺牲了声音文件中12kHz～16kHz高音频部分的质量。
- **OGG（*.ogg）格式**。OGG格式是一种非常先进的音频文件格式，可以不断地进行文件大小和音质的改良，且不影响原有的编码器或播放器。OGG格式采用有损压缩，但使用了更加先进的声学模型，减少了损失。
- **AIFF（*.aiff）格式**。AIFF是一种无损音频编码格式，可以存储高保真音频，保留了原始音频的所有细节和动态范围。AIFF格式几乎可以在所有操作系统和音频编辑软件中使用，具有很强的跨平台兼容性。AIFF格式还支持添加元数据信息，如艺术家、专辑、曲目等，方便管理和检索音频文件。
- **MIDI（*.mid）格式**。MIDI又称为乐器数字接口，这是编曲界应用较为广泛的音乐标准格式，可称为"计算机能理解的乐谱"。它用音符的数字控制信号来记录音乐。一首完整的MIDI音乐只有几十千字节大小，但能包含数十条音乐轨道。几乎所有的现代音乐都是用MIDI加上音色库来制作的。MIDI格式的音频使用数字编码来记录音符、音量、乐器选择和其他控制参数等属性，它指示MIDI设备要做什么、怎么做，如演奏哪个音符、多大音量等，从而使计算机和电子音乐设备之间进行交流，顺利播放出符合预期效果的音频。

3.2　音频作品录制与编辑——Audition

Audition提供了录制和编辑两种功能来支持音频作品的创作。这两种功能可以相互结合使用，如可以利用编辑功能中的剪辑、消音等操作来处理通过录制功能得到的音频素材。

3.2.1　认识Audition工作界面

在计算机中双击 Audition 图标Au启动该软件，即可直接进入 Audition 工作界面（见图 3-4），该界面包括菜单栏、工具栏、面板组和状态栏 4 部分，界面组成十分简洁。

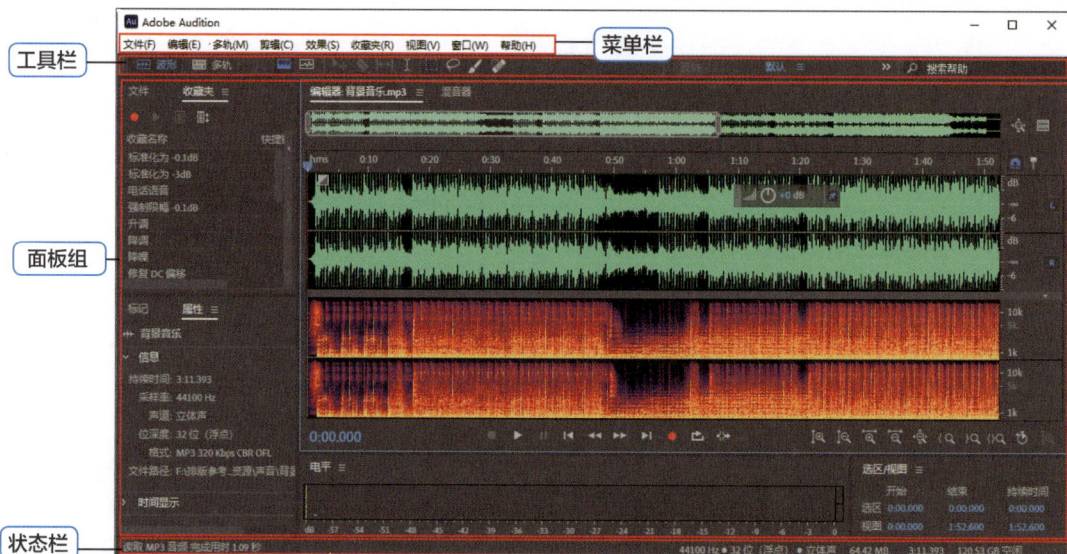

图3-4　Audition工作界面

1.　菜单栏和状态栏

Audition 的所有命令都位于菜单栏的 9 个菜单中，每个菜单下包括多个命令。若命令右侧标有 ❯ 符号，则表示该命令还有子菜单。若某些命令呈灰色显示，则表示该命令没有激活或当前不可用。状态栏则用于提示当前操作状态、音频帧率、采样率、文件大小、文件总时长、磁盘剩余空间等。

2.　工具栏

工具栏主要用于对音频波形进行简单的编辑操作，工具图标默认为浅灰色，选择某个工具后，该工具图标将变为蓝色，表示可以执行对应的操作。另外，"切断所选剪辑工具" 🖊的图标下方有◢图标，表示该工具处于一个工具组中，长按鼠标左键可显示一个下拉框，在该框中可选择工具组中的"切断所有剪辑工具" 🖊。

3.　面板组

面板组是 Audition 操作界面的主要组成部分，主要用于对音频进行各种设置。其中的"编辑器"面板是处理音频的主要场所，所有的编辑操作都需要将音频放置在该面板中进行。该面板具有 4 种显示模式，分别具有不同的特点。

- **波形模式。** 波形模式为默认显示模式，在该模式下只能显示一个音频文件的波形，如图 3-5 所示。单击工具栏上的"查看波形编辑器"按钮田 波形可切换到波形模式，在该模式下只会显示所打开音频的波形，同时只能使用工具栏中的"时间选择工具" Ⅰ 处理音频。

- **频谱模式/音高模式**。这两种模式依赖波形模式产生，单击工具栏上的"显示频谱频率显示器"按钮▦或"显示频谱音高显示器"按钮▦，即可切换到对应模式，可在音频下方显示音频的频谱频率（见图3-6）或音高（见图3-7）。

> **知识补充**
>
> 人耳对声音高低的感觉称为音调，它是由声波的频率决定的。频率越高，音调就越高；频率越低，音调就越低。音色是指声音的品质或特性，它是由发声体的材料、结构及振动方式等多种因素决定的，不同的乐器或人声，即使演奏或演唱相同的音调，其音色也会有所不同。人耳对声音强弱的主观感觉称为音强，又称为响度。音强取决于音频的振幅，振幅越大，音强越大，声音就越响亮。音调、音色、音强是构成音频特点的三大要素。

- **多轨模式**。该模式用于同时处理多个音频文件。单击工具栏上的"查看多轨编辑器"按钮▦ 多轨将切换到多轨模式（若"文件"面板中不存在多轨音频文件，将会弹出"新建多轨会话"对话框，新建多轨会话后，才会切换到多轨模式），在该模式下会显示多个音频轨道，如图3-8所示，同时工具栏中的"移动工具"▶、"切断所选剪辑工具"◣、"切断所有剪辑工具"◢、"滑动工具"▶◀和"时间选择工具"Ⅰ都可使用。

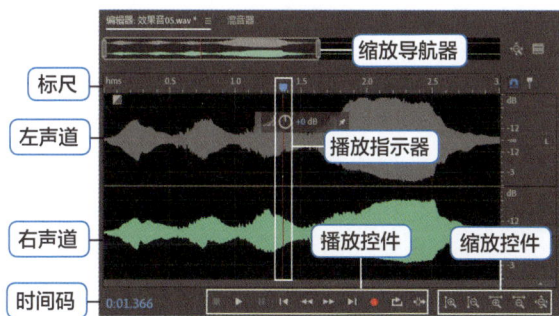

图3-5 波形模式

图3-6 频谱模式

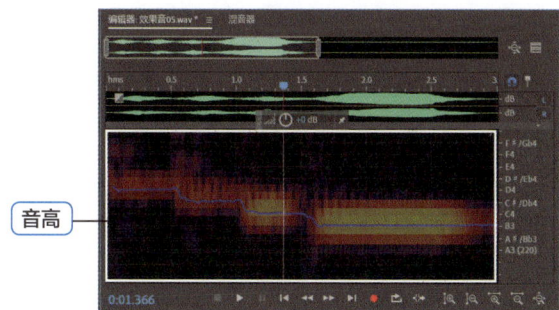

图3-7 音高模式

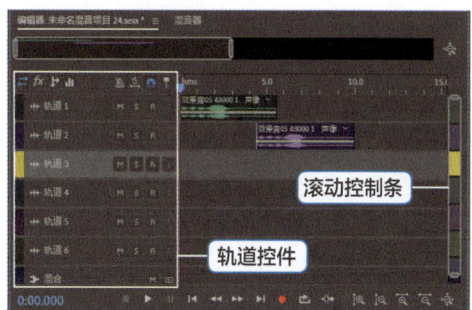

图3-8 多轨模式

> **知识补充**
>
> 双击多轨模式中某条轨道内的音频，将会进入波形编辑界面，此时仅展示该音频的波形，创作人员可对音频进行精细编辑，这些编辑操作将实时反映在多轨模式的整体效果中。例如，在波形编辑界面删除了内容为"12"的音频部分，则在多轨模式中内容为"12"的音频部分也会被同步删除。

3.2.2　录制音频

使用 Audition 录制音频，一般有录制计算机外部设备输入的声音（简称外录）和录制计算机系统中的声音（简称内录）两种形式，这两种形式需要不同的录制设备和硬件设置。

1. 外录

录制计算机外部设备输入的声音，需要做好前期准备。在计算机上安装声卡和外部输入设备（如麦克风和有麦耳机），然后在 Windows 系统的"设置"对话框的"录制"选项卡中查看计算机当前的输入设备是否为安装好的设备名称。启动 Audition，选择【编辑】/【首选项】/【音频硬件】命令，打开"首选项"对话框，此时默认输入已被设置为安装的外部设备名称选项，如图 3-9 所示，在外录过程中都要保持该选项被选中。

图3-9　外录设置

在"编辑"面板录制音频可分为在波形模式外录和在多轨模式外录两种情况，两种情况的操作方法略有不同。

- **在波形模式外录**。单击"编辑器"面板下方的"录制"按钮█，或按【Shift + Space】组合键可开始录制，播放指示器将随着录制内容的时长移动；单击"暂停"按钮█，或按【Ctrl + Shift + Space】组合键可暂停录制，此时该按钮将变为█状态，单击该按钮，可继续录制音频，录制的内容将出现在播放指示器右侧；单击"停止"按钮█，或按【Space】键可停止录制，并且已录制的内容全部被选中，播放指示器重置到音频开始处。
- **在多轨模式外录**。单击某轨道的区域控件的"录制准备"按钮█，然后使用外部输入设备录制，便可在该音轨中生成录制的音频。

2. 内录

内录可以直接从声卡中获取声音，不需要经过传输流程，因此可以在相对较低的延迟环境下录制，并且音频信号不受损失，录制质量更好。内录也需要做好前期准备。在 Windows 系统的"设置"对话框的"录制"选项卡中启用"立体声混音"设备，接着在 Audition 的"首选项"对话框中默认输入为"立体声混音"选项，如图 3-10 所示。内录分为在波形模式内录和在多轨模式内录两种情况。

- **在波形模式内录**。在波形模式下，内录操作几乎与外录一致，但是需要配合计算机中的播放软件来播放需要录制的音频。因此，在内录过程中，正确掌握播放音频和开始录制的时机非常重要，最好先开始录制，再播放音频，以确保音频内容全部被录制。
- **在多轨模式内录**。在多轨模式下内录音频，除了使用播放软件，还可以将需要播放的素材导入其中一个轨道上，然后单击其他轨道区域控件的"录制准备"按钮█，使其呈现█状态，再单击"录制"按钮█录制音频。

图3-10　内录设置

📋 **知识补充**

若对录制效果不满意，可选中需重录的音频部分，再将该部分调整为静音，然后单击"录制"按钮
⏺重新录制该部分内容。重新录制的音频时长将与静音的音频时长相同，且只会影响被选中部分的录制
内容，不会影响未选中部分的录制内容。

3.2.3　剪辑音频

在剪辑音频时，需要先选中对应的音频波形，然后使用工具、命令来处理这部分音频波形。

1. 选择音频

选择【编辑】/【选择】/【全选】命令，或按【Ctrl + A】组合键，或双击音频波形都可以全选
音频。选择"时间选择工具"📏，拖曳鼠标指针选择音频，拖曳范围内的音频将被选中。选中的音频
部分，其音频波形呈白色背景显示，标尺栏的背景呈高亮显示，缩放导航器也呈白色背景显示。

若需要调整选择范围，可将鼠标指针移至所选范围任意一侧，当鼠标指针呈⬌状态时进行拖曳，
或拖曳时间轴两侧的标记（"开始"标记❴和"结束"标记❵），如图 3-11 所示。

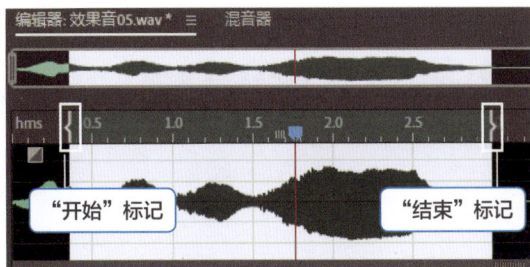

图3-11　选择音频

2. 复制、粘贴、剪切、裁剪和删除音频

复制、粘贴、剪切、裁剪和删除音频属于编辑音频的基础操作，也是较为常用的编辑手段，可
以有效改变音频的波形，从而对音频内容产生影响。

- **复制和粘贴音频**。选择需要复制的音频，选择【编辑】/【复制】命令，或按【Ctrl + C】
  组合键；此时若选择【编辑】/【复制到新文件】命令（快捷键为【Alt + Shift + C】），
  可将音频复制并粘贴到新文件中。将时间指示器拖曳至要插入音频的位置，选择【编
  辑】/【粘贴】命令可粘贴音频。
- **剪切音频**。选择需要剪切的音频，选择【编辑】/【剪切】命令；或在选择的波形区域

上右击，在弹出的快捷菜单中选择"剪切"命令；或按【Ctrl+X】组合键剪切音频。然后在目标位置粘贴音频。

- **裁剪音频**。选择需要裁剪的音频，选择【编辑】/【裁剪】命令，或按【Ctrl+T】组合键，可裁剪掉未选中范围内的音频，如图3-12所示。

- **删除音频**。选择需要删除的音频，按【Delete】键；或选择【编辑】/【删除】命令；或在需要删除的音频上右击，在弹出的快捷菜单中选择"删除"命令，可删除所选的音频。

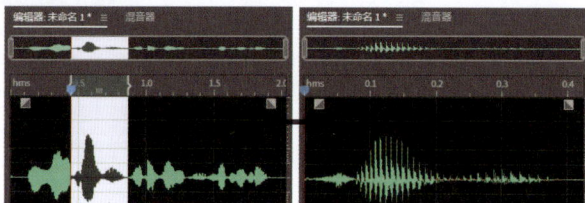

图3-12　裁剪音频

3. 标记音频

在 Audition 中，标记是指标记音频中的某个点或某个范围；标记点是指音频文件里标记的特定时间点，如 1:50.000；而标记范围有开始时间和结束时间，如 1:08.566 ～ 3:07.379。标记音频后，可以轻松地在音频波形内导航，方便选择、执行编辑或回放音频。

- **添加标记**。选择【窗口】/【标记】命令，打开"标记"面板，在"编辑器"面板中拖曳时间指示器到需要标记的位置，单击"标记"面板上的"添加提示标记"按钮▨（或直接按快捷键【M】），可在当前播放指示器处添加一个标记点控制柄，并且该标记点所在时间码也会显示在"标记"面板中。

- **添加标记范围**。标记范围不能直接添加，而是需要由标记点转换而来。在"编辑器"面板上选择标记点后右击，在弹出的快捷菜单中选择"变换为范围"命令，此时标记点控制柄将变为两个控制柄，即将标记点转换为标记范围，同时标记范围将延续标记点的类型，如图3-13所示，可拖曳任一控制柄调整标记范围的持续时间，如图3-14所示。

图3-13　标记点转换为标记范围

图3-14　调整标记范围的持续时间

3.2.4　调整音量

调整音量可以影响音频最终呈现出来的响度，在 Audition 中，既可以调整音频的整体和局部音量，也可以淡化处理音量。

1. 调整音频整体和局部音量

使用"时间选择工具"▯选择部分音频，或不选择任何内容以调整整个音频，然后在 HUD 增益控件中拖曳"调整振幅"旋钮◉（向左拖曳为降低音量，向右拖曳为提高音量），或直接在数值框中输入数值，都可以调整音频的音量。调整后的音频波形将会产生变化，代表调整已生效，并且调整生效后，HUD 增益控件的数值又将变回 0dB。另外，在多轨模式下，音频波形会显示一条黄色的包络线，上下拖曳该包络线可以提高或降低音频的整体音量，若单击该包络线可在上方创建编辑点，拖曳编辑点可调整该点范围内的音频音量。

2. 淡化处理音量

淡化处理可使音频呈现出音量逐渐增强的淡入效果或音量逐渐减弱的淡出效果。淡化处理控件位于"编辑器"面板的音频波形显示区的两侧，其中左侧为"淡入"控制柄█，右侧为"淡出"控制柄█，水平向内拖曳控制柄可应用"线性"淡化效果，产生均衡的音量改变，如图 3-15 所示；按住【Ctrl】键不放并向内拖曳控制柄，可应用"余弦"淡化效果，使音量先缓慢变化，再快速变化，最后在结束时平缓变化，如图 3-16 所示。

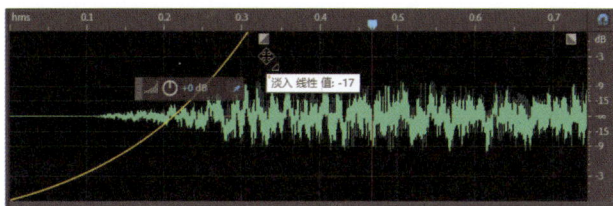

| 图3-15 "线性"淡化效果 | 图3-16 "余弦"淡化效果 |

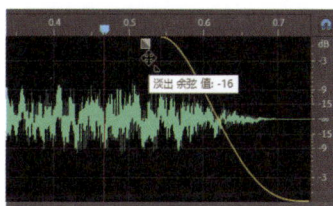

知识补充

若需要调整特定声道内的音频音量，可先关闭非该声道的所有声道（关闭后的声道不会受到任何编辑影响），再调整该声道的音量，最后开启关闭的所有声道。关闭右声道可单击"切换声道启用状态（右侧）"按钮█，关闭左声道可单击"切换声道启用状态（左侧）"按钮█，关闭的声道的音频波形呈灰色。若需要开启被关闭的声道，只需要再次单击"切换声道启用状态（右侧）"按钮█或"切换声道启用状态（左侧）"按钮█。

3.2.5 转换音频属性

转换音频属性可以调整音频的采样率、声道和位深度，但是只能在波形模式下进行。选择【编辑】/【变换采样类型】命令，打开"变换采样类型"对话框，如图 3-17 所示，在"预设"下拉列表中可选择预设选项，也可以自行设置参数，单击█确定█按钮即可转换音频属性。

需要注意的是，每个参数的"高级"栏参数只有在选择非自身属性选项的情况下才能被激活并使用，即其不能用于调整文件的原始属性。

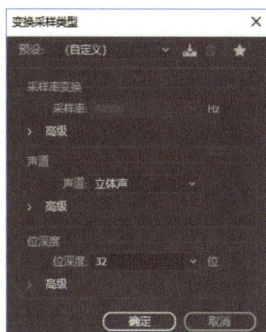

图3-17 "变换采样类型"对话框

3.2.6 音频消音和降噪

进行音频消音和降噪处理可以有效去除音频中的噪声、杂音、爆音，或解决其他失真问题，提高原始音频的质量。Audition 提供了"污点修复画笔工具"█和众多命令来消音和降噪，其中"降噪（处理）"命令的使用效果较好，操作也比较方便，但是仅能在波形模式下使用。

● **"污点修复画笔工具"**█。直接选择该工具，然后在工具栏中间区域的"大小"数值框中设置画笔大小，在"编辑器"面板的频谱显示区中，拖曳鼠标指针以涂抹音频中的杂音区域，涂抹完成后 Audition 会自动执行【收藏夹】/【自动修复】命令（该命令限用 4 秒以内的音频），自动消除音频中的个别杂音，且不改变音频的波形。

- **"降噪（处理）"命令。** 选中噪声明显的选区，选择【效果】/【降噪/修复】/【降噪（处理）】命令，打开"效果 - 降噪"对话框，单击 捕捉噪声样本 按钮，可将当前选择的音频数据作为噪声样本，在样本预览图中调整控制曲线（在曲线上单击可添加控制点，拖曳控制点可调整曲线形状）；然后单击 选择完整文件 按钮，选择整个音频文件，以处理整个音频；再设置对话框中其他的参数，单击 应用 按钮。Audition 将自动处理整个音频的噪声，并将降噪后的音频替换到轨道中。

3.2.7　应用音频效果器

"效果"菜单中各个效果组的子效果，又被称为效果器［前文提到的"降噪（处理）"命令也是效果器］，运用这些效果器可以制作出具有特殊效果的音频。另外，这些效果器可以叠加使用，互不冲突。选择"效果"菜单，打开的菜单中提供了 10 种效果组，如图 3-18 所示。

- **"振幅与压限"效果组。** 该效果组中的 13 种效果器用于调试音频的音量，可以改变波形的振幅、动态等要素。
- **"延迟与回声"效果组。** 该效果组中的 3 种效果器常用于增强环境氛围。
- **"诊断"效果组。** 该效果组中的 4 种效果器用于快速从音频中去除咔嗒声、扭曲声音或静音等，并在出现静音时添加标记。
- **"滤波与均衡"效果组。** 该效果组中的 7 种效果器用于调整音频的频率。加强高频时，可使低沉的音色变得明亮；加强低频时，可使单薄的声音变得饱满。
- **"调制"效果组。** 该效果组中的 4 种效果器用于为音频添加一些特殊效果，如和声、镶边等。
- **"降噪 / 恢复"效果组。** 该效果组中的 12 种效果器用于去除音频中的噪声。

图3-18　效果组

- **"混响"效果组。** 该效果组中的 5 种效果器用于模拟各种空间环境，制作出具有真实效果的音频，以丰富听觉感受。
- **"特殊效果"效果组。** 该效果组中的 7 种效果器用于为音频带来各种特殊效果。
- **"立体声声像"效果组。** 该效果组中的 3 种效果器用于改变音频的立体声声像，或扬声器声音的表现位置，使听众能够获得更加沉浸和真实的听觉体验。
- **"时间与变调"效果组。** 该效果组中的 5 种效果器用于制作具有特殊音色、音调的音频。

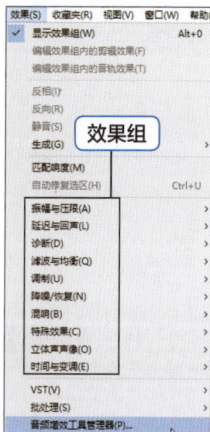

🔷 知识补充

延迟和回声是两种重要的音频效果，它们各自具有独特的特性和效果。延迟效果主要用于增强声音的空间感和节奏感，为音乐制作提供更多创意；而回声效果则注重模拟自然声音反射现象，增强声音的自然感和环境氛围。声音在房间的墙壁、天花板和地板上都会产生反射，这些反射的声音几乎同时到达人耳，人们不会感觉它们是单独的回声，只会感受到一个具有空间感的声音，这种声音便称为混响。

3.2.8 混合和导出音频

在多轨模式下，可以将多个轨道中的音频内容按照时间顺序混合，生成一个新的音频文件，该文件将在波形模式下显示，以便进行整体优化。若无须进行整体优化，那么在多轨模式下创作的音频作品可以和波形模式下创作的音频作品一样，直接导出为多种格式的文件。

- **混合音频**。选择【多轨】/【将会话混音为新文件】命令，可在弹出的子菜单中选择"时间选区""整个会话""所选剪辑"命令，来混合对应范围内的音频文件。
- **导出音频**。在波形模式下，选择【文件】/【导出】/【文件】命令，打开"导出文件"对话框，在其中自行设置参数后，单击 确定 按钮导出文件。在多轨模式下，选择【文件】/【导出】/【多轨会话】命令，在打开的子菜单中选择"时间选区""整个会话""所选剪辑"任一命令，都能打开"导出多轨混音"对话框，在其中自行设置参数后，单击 确定 按钮导出文件。

【案例】 创作《石灰吟》教学课件音频

某学校教研部门计划制作一系列语文教学课件，为此聘请了配音演员录制课文的朗读音频，同时着手与学校老师录制的释义音频进行融合，并添加背景音乐整合成一个完整的课件音频，确保课件音频内容的专业性和完整性。具体操作如下。

> **微课视频**
> 〔创作《石灰吟》
> 教学课件音频

步骤 01 启动 Audition，按【Ctrl + N】组合键，在打开的"新建多轨会话"对话框中新建一个会话名称为"《石灰吟》教学课件音频"，文件夹位置为存储位置（配套资源 :\ 效果文件 \ 第 3 章 \《石灰吟》教学课件音频），采样率为"48000"，位深度为"32（浮点）"，混合为"立体声"的文件。

步骤 02 选择【多轨】/【插入文件】命令，打开"导入文件"对话框，选择"补录 .mp3""石灰吟 .wav""释义 1.mp3""释义 2.mp3"文件（配套资源 :\ 素材文件 \ 第 3 章 \ "《石灰吟》教学课件音频素材"文件夹），单击 打开(O) 按钮后打开"提示"对话框，在其中选中"将每个文件放置在各自轨道上"复选框，单击 确定 按钮。

步骤 03 此时由于导入的文件属性与多轨会话不符，会弹出图 3-19 所示的"提示"对话框，单击 确定 按钮后，导入文件的副本将分别置于轨道 1～轨道 4 上，表示当前运用副本文件展开创作，而副本文件和源文件都将同时在"文件"面板中出现。按住【Ctrl】键依次选择源文件，再右击，在弹出的快捷菜单中选择"关闭所选文件"命令，效果如图 3-20 所示。

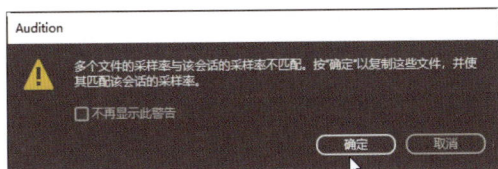

图3-19 "提示"对话框

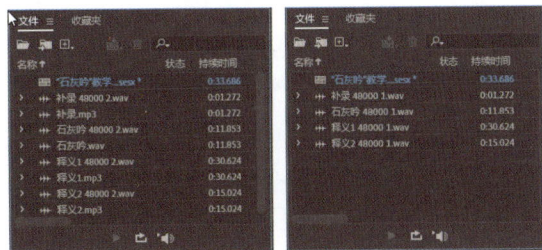

图3-20 关闭所选文件

步骤 04 从"文件"面板的持续时间可观察到当前所有文件的时长在 1 分钟左右，因此需要添加相同时长的背景音乐。打开 Pixabay 网站，单击首页的"音乐"选项卡，在搜索框中输入"古典"

文字，按【Enter】键展开搜索。此时单击音乐名称前方的 ▶ 按钮可试听音乐，通过试听发现"Sad，Epic Cinematic Music (Classical)"歌曲比较符合需求，可录制该音乐充当宣传语的背景音乐。刷新该网页以便录制。

　　步骤 05　将计算机的扬声器🔊音量调高到"79%"，启用"立体声混音"内录设置，回到 Audition 操作界面，先单击轨道 1 ～轨道 4 的"静音"按钮 M（单击后将变为 M 状态），防止将这些轨道的音频内容录制进去。

　　步骤 06　单击轨道 5 的"录制准备"按钮 R（单击后将变为 R 状态），再单击"录制"按钮 ⏺ 开始录制，然后播放 Pixabay 网站中选定的歌曲，确保歌曲的开头部分能够被完整录制。此时轨道 5 中将出现音频波形，如图 3-21 所示。

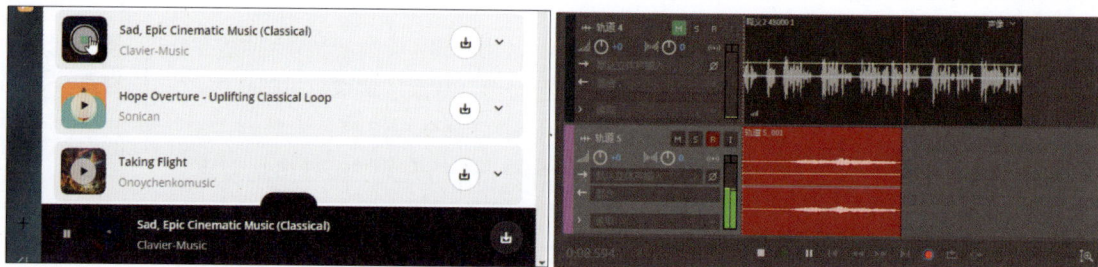

图3-21　录制背景音乐

　　步骤 07　等到录制的音频时长达到 1 分钟时，再次单击"停止"按钮 ⏹ 结束录制，效果如图 3-22 所示。依次单击"静音"按钮 M 和"录制准备"按钮 R。

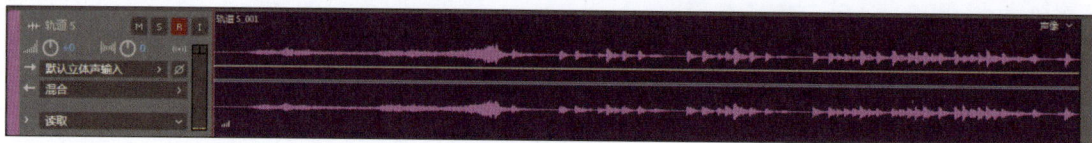

图3-22　录制效果

　　步骤 08　恢复轨道 1 ～ 4 的非静音状态，单击轨道 5 的"静音"按钮 M，试听音频内容后通过移动轨道内音频的位置组合内容。此时发现"释义 2""补录""释义 1"音频存在内容多余、重复的问题，"释义 1"音频还存在多字问题。

　　步骤 09　重新试听音频，并对需要修改的音频波形添加标记点，如时间码为 0:13.061 时，按【M】键添加标记点，此处为重复阅读的文字；时间码为 0:28.036 时添加标记点，此处为重复的内容；时间码为 0:29.507、0:30.328 时添加标记点，此处为第 1 处需删减的文字；时间码为 0:32.397、0:33.153 时添加标记点，此处为第 2 处需删减的文字。效果如图 3-23 所示。

　　步骤 10　选择"切断所选剪辑工具"✂，沿标记 01 所处位置单击轨道 4 的音频波形，使其分为两段，选择前段音频，按【Delete】键删除。重复操作，沿当前所有标记分割轨道 3 内的音频波形，并删除重复、多字部分的波形。保留轨道 2 和轨道 4 之间的间隔，作为音色内容转换的缓冲区，然后在其他间隔中右击，在弹出的快捷菜单中选择【波纹删除】/【间隙】命令，效果如图3-24所示。

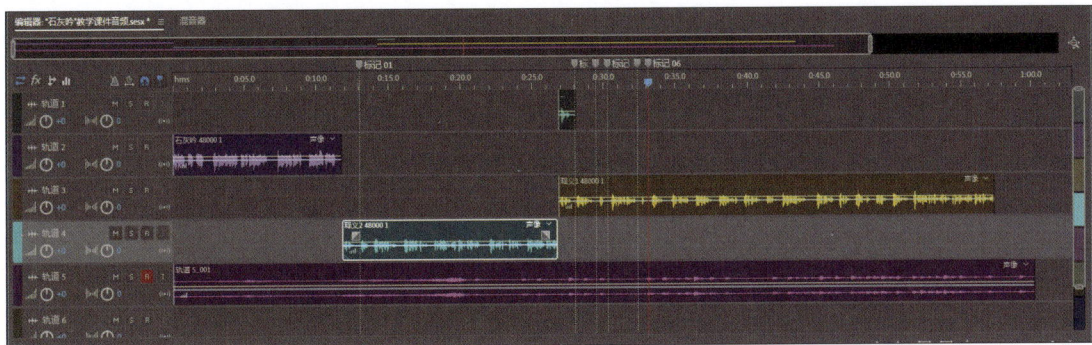

图3-23 添加标记

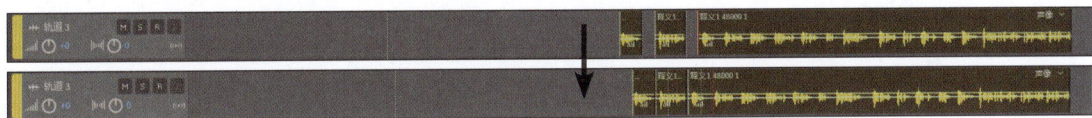

图3-24 删除音频波形和间隔

小技巧

选择音频后，按【Ctrl + K】组合键可在当前播放指示器位置分割音频。

步骤11 恢复轨道5的非静音状态，将时间码设置为"0:58.000"，使用"切断所选剪辑工具" ◇沿播放指示器分割轨道5音频，删除后半段音频，减少背景音乐的时长。选择"滑动工具" ↦在该轨道音频波形处向左拖曳至不能拖曳的位置，以调整音频的内容，使背景音乐尽快播放开头部分，效果如图3-25所示。

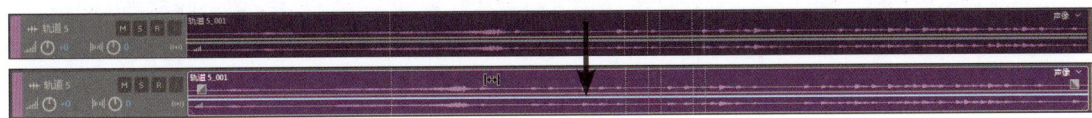

图3-25 调整音频波形

知识补充

"滑动工具" ↦用于在保持音频文件持续时间不变的情况下，改变音频的入点和出点（入点和出点分别为音频开始和结束的位置）。

步骤12 试听音频，可发现男声、女声分别朗读的内容音量不均衡，背景音乐声音大，可以男声朗读音频为基准调整音频音量。在轨道1的音频控件中向右拖曳音量旋钮 ⌖ 使音量增加到"+2"。重复操作，增加轨道3～4的音量，而在轨道5的音频控件中向左拖曳音量旋钮 ⌖ 使音量降低为"-8"。

步骤13 双击轨道5的音频进入波形模式，使用"时间选择工具" Ⅰ选择0:00.000～0:00.696时间段的音频波形，向左拖曳HUD音频控件的音频旋钮，设置音量为"-2.7"，然后按【Ctrl + A】

组合键全选音频，向右拖曳 HUD 音频控件的音频旋钮，设置音量为"+1.8"，均衡整个音频的音量。切换到多轨模式，可发现 0:00.000 ～ 0:57.981 时间内的所有音频都已被选中，表示在波形模式下编辑的效果已对多轨会话文件产生影响，如图 3-26 所示。

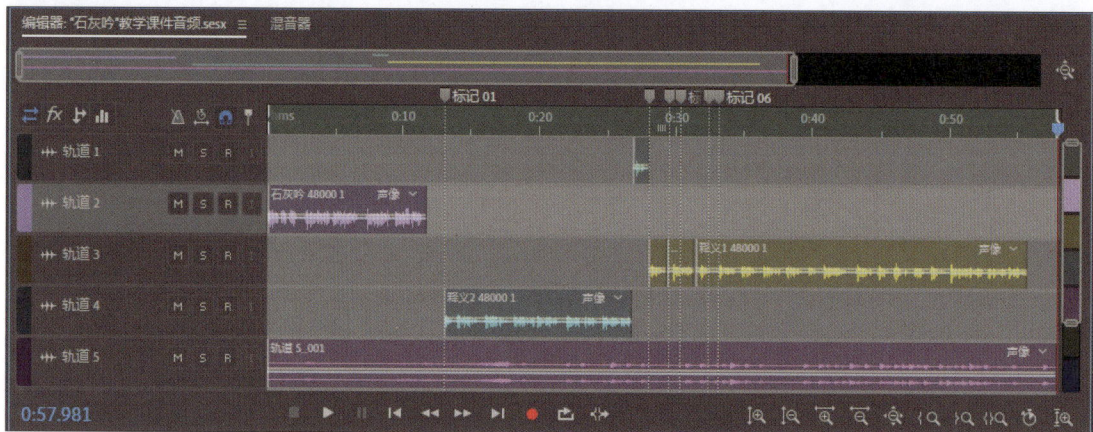

图3-26　混合音频

步骤 14　选择【多轨】/【将会话混音为新文件】/【时间选区】命令，得到图 3-27 所示的新音频文件，此时该音频左右声道的波形相同，需要进行优化，制作出立体声效果。单击"切换声道启用状态（右侧）"按钮▇关闭右声道，按【Ctrl + A】组合键全选音频，拖曳 HUD 音频控件的音频按钮，设置音量为"−1.8"；再开启右声道，关闭左声道，全选该声道，调整音量为"+1.5"，开启左声道，效果如图 3-28 所示。

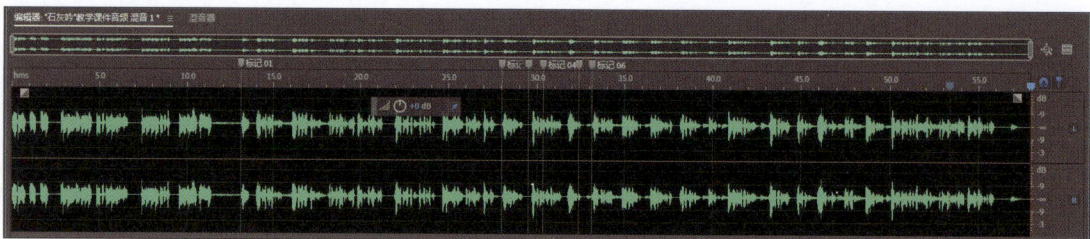

图3-27　混合音频

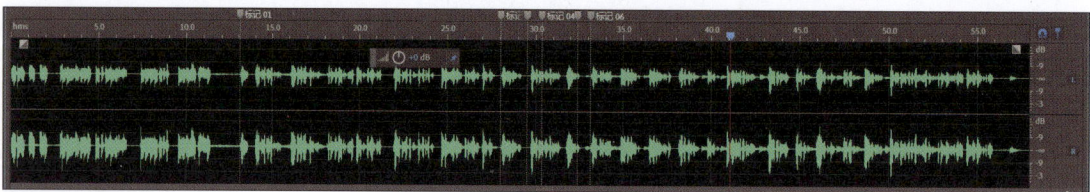

图3-28　制作立体声效果

步骤 15　按【Ctrl + S】组合键打开"另存为"对话框，设置文件名为"《石灰吟》教学课件音频"，设置与多轨会话文件相同的存储位置后，单击 确定 按钮得到 WAV 格式的音频文件（配套资源 :\效果文件 \ 第 3 章 \《石灰吟》教学课件音频 .wav）。切换到多轨模式，按【Ctrl + S】组合键保存会话文件，此时将打开"提示"对话框，提示内录的音频未保存，单击 确定 按钮可将该文件一起保存在会话

效果预览

《石灰吟》教学
课件音频

文件中，防止文件丢失。

【案例】　创作《太空奇遇》有声读物

某出版社为提升《太空奇遇》纸质图书的销量，计划制作同名有声读物，并随书一同销售，以便消费者在阅读图书的同时，能通过扫码听故事。目前，语音部分的录制工作已完成，接下来需要根据剧本内容在适当位置插入音效，并为书中的人物设计独特的音色，以营造出神秘的外太空氛围。具体操作如下。

步骤 01　新建一个会话名称为"《太空奇遇》有声读物"，采样率为"48000"，位深度为"32（浮点）"，混合为"立体声"的多轨会话文件；插入"开门声 .wav""男人尖叫声 .mp3""心脏跳动 .wav""有声读物旁白 .wav""有声读物角色语音 .wav"文件（配套资源 :\ 素材文件 \ 第 3 章 \ "《太空奇遇》有声读物"文件夹）到各个音轨，然后关闭已有副本文件的音频文件。

步骤 02　打开素材文件夹中的"剧本 .txt"文件，使音效所在的 3 个轨道静音，然后根据文字内容分别试听旁白和角色语音，使用"切断所选剪辑工具"🔪分割音频，使其按剧本内容罗列，并且不同角色的音频波形需要分开，以便制作特殊效果，如图 3-29 所示。

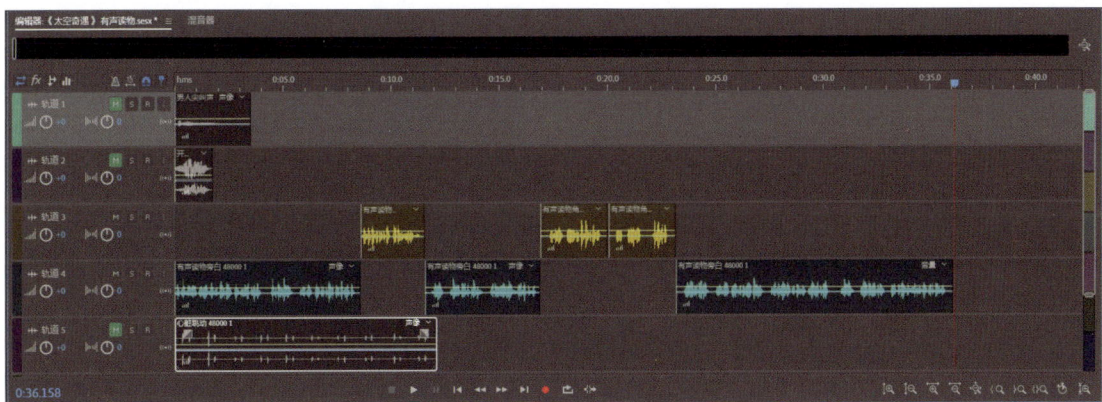

图3-29　分割和移动音频（1）

步骤 03　取消轨道 2 静音，将音频移至 0:14.368 处，使其入点位于剧本设定的开门音效插入位置，此时开门音效与部分旁白重叠，使用"切断所选剪辑工具"🔪分割轨道 4 音频，再全选该位置之后的所有音频并移动位置，使其入点与开门声出点对齐，如图 3-30 所示。

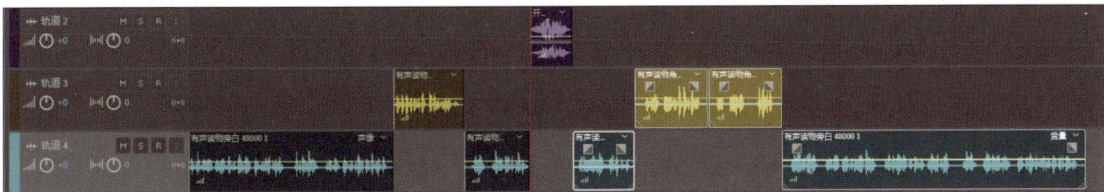

图3-30　分割和移动音频（2）

步骤 04　取消轨道 5 静音，将音频移至 0:21.803 处，使其入点位于剧本设定的心跳音效插入位置。再在 0:24.139 处分割该视频，删除后半段音频，再全选该位置之后的所有音频并移动位置，使其入点与心脏跳动声出点对齐。取消轨道1静音，将音频移至0:32.840处，使其入点位于剧本设定的尖叫音效插入位置，如图3-31所示。

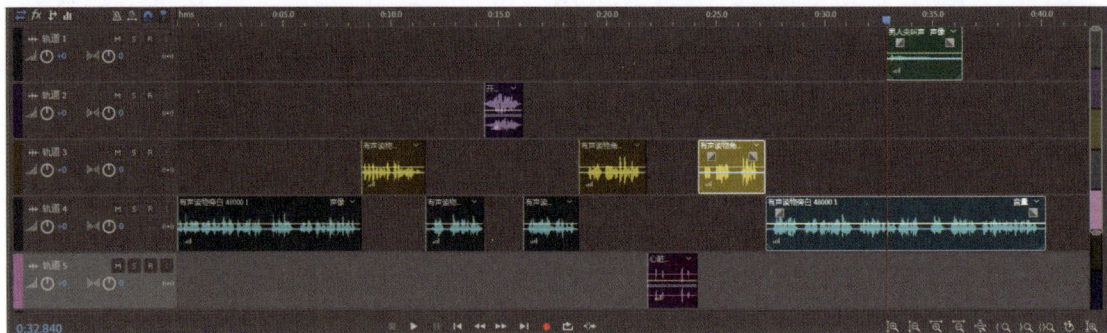

图3-31　分割和移动音频（3）

步骤05　试听音频可发现心脏音效的音量较小，在轨道控件处设置音量为"+10"，选择【效果】/【振幅与压限】/【增幅】命令，打开"组合效果–增幅"对话框（同时将弹出"效果组"面板），在"预设"下拉列表中选择"+6dB提升"选项，单击 ✕ 按钮关闭对话框。

步骤06　选择轨道3的第2段音频，先在"效果组"面板中单击 剪辑效果 按钮，选择【效果】/【时间与变调】/【音高换挡器】命令，打开"组合效果–音高换挡器"对话框，再在对话框中设置半音阶为"–12"，取消选中"使用相应的默认设置"复选框，再设置拼接频率为"500"，重叠为"50"，关闭该对话框。此时该音频下方将出现 图标，表示该效果将只影响所选的音频，如图3-32所示。

📋 **知识补充**

"效果组"面板用于辅助音频效果器的应用，凡是为音频添加的效果都会被放在该面板的插槽中，若使用多个音频效果还会形成效果链，使用该面板方便统一调试这些效果。单击插槽右侧的 ▶ 按钮，可在弹出的快捷菜单中移除已添加的效果器、编辑已添加的效果器参数，甚至另选其他效果器来替换。并且只有在多轨模式下，才会出现 剪辑效果　音轨效果 按钮组，单击 剪辑效果 按钮后，使用的效果器仅对所选的音频产生效果，而非所选音频所在轨道内的所有音频；单击 音轨效果 按钮后，使用的效果器将会对所选的音频所在轨道内的所有音频产生效果。

步骤07　试听效果可发现该音频的音色已经发生变化，与其他音频形成对比，以便区分不同角色。选择【效果】/【特殊效果】/【人声增强】命令，打开"组合效果–人声增强"对话框，在"预设"下拉列表中选择"低音"选项，再重复添加一次。

步骤08　按照步骤06的方法为轨道3的第3段音频添加相同的效果，如图3-33所示。设置半音阶为"1"、音分为"100"、拼接频率为"69"，塑造声音略急促且音调上扬的感觉。

步骤09　选择轨道1中的音频，选择【效果】/【延迟与回声】/【模拟延迟】命令，打开"组合效果–模拟延迟"对话框，在"预设"下拉列表中选择"峡谷回声"选项。关闭对话框，选择同效果组的"回声"命令，打开"组合效果–回声"对话框，在"预设"下拉列表中选择"右侧回声加强"选项，为该音效制作回声效果，强化紧张的氛围。

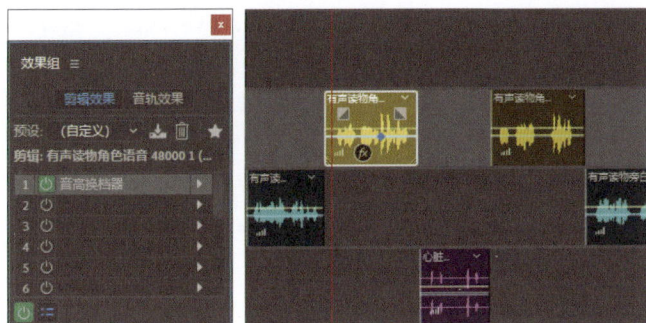

图3-32　添加效果（1）

图3-33　添加效果（2）

步骤 10　由于添加效果后音量产生变化，所以需要重新调试音量。将鼠标指针移至轨道 1 音频控件处向上滚动鼠标滚轮放大显示区域，设置时间码为"0:34.543"，单击该位置的黄色包络线添加控制点，再在该线末端添加控制点并向下移动，制作淡化音量的效果，如图 3-34 所示。

步骤 11　按照步骤 10 的方法在轨道 3 的 0:20.076 处添加控制点，并向上移动包络线；在轨道 5 的 0:22.819 处添加控制点，并向上移动包络线，如图 3-35 所示。分别设置轨道 3 的轨道控件音量为"＋8"，轨道 5 的轨道控件音量为"＋15"。

步骤 12　观察波形可知，语音音频都为单声道音频，可转换为立体声，提升听觉效果。双击轨道 3 任一音频切换波形模式，选择【编辑】/【变换采样类型】命令，打开"变换采样类型"对话框，设置声道为"立体声"，在高级栏中设置右混合为"70"，单击 确定 按钮，效果如图 3-36 所示。

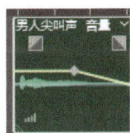

图3-34　设置音量

图3-35　设置其他音量

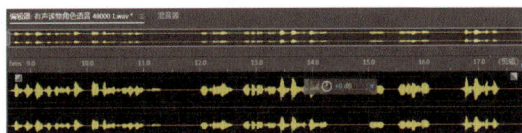

图3-36　修改声道（1）

步骤 13　返回多轨模式后，在 0:27.160（轨道 3 出点）前的音频波形都会被选择。按照步骤 12 的方法修改轨道 4 中音频的声道，此时，在 0:40.152（轨道 4 出点）前的音频波形都会被选中，选中的音频包含该有声读物的全部内容，如图 3-37 所示。

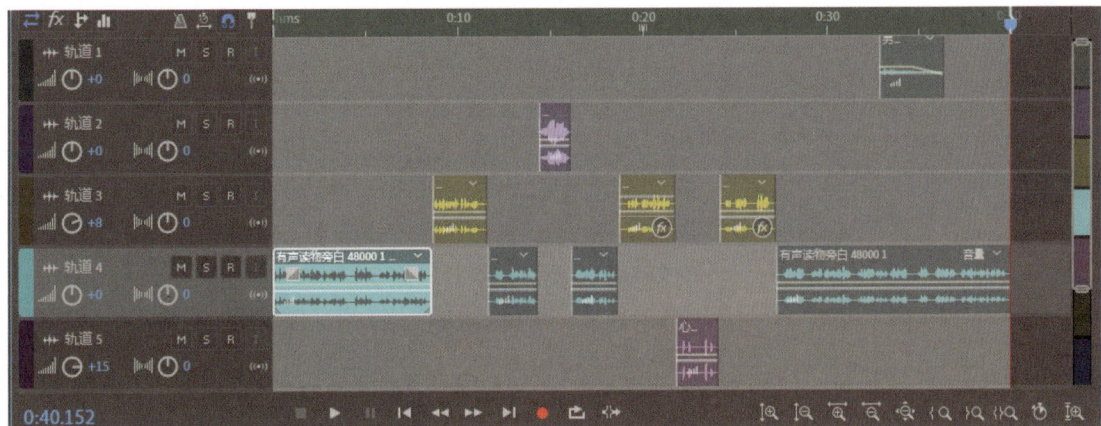

图3-37　修改声道（2）

步骤 14　此时轨道 2、3、4 中音频的两个声道波形已有不同，已形成立体声效果，可直接将其导出。按【Ctrl + S】组合键保存会话文件和已修改的音频文件。选择【文件】/【导出】/【多轨混音】/【时间选区】命令，在打开的对话框中设置名称为"《太空奇遇》有声读物"，存储位置为会话保存位置，其他设置保持默认，单击 确定 按钮得到 WAV 格式的文件（配套资源 :\效果文件\第 3 章\"《太空奇遇》有声读物"文件夹）。

效果预览

《太空奇遇》有声读物

3.3　AI辅助音频作品创作——讯飞智作

讯飞智作结合 AIGC 技术能够生成不同音色的音频，创作人员利用该平台可轻松采集数字音频作品所需的素材，甚至能直接创作出内容相对简单的数字音频作品。

3.3.1　筛选配音主播

进入"讯飞智作"官方网站，依次选择"讯飞配音""AI 配音""主播列表"选项，便可进入主播筛选页面，可根据语种、领域、风格、性别、年龄等要素进行初步筛选，如图 3-38 所示。

图3-38　初步筛选主播角色

初步筛选后，将在"筛选类型"栏下方显示符合筛选条件的主播角色。单击该主播角色，可在弹出的面板中试听该主播的各种音色（有些主播仅有 1 种音色），单击所需音色下的 使用 按钮，便可以进入操作界面。

3.3.2　编辑音频内容

在操作界面中，功能栏中的主播头像是已经应用的主播，单击该头像可在打开的"主播设置"对话框右侧设置所选主播的语速、语调和音量等参数，如图 3-39 所示，单击×按钮将关闭该对话框，然后使用设置好的主播角色进行后续操作。在"主播设置"对话框中单击所需音色名称，可以切换所用的主播音色。

图3-39　设置主播参数

在文本框中输入文字，如图 3-40 所示，单击左侧的 ▶ 按钮可以试听效果，此时若生成的音频效果不合心意，可单击功能栏中的功能按钮进行调整。

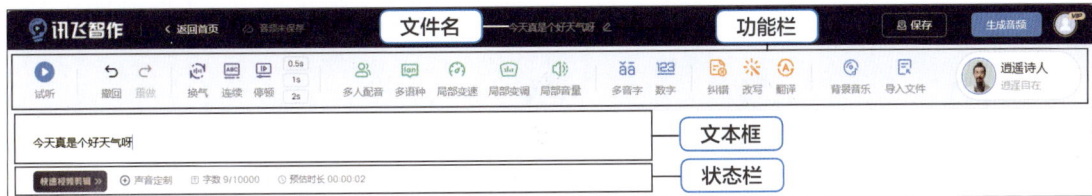

图3-40　"讯飞智作"官方网站的操作界面

- **撤回 / 重做功能。** 用于取消上一步或全部编辑操作。
- **换气 / 连续 / 停顿功能。** 分别用于为插入位置前后文字插入换气、设置连读或插入停顿，从而对音频的断句节奏产生影响。
- **多人配音 / 多语种功能。** 用于制作多音色、多种语言的听觉效果。在使用时，需要先选择想要制作效果的句子，再单击对应的功能按钮，在打开的面板中进行设置。成功制作效果的文字将在文字左侧标识所运用的主播或语言类型，如图 3-41 所示。

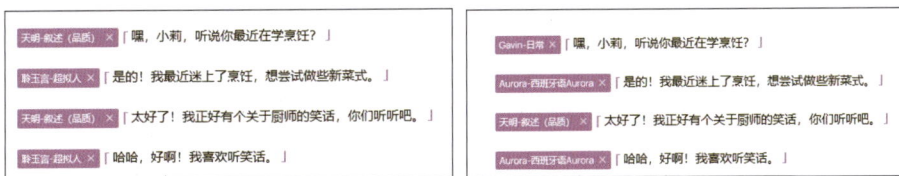

图3-41　多人配音/多语种功能

- **局部变速 / 局部变调 / 局部音量功能。** 分别用于对部分音频变速、变调，调整部分音频的音量，从而丰富听觉效果。
- **多音字 / 数字功能。** 用于纠正多音字读音、确定选中数字的读法。
- **纠错 / 改写 / 翻译功能。** 用于替换文字、翻译英文等。
- **背景音乐功能。** 用于为生成的音频添加音乐库中或自行上传的背景音乐。
- **导入文件功能。** 用于通过上传文件的形式在文本框中添加文字，支持 DOC、PDF、TXT 格式，文件大小不能超过 20MB，建议字数不超过 1 万字，页数不超过 50 页。

【案例】　创作《微生物之密》纪录片配音

某生物研究所为了提升公众对微生物的认知，制作了一部纪录片。为节约成本，该研究所计划采用 AIGC 技术来生成配音。现需要为纪录片的某片段创作配音来评估生成的配音效果。具体操作如下。

微课视频

创作《微生物之密》纪录片配音

步骤 01　进入"讯飞智作"官网，依次选择"讯飞配音""AI 配音""主播列表"选项后进入主播筛选页面，单击"解说"选项右侧的 ˅ 按钮，在打开的列表中选择"纪录片"选项，再选择"男声"选项，经过初步筛选后将只保留"关山""聆飞泓""聆飞瀚"3 个主播角色，如图 3- 42 所示。

图3-42　初步筛选主播角色

　　步骤 02　单击"关山"主播角色，在打开的面板中单击"纪录片（品质）"选项的 ⊡ 按钮试听效果，再试听"纪录片"选项的效果，单击 ✕ 按钮关闭面板。重复操作，试听"聆飞泓""聆飞瀚"主播角色中的"纪录片"音色。综合对比后，发现"聆飞泓"主播角色的音色更加自然，贴合现实中常见的纪录片配音效果。

　　步骤 03　按照步骤 02 的方法打开"聆飞泓"主播角色面板，单击"纪录片"选项下方的 使用 按钮进入操作界面。单击"导入文件"按钮 ⊡，在打开的"提示"对话框中单击 ⊡ 按钮，打开"打开"对话框，选择"纪录片配音测试"文件（配套资源 :\ 素材文件 \ 第 3 章 \《微生物之密》纪录片配音"文件夹），单击 打开(O) 按钮后，文档内的文字将自动添加到文本框中，如图 3- 43 所示。

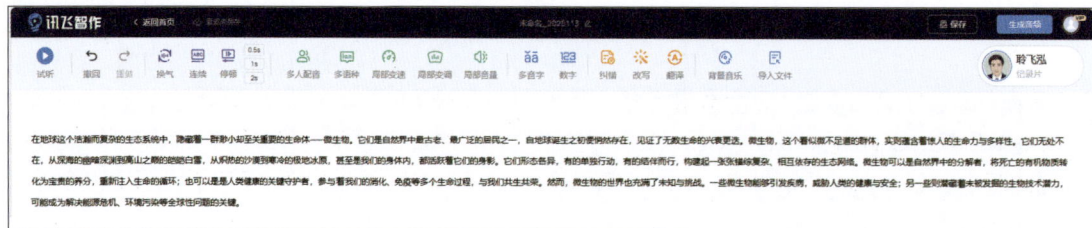

图3-43　导入文档

ⓘ **知识补充**

　　在讯飞智作中，一个空行仅占一个文字字数的空间，上传文档产生的空行不会对音频的总时长产生较大影响，可不处理空行。同时，这意味着依靠添加空行来调整语句间隔很难达到预期效果，使用换气、连续、停顿功能调整语句间隔才是比较高效的方式。

　　步骤 04　单击 ▶ 按钮试听效果，可发现存在语速过快、音量小、多字、节奏平的问题。单击功能栏中主播角色的头像，在打开的"主播设置"对话框中拖曳主播语速滑块至数值显示"45"，拖曳音量增益滑块至数值显示"38"，如图 3- 44 所示，单击 ✕ 按钮关闭该对话框。

　　步骤 05　选择"也可以是是人类健康"文字中多余的"是"文字，按【Delete】键删除。将光标插入第 2、3 句之间，单击"停顿"按钮 ⊡ 右侧的 0.5s 按钮，如图 3-45 所示，此时两个句子间将显示停顿图标。

　　步骤 06　按照步骤 05 的方法在第 5、6 句之间插入 0.5 秒停顿。选中倒数两句话，单击"局部变速"按钮 ⚙，在弹出的面板中拖曳滑块至数值显示为"55"，如图 3- 46 所示。单击 确认 按钮确认调整，此时文本框内的文字状态如图 3- 47 所示。

图3-44 设置音量

图3-45 插入停顿

图3-46 设置局部变速

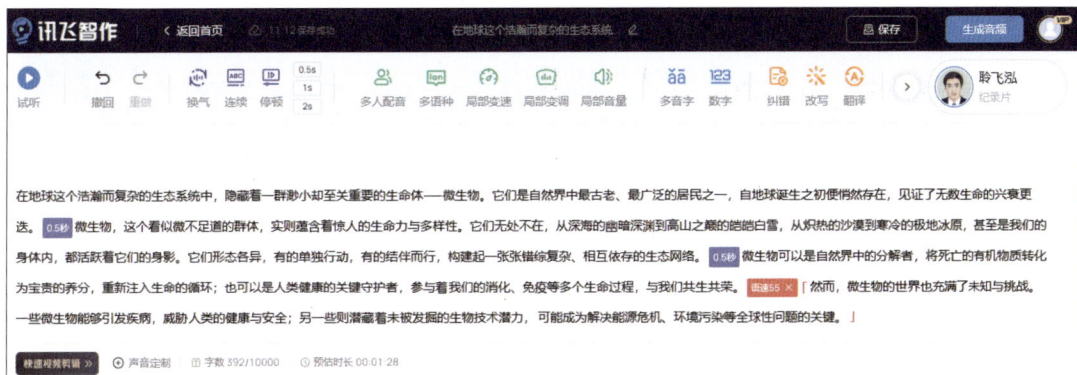

图3-47 塑造紧张感

步骤 07 单击 生成音频 按钮，打开"作品命名"对话框，单击名称栏的按钮清除文字，输入"《微生物之密》纪录片配音"文字，设置格式为"wav"，单击 确认 按钮，打开"订单支付"对话框。单击 去下载 按钮切换到"个人中心"界面，单击该文件右侧的 ⊙ 按钮便可以下载音频文件（配套资源 :\ 效果文件 \ 第 3 章 \《微生物之密》纪录片配音 .wav）。

效果预览

《微生物之密》
纪录片配音

课堂实训

实训1 创作"动物运动会"动画配音

实训背景

某动画公司正在制作一部以动物为主角的动画，现制作到动物运动会章节，需要提前制作好配音，要求使用 Audition 创作，听觉效果丰富，根据剧本内容插入适当的音效。参考效果如图 3- 48 所示。

【素材位置】配套资源 :\ 素材文件 \ 第 3 章 \ "'动物运动会'动画配音"文件夹
【效果位置】配套资源 :\ 效果文件 \ 第 3 章 \ "'动物运动会'动画配音"文件夹

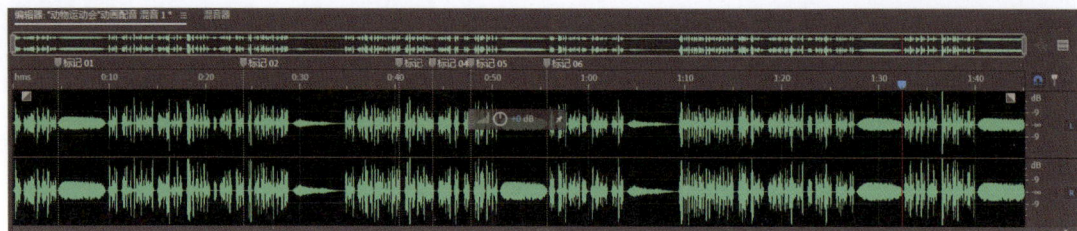

图3-48 "动物运动会"动画配音

实训思路

步骤 01　使用 Audition 新建多轨会话，插入素材文件夹中的所有音频，关闭已创建副本文件的源文件。

步骤 02　按照"剧本 .txt"文字内容，添加标记点并分割"故事配音 .wav"音频，再调整所有轨道中音频的位置，使其按照剧本内容发展。

步骤 03　复制 3 个"欢呼声 .wav"音频和 1 个"唏嘘声 .wav"音频，满足"剧本 .txt"文字中对音效数量的要求。

步骤 04　提高"故事配音 .wav"音频所在轨道的音量，降低"欢呼声 .wav""口哨声 .wav""唏嘘声 .wav"音频所在轨道的音量，使用淡化控件调整"欢呼声 .wav"和"唏嘘声 .wav"轨道中音频片段开始和结束处的音量。

步骤 05　混合得到新音频，调整左声道的音频，制作立体声效果。保存会话文件并导出音频。

效果预览

"动物运动会"
动画配音

微课视频

创作"动物运动
会"动画配音

实训2　创作《晓悦音乐》电台访谈音频

实训背景

某影视剧需要添加一段主角在家里收听电台访谈的剧情，为节约聘请配音演员的成本，现准备采用 AIGC 技术创作该访谈音频，要求使用讯飞智作创作，访谈中对话人物的音色对比鲜明，且符合人物设定，访谈内容参考如图 3-49 所示。

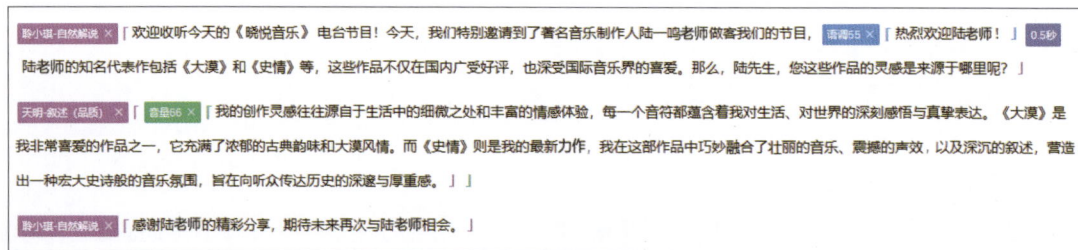

图3-49　电台访谈音频文档

【素材位置】配套资源 :\ 素材文件 \ 第 3 章 \ "《晓悦音乐》电台访谈音频"文件夹

【效果位置】配套资源 :\ 效果文件 \ 第 3 章 \《晓悦音乐》电台访谈音频 .wav

实训思路

步骤 01 进入讯飞智作操作界面，上传"访谈文字 .txt"文档，根据文档内容中关于人物设定描写，使用多人配音功能为文档中的两个人物以性别、年龄为要素筛选主播角色。

步骤 02 删除文本框内关于人物描写和身份的文字，试听音频效果，使用局部音量功能增大男声音量。

步骤 03 选择"热烈欢迎陆先生！"文字，使用局部变调功能塑造人物激动的音色。再在该文字后方设置停顿，制作语句转换的缓冲效果。

步骤 04 使用背景音乐功能添加"背景音乐 .mp3"文件充当该音频的背景音乐，最后修改生成音频的文件名，并下载该音频。

效果预览

《晓悦音乐》电台访谈音频

微课视频

创作《晓悦音乐》电台访谈音频

课后练习

1．填空题

（1）单声道有 1 个音频波形，双声道有 2 个音频波形，分别为 _____ 和 _____，多声道有 _____ 个音频波形，分别为 _____。

（2）发声体做无规律振动时，发出的与音频信息内容无关的声音被称为 _____。

（3）若"文件"面板中不存在 _____ 文件，需要新建 _____，才能单击"查看多轨编辑器" 多轨 按钮切换到多轨模式。

（4）选中的音频部分，其音频波形呈 _____ 显示，标尺栏的背景将呈 _____ 显示，缩放导航器也呈 _____ 显示。

2．选择题

（1）【单选】使用（ ）命令可以在波形模式下调整音频文件的位深度。

    A．解释采样率　　　　B．变换采样类型

    C．解释位深度　　　　D．变换位深类型

（2）【单选】使用讯飞智作生成语音时，若数字的读音有误，应使用（ ）功能修改。

    A．纠错　　　　　　　B．改写　　　　　　　C．多音字　　　　　　D．数字

（3）【多选】讯飞智作的 AI 配音功能支持导入文档来添加文字，支持的文档格式有（ ）。

    A．DOC　　　　　　　B．PDF　　　　　　　C．XLS　　　　　　　D．TXT

（4）【多选】区别每一个波形所代表音频内容的关键是（ ）。

    A．周期　　　　　　　B．波长　　　　　　　C．振幅　　　　　　　D．频率

3．操作题

（1）某节目设置街头采访环节，需要在节目中播放采访音频，但受到设备和环境限制，录制的音频有噪声。要求使用 Audition 降低音频中嘈杂的街道声音，并变调处理受采访者的声音，保护其身份。

【素材位置】配套资源:\素材文件\第 3 章\室外采访音频原件 .wav

效果预览

室外采访处理后音频

【效果位置】配套资源 :\ 效果文件 \ 第 3 章 \ 室外采访处理后音频 .wav

（2）某环保组织策划一部以《人与自然》为题的公益广告片，提升人们的环保意识，呼吁人们参与环保活动。现需要为该广告片制作音频素材。要求使用讯飞智作创作，旁白音色具有亲近感、吐词清晰流畅、停顿恰当，背景音乐具有紧张感，能带动大众情绪。

【素材位置】配套资源 :\ 素材文件 \ 第 3 章 \ "《人与自然》公益广告片"文件夹

【效果位置】配套资源 :\ 效果文件 \ 第 3 章 \《人与自然》公益广告片音频 .wav

效果预览

《人与自然》公益广告片音频

第 4 章

数字视频创作

本章概述

视频是传播和接收信息的重要媒介，围绕视频兴起的行业日益增多，并成为社会重要的经济支柱。为了在激烈的市场竞争中脱颖而出，使用Premiere进行视频剪辑、使用After Effects制作视频特效已成为行业常态。同时，各种快速创作视频的工具的出现和AIGC视频技术的运用，也大大降低了视频创作的门槛。

学习目标

1. 熟悉视频的分辨率、帧速率、时间码、扫描方式和文件格式
2. 能够使用Premiere、After Effects和剪映专业版创作视频作品
3. 能够使用AI工具辅助创作视频作品
4. 保持不断学习的心态，掌握多种新技术，提高自身的专业性

案例展示

"川蜀行"宣传广告视频

文物展示特效视频

4.1 视频作品创作要点

视频作为一种特殊的媒体形式，具有独特的属性和特征。要想顺利创作视频作品，需要了解并掌握视频的分辨率、帧速率、时间码、扫描方式和文件格式等视频作品创作要点。

4.1.1 分辨率和帧速率

在数字视频创作中，分辨率和帧是不可或缺的要素，而帧速率对视频的最终播放效果具有重要影响。

1. 分辨率

基于视频的成像特性，帧和分辨率是影响数字视频成像质量的关键因素。在数字视频中，像素是构成画面的最小单位，而分辨率是画面在单位长度内包含的像素数量，其表示方法为"画面横向的像素数量 × 纵向的像素数量"，如 1920（宽）×1080（高）的分辨率就表示画面中共有 1080 条水平线，且每一条水平线上都包含 1920 个像素。目前，数字视频作品中常用的分辨率有 1280 像素 ×720 像素、1920 像素 ×1080 像素和 4096 像素 ×2160 像素。

> **知识补充**
>
> 随着数字技术的不断发展，视频画面的画质效果也经历了从标清、高清到4K超高清、8K超高清的发展过程，其画质效果由分辨率决定。
>
> 标清（Standard Definition，SD），指分辨率小于1280像素 ×720像素的视频。
>
> 高清（High Definition，HD），指分辨率高于或等于1280像素 ×720像素的视频。
>
> 超高清（Ultra High Definition，UHD），目前超高清可分为4K超高清和8K超高清，其中1K=1024像素，因此4K超高清通常是指分辨率为4096像素 ×2160像素的视频，8K超高清通常是指分辨率为7680像素 × 4320像素的视频。

2. 帧速率

帧是视频制作的重要概念，它是视频中最小的时间单位，相当于电影胶片上的一个镜头，一帧就是一个静止的画面，而播放连续的多帧就能形成动态效果。

帧速率（Frames Per Second，FPS）是指画面每秒传输的帧数（单位为帧／秒），即通常所说的视频的画面数。一般来说，帧速率越大，视频画面越流畅，视频播放速度也就越快，但同时视频文件大小也越大，进而影响视频的后期编辑、渲染、输出等环节。视频作品中常见的帧速率主要有23.976fps、24fps、25fps、29.97fps 和 30fps。

4.1.2 时间码

时间码是指摄像机在记录图像信号时，为每一幅图像的出现时间设置的时间编码。时间码以"小时∶分∶秒∶帧数"的形式确定每一帧的位置，以数字表示小时、分、秒和帧数，如 00:01:15:14

表示 1 分 15 秒 14 帧。需要注意的是，当视频的帧速率不同时，时间码中帧数的取值范围也会不同，如帧速率为 30fps 时，帧数的取值范围为 00 ～ 29；帧速率为 25fps 时，帧数的取值范围为 00 ～ 24。

4.1.3　视频扫描方式

视频扫描是指摄像机通过光敏器件，将光信号转换为电信号形成最初的视频信号的过程，其中电信号是一维的，而图像是二维的。为了把二维图像转换成一维电信号，需要在图像上快速移动单个感测点，当感测点以循序渐进的方式扫描时，输出变化的电信号用以响应扫描图像的亮度和色彩变化，这样图像就变成了一系列在时间上延续的值。视频扫描的方式分为隔行扫描和逐行扫描。

- 隔行扫描。隔行扫描是从上到下扫描每帧图像。在扫描完第 1 行后，从第 3 行开始的位置继续扫描，再分别扫描第 5、7、9 行……，直到最后一行为止。将所有的奇数行扫描完后，再使用同样的方式扫描所有的偶数行，最终构成一幅完整的画面。使用这种扫描方式要得到一幅完整的图像，需要扫描两遍。远距离观看的电视强调的是画面的整体效果，对图像细节的要求不是特别高，因此适合采用隔行扫描的方式。
- 逐行扫描。逐行扫描是将每帧的所有像素同时扫描，从显示屏的左上角一行接一行地扫描到右下角，扫描一遍就能够显示一幅完整的图像。目前计算机显示器采用逐行扫描的方式，其刷新频率在 60Hz 以上。

4.1.4　视频文件格式

视频和音频一样，在经过有损或无损压缩处理后，都可以生成多种不同的文件格式。

- MP4（*.mp4）格式。MP4 格式是一种标准的数字多媒体容器格式，用于存储数字音频及数字视频，也可以存储字幕和静态图像。
- AVI（*.avi）格式。AVI 格式是一种音频和视频交错的视频文件格式。该格式将音频和视频数据包含在一个文件容器中，并允许音视频同步回放，常用于保存电视、电影等各种影像信息。
- MPEG（*.mpeg）格式。MPEG 格式是包含 MPEG-1、MPEG-2 和 MPEG-4 在内的多种视频格式的统一标准。其中 MPEG-1 和 MPEG-2 属于早期使用的第一代数据压缩编码技术，MPEG-4 则是基于第二代压缩编码技术制定的国际标准，以视听媒体对象为基本单元，采用基于内容的压缩编码，以实现数字视音频、图形合成应用，以及交互式多媒体的集成。
- WMV（*.wmv）格式。WMV 格式是 Microsoft 公司开发的一系列视频编解码和其相关视频编码格式的统称。该视频格式是一种视频压缩格式，可以将视频文件大小压缩至原来的二分之一。
- MOV（*.mov）格式。MOV 格式是 Apple 公司开发的 QuickTime 播放器生成的视频格式。该格式支持 25 位彩色，具有领先的集成压缩技术。
- MKV（*.mkv）格式。MKV 格式是一种多媒体封装格式，这种格式可将多种不同编码的视频、16 条及以上不同格式的音频，以及不同语言的字幕封装到一个 Matroska Media 文档中。

> **知识补充**
>
> 数字多媒体容器格式和多媒体封装格式在本质上指的是同一概念，都是指用于封装视频、音频、字幕、元数据（如标题、章节信息等）等多媒体内容的数据结构或文件格式。这些格式提供了一个"外壳"或"容器"，用于将处理好的视频、音频和字幕等数据封装到一个文件内，以便进行存储、传输和播放。

4.2　视频剪辑——Premiere

Premiere 在多媒体领域中占据着举足轻重的地位，它不仅为创作人员提供了广阔的创作空间，还极大地促进了多媒体技术的革新与发展。在创作高质量数字视频作品的过程中，Premiere 凭借其简洁直观的操作界面和强大的技术支撑，成为一款不可或缺的视频剪辑软件。

4.2.1　认识Premiere工作界面

在计算机中双击 Premiere 图标 <kbd>Pr</kbd> 可启动该软件，并进入主页界面，在该界面中新建或打开文件，可以进入图 4-1 所示的工作界面，该界面主要包括菜单栏、界面切换栏、工作区和快捷按钮组 4 部分，界面组成十分简洁。

图4-1　Premiere工作界面

1. 菜单栏

Premiere 所有命令都位于菜单栏的 9 个菜单项中，每个菜单项中包含多个命令。若命令右侧标有 ▸ 符号，则表示该命令还有子菜单。若某些命令呈灰色显示，则表示该命令没有激活或当前不可用。

2. 界面切换栏和快捷按钮组

界面切换栏和快捷按钮组分别位于菜单栏下方的左侧和右侧，用于切换界面和工作区布局。

- **界面切换栏**。界面切换栏主要用于切换不同的界面，单击"主页"按钮⌂可切换到Premiere 的主页界面，该界面用于新建项目或打开项目；单击"导入"选项卡，可切换到用于导入素材的界面；单击"编辑"选项卡，可切换到视频编辑界面，即默认的工作界面；单击"导出"选项卡，可切换到用于导出媒体文件的界面。

- **快捷按钮组**。单击快捷按钮组中的"工作区"按钮▣，可在弹出的下拉列表中选择不同类型的工作区进行切换，或调整工作区的相关设置等；单击"快速导出"按钮⌴，可在弹出的面板中选择某种预设快速导出媒体文件；单击"全屏视频"按钮↗，可将视频画面放大至全屏，便于观看。

3. 工作区

工作区是用于编辑与制作视频的主要区域，由多个面板组成。工作区中常用的面板有以下几种。

- **"项目"面板**。该面板用于存放和管理导入的素材，包括视频、音频、图像等，以及在Premiere 中创建的序列文件等。双击"项目"面板，可在打开的对话框中导入素材。

- **"时间轴"面板**。该面板用于对视频、音频及序列文件进行剪辑、插入、复制、粘贴和修整等操作。在"时间轴"面板中，各文件按照时间的先后顺序从左到右排列在各自的轨道上（音频文件位于音频轨道，其他文件位于视频轨道）。单击激活"时间轴"面板中的时间码，输入具体时间后按【Enter】键，或拖曳时间指示器，可指定当前帧的位置。

- **"节目"面板**。该面板用于预览"时间轴"面板中当前时间指示器所处位置帧的视频效果，也是最终视频效果的预览面板。

- **"工具"面板**。该面板用于编辑"时间轴"面板中的素材，在"工具"面板中单击需要的工具即可将其激活。在"工具"面板中，有的工具右下角有一个小三角图标，表示该工具位于工具组中，在该工具组上按住鼠标左键不放，可显示该工作组中隐藏的工具。

- **"源"面板**。该面板用于预览还未添加到"时间轴"面板中的源素材，以及对源素材进行一些简单的编辑操作。在"项目"面板中，双击素材即可在"源"面板中显示该素材效果。

- **"效果控件"面板**。该面板用于调整所用效果的参数，以及素材的基本属性等。在Premiere 中，视频、图像和文字等素材通常具有位置、缩放、不透明度、旋转等基本属性，基于这些属性可制作属性逐渐自然过渡的关键帧动画。

4.2.2　添加图形和文字

在 Premiere 中，除了使用"导入"命令（快捷键为【Ctrl+I】）导入音频、视频及图像素材，还可以利用软件内置的功能自行绘制图形和输入文字，并编辑图形和文字。

1. 添加图形

添加图形共有以下两种方法，分别适用于添加不同样式的图形。

- **添加规则图形**。在"工具"面板中选择"矩形工具"▣、"椭圆工具"◉、"多边形工具"⬡等图形绘制工具，然后在"节目"面板中拖曳便可绘制对应的图形。在绘制时，按住

【Shift】键不放，可以等比例绘制图形；按住【Alt】键不放，可以按从中心向外的方式绘制图形。

- **添加不规则图形。** 在"工具"面板中选择"钢笔工具" ，然后在"节目"面板中通过单击添加锚点、拖曳鼠标指针等操作，可以绘制出不规则图形。

2. 添加文字

选择"文字工具" 或"垂直文字工具" ，在"节目"面板中单击以定位文字输入点，然后可直接输入点文字；或者拖曳鼠标指针形成一个文本框，在文本框中输入段落文字，一行排满后将会自动跳转到下一行。

添加图形和文字后，可以使用"基本图形"面板来编辑图形和文字。由于操作方法基本一致，这里主要以编辑图形为例进行讲解。选中图形，可在"对齐并变换"栏中调整图形的位置、比例、缩放比例、旋转、不透明度、宽、高、圆角，在"外观"栏中设置图形的填充、描边、阴影、形状蒙版，如图4-2所示。

选中文字，除了可在"对齐并变换"栏和"外观"栏中编辑文字，还可在"样式"栏中为多个文字快速应用相同的文字样式；在"文本"栏中编辑文字格式，包括字体、字体大小、字距、颜色等，如图4-3所示。

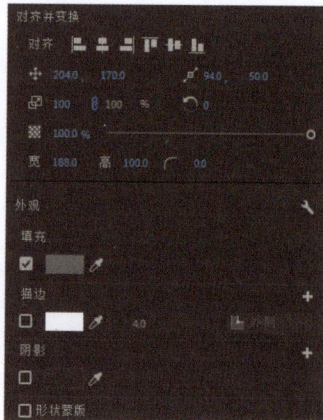

图4-2　编辑图形的参数　　　　　　　图4-3　编辑文字的参数

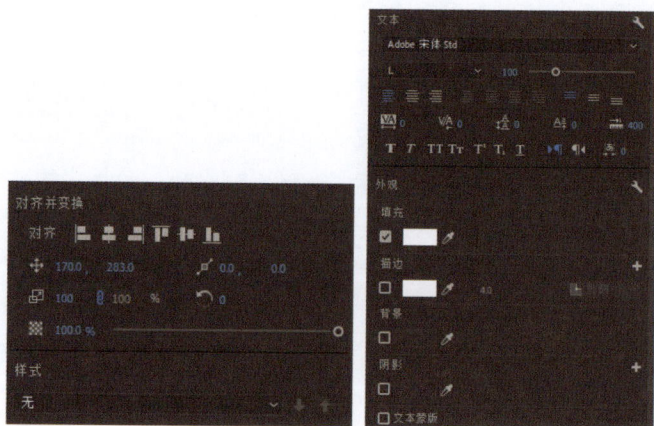

另外，在"效果控件"面板中同样可以编辑文字和图形，其操作方法与在"基本图形"面板中基本一致。

4.2.3　剪辑素材

剪辑是Premiere的核心功能之一，具有多种方式。常用的剪辑操作是在"时间轴"面板中使用"剃刀工具" ，或者按【Ctrl + K】组合键在当前时间指示器位置分割素材，然后删除不需要的部分。若需要实现更为精细的效果，可利用标记、入点和出点进行剪辑。

1. 添加和编辑标记

为素材添加标记可以快速查找和定位时间轴中某一画面的具体位置，这对实现精准剪辑具有强大的辅助作用。

（1）添加标记

在"源"面板中预览视频，然后单击该面板底部左侧的"添加标记"按钮 （快捷键为【M】），时间标尺上时间指示器处将被添加标记，如图4-4所示。将在"源"面板中添加标记后的素材拖曳到"时间轴"面板，标记将显示在素材中。也可以直接在"时间轴"面板中将当前时间指示器移动到需要标记的位置，单击"添加标记"按钮 ，标记将显示在时间标尺上，如图4-5所示。

图4-4　在"源"面板中添加标记　　　　图4-5　在"时间轴"面板中添加标记

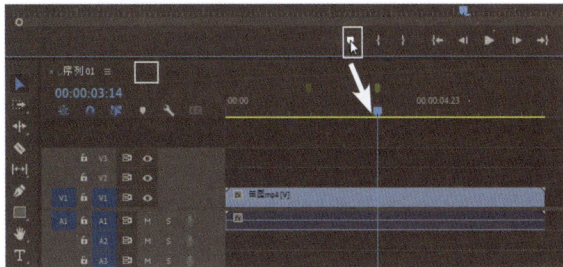

（2）编辑标记

在"源"面板、"时间轴"面板中的时间标尺上双击添加的标记，或右击标记，在弹出的快捷菜单中选择"编辑标记"命令，都可打开"标记"对话框，在该对话框中可设置标记的名称、持续时间、颜色等，如图4-6所示。

图4-6　"标记"面板

在"时间轴"面板、"源"面板的时间标尺上右击，在弹出的快捷菜单中选择"清除所选的标记"命令，可删除所选标记；选择"清除所有标记"命令，可清除所有标记。

2. 设置入点和出点

入点即素材播放的起始点，出点即素材播放的结束点，灵活调整入点和出点可以精准控制视频的时长。入点和出点需要在"源"面板或"节目"面板中设置。

（1）在"源"面板中设置入点和出点

在"源"面板中预览素材，选择【标记】/【标记入点】命令和【标记】/【标记出点】命令；或右击，在弹出的快捷菜单中选择"标记入点""标记出点"命令；也可在"源"面板下方的工具栏中通过单击"标记入点"按钮 （快捷键为【I】）和"标记出点"按钮 （快捷键为【O】）完成操作。

另外，在"源"面板中设置入点和出点后，可通过单击"源"面板下方的"插入"按钮 （用于在当前时间指示器位置后添加素材）和"覆盖"按钮 （用于在当前时间指示器位置后，用选取的素材片段替换原有的素材），将入点和出点之间的素材片段添加到"时间轴"面板当前时间指示器所在位置。若素材片段的时长在后期创作时不符合实际需求，可使用"速度/持续时间"命令来调整播放速度，间接延长或缩短总时长；也可以将鼠标指针移动到入点位置，当鼠标指针变为 形状后拖曳素材片段的左边缘，或者将鼠标指针移动到出点位置，当鼠标指针变为▮▮形状后拖曳素材片段的右边缘，从而快速调整入点和出点之间的范围，如图4-7所示。

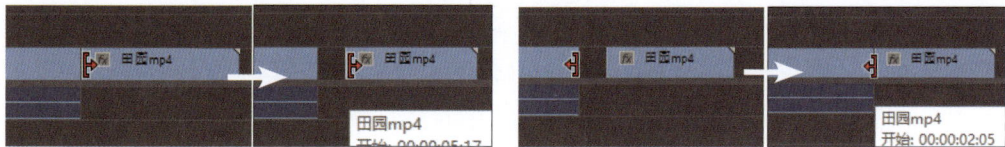

图4-7 调整入点和出点之间的范围

（2）在"节目"面板中设置入点和出点

在"节目"面板中也可进行与"源"面板中相同的添加入点和出点的操作，便于在输出视频时只输出入点与出点之间的内容（需要在"导出"界面中选择范围为"源入点/出点"选项），其余内容则被裁剪，以精确控制输出内容。同时，在"节目"面板中添加入点和出点后，可直接在"时间轴"面板中查看入点和出点效果，如图4-8所示。

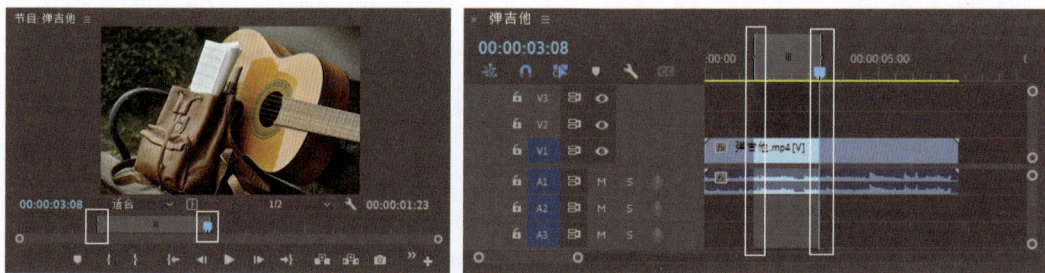

图4-8 添加并查看入点和出点效果

4.2.4 语音转字幕

语音转字幕是指将已添加的语音音频转换为可编辑的字幕，并默认显示在视频画面底部。在Premiere中，语音转字幕需要经历转录文本、编辑文本、生成字幕3个阶段。

1. 转录文本

在"时间轴"面板中添加需要转录的音频，在"文本"面板中的"转录文本"选项卡（或"字幕"选项卡）中单击 ▮转录序列▮ 按钮，打开"创建转录文本"对话框，在其中设置完成后，单击 ▮转录▮ 按钮。Premiere将开始转录，并在"文本"面板中的"转录文本"选项卡中显示结果。

2. 编辑文本

转录文本后，双击转录的文本可直接编辑其内容，单击面板上的按钮可进行查找和替换转录文本、拆分和合并转录文本等编辑操作。

- **查找和替换转录文本**。在"转录文本"选项卡的左上角搜索框中输入搜索词，会突出显示搜索词在转录文本中的所有实例。单击"向上"按钮▮和"向下"按钮▮浏览搜索词的所有实例，单击"替换"按钮▮并输入替换文本。
- **拆分和合并转录文本**。在"转录文本"选项卡中单击"拆分区段"按钮▮，可将所选文本在文本选中位置分段，如图 4-9 所示；单击"合并区段"按钮，可将所选文本合并为一段。

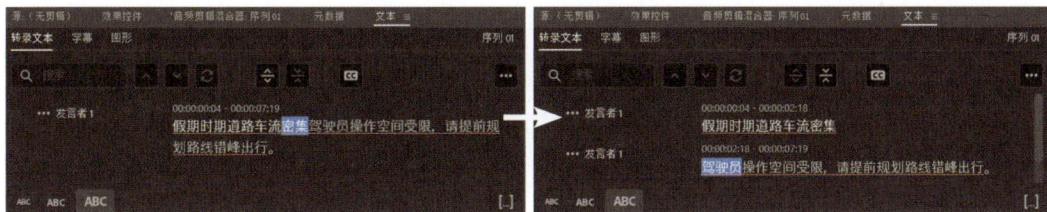

图4-9 拆分文本

3. 生成字幕

单击"创建说明性字幕"按钮，打开"创建字幕"对话框，在其中设置字幕预设、格式等，然后单击按钮，此时将自动根据转录的文本生成字幕，并在"字幕"选项卡中显示结果，同时在"时间轴"面板中自动添加一个 C1 轨道，用于放置字幕。添加字幕后，可以在"基本图形"面板的"编辑"选项卡中编辑字幕。

4.2.5 视频画面调色

在 Premiere 中，可以通过"Lumetri 颜色"面板调整视频画面的颜色，优化视觉效果。选择【窗口】/【Lumetri 颜色】命令，将打开对应面板，其中有 6 个调色选项，单击任一选项名称，才会显示其中的参数，如图 4-10 所示。这 6 个选项分别有不同的调色功能，可以搭配使用，以快速完成视频画面的调色处理。

- **基本校正**。调色前，首先应查看视频画面是否出现偏色、曝光过度、曝光不足等问题，然后针对存在的问题对画面颜色进行基本校正。通过"基本校正"选项可以校正或还原画面颜色，优化其中过暗或过亮的区域，调整曝光等。

- **创意**。"创意"选项中的"Look"下拉列表中预设了多种有创意的调色，可以用于调整画面的色调。

- **曲线**。在"曲线"选项中可以通过拖曳曲线快速和精确地调整视频的亮度和色调。

- **色轮和匹配**。在"色轮和匹配"选项中单击并

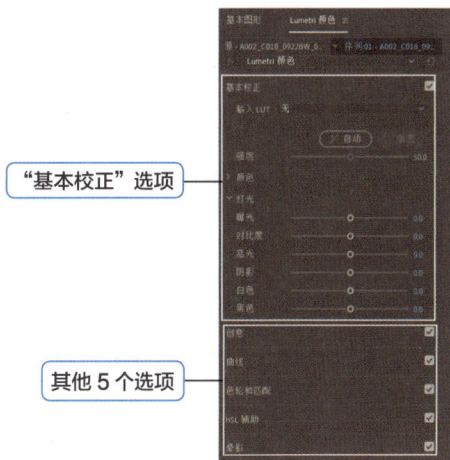

图4-10 "Lumetri颜色"面板

拖曳色轮中间的十字光标可选择颜色，向上（或向下）拖曳色轮左侧滑块可增强（或减少）应用强度，以精确地对视频进行调色。若色轮被填满，表示已进行调整，双击色轮可将其复原；若色轮为空心的，则表示未进行任何调整。

- **HSL 辅助**。在"HSL 辅助"选项中可精确地调整某个特定颜色，且不会影响画面中的其他颜色，因此该选项适用于局部调色。

● **晕影**。在"晕影"选项中可以通过调整画面边缘变亮或者变暗的程度，从而突出画面主体。

4.2.6　添加和编辑效果

在 Premiere 中，为视频添加各种效果，可以使各视频片段之间自然过渡，也能制作出有特殊效果的画面，并且部分效果还能运用在音频上，丰富视听效果。

1. 添加效果

添加效果主要通过"效果"面板完成，选择【窗口】/【效果】命令，将打开"效果"面板，其中包含 6 类效果文件夹，如图 4-11 所示。

● **预设**。该文件夹包含 Premiere 自带的各种预设效果，这些预设效果是一系列参数组合，创作人员可以直接应用这些预设效果来快速实现特定的视觉效果或音频效果。

● **Lumetri 预设**。该文件夹包含专注于颜色校正和调色的预设效果，可快速调整视频画面的色彩平衡、饱和度、对比度等参数，轻松实现专业级的颜色处理效果。

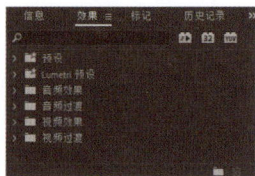

图 4-11　"效果"面板

● **音频效果**。该文件夹包含丰富的音频处理效果，如均衡器、降噪、混响、回声等，可调整音频的音质、音量、动态范围（音频最大声音与最小声音之间的强度）等，实现精细的音频处理。

● **音频过渡**。该文件夹包含用于处理音频之间过渡的效果，可确保音频平滑过渡，避免音频突然中断或跳跃。

● **视频效果**。该文件夹包含广泛的视频处理效果，涵盖颜色校正、风格化、变换、模糊与锐化等多个方面，可调整视频的画质、风格等，制作出多样化的视觉表现。

● **视频过渡**。该文件夹包含用于设置视频之间过渡的效果，可在两个视频素材之间创造平滑、自然的转场效果，从而增强视频的连贯性和观赏性。

应用"视频过渡""音频过渡"文件夹中的过渡效果时，可将过渡效果拖曳至"时间轴"面板中两个相邻素材之间（也可以是前一个素材的出点处或后一个素材的入点处）；应用其他文件夹中的效果时，可将所需效果拖曳到"时间轴"面板中的音频或视频素材上。

2. 编辑效果

如果对效果不满意，可以借助"效果控件"面板编辑效果。在"时间轴"面板中选择需要编辑的过渡效果或者应用了其他效果（除过渡效果）的素材，此时"效果控件"面板中将显示所选效果的对应参数设置，不同的效果具有不同的参数。图 4-12 所示为选中"中心拆分"过渡效果后在"效果控件"面板中显示的参数。

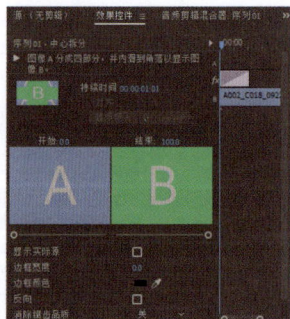

图 4-12　"效果控件"面板

需要注意的是，当选择应用了其他效果的素材时，在"效果控件"栏中将显示"fx 效果名称"栏，当该栏中有"切换动画"按钮 🕙 时，表示可以为该效果应用关键帧，制作出精细的动画效果。

以选中应用了"波形变形"效果的素材为例，在"效果控件"面板中单击"波形高度"参数左侧的"切换动画"按钮 <img>，将其激活变为 <img> 状态，表示开启关键帧，同时在当前时间指示器所在位置将自动添加一个关键帧。移动时间指示器的位置，然后修改该属性的参数；或单击该属性右侧 <img> 按钮组中的"添加/移除关键帧"按钮 <img>，可继续添加一个对应参数的关键帧，此时两个关键帧对应时间范围内的画面将发生自然的过渡变化，如图4-13所示。

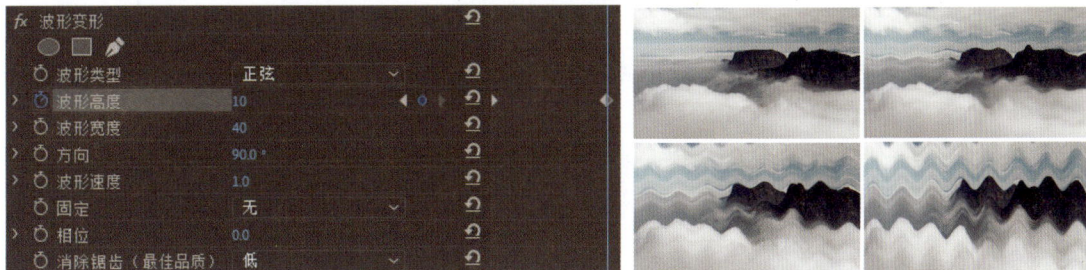

图4-13　应用关键帧的效果

4.2.7　打包项目并输出视频

完成视频创作后，需要打包整个项目以应对后续需要修改视频内容的情况，并且还需要将视频输出为易于在各大媒体平台中传播的格式。

1. 打包项目

打包项目前需要保存项目，然后选中"时间轴"面板，选择【文件】/【项目管理】命令，打开"项目管理器"对话框。在"项目管理器"对话框的"序列"栏中选择需要打包的序列，在"目标路径"栏中单击 <img> 按钮，在打开的对话框中设置文件的保存路径和文件名，按【Enter】键确认，返回"项目管理器"对话框，单击 <img> 按钮。这时，项目所用的所有图像、音视频素材都被会存储在一个文件夹中（即设置的文件保存路径）。

2. 输出视频

输出视频时可先进行渲染操作，以提高输出速度，再执行导出操作。

- **渲染视频**。选择"序列"菜单项，可在顶部看到较多的渲染命令，如图4-14所示。每一种渲染命令代表不同的渲染方式，可达到不同的效果，在渲染视频时可根据需要进行合理选择。较为常用的有"渲染入点到出点的效果"命令，用于渲染入点和出点间视频轨道中添加了效果的视频片段，适用于添加效果导致视频变卡顿的情况；还有"渲染入点到出点"命令，用于渲染入点到出点完整的视频片段。

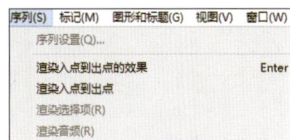

图4-14　渲染命令

- **导出视频**。选择【文件】/【导出】/【媒体】命令，或按【Ctrl+M】组合键，或在界面切换栏中单击"导出"选项卡，都将进入"导出"界面，在该界面中可以设置导出文件的基本信息，包括文件名、位置、格式等，设置完成后可单击 <img> 按钮导出视频。

【案例】 创作春日踏青 Vlog

某博主拍摄了一段郊外春游的视频素材，现准备将其制作成一个主题为"春日踏青"的 Vlog，并发布在社交平台，要求时长为 15 秒左右，通过精美的画面展示和细腻、生动的语言，展现春日踏青的美好，传达对自然的热爱和对生活的积极态度。具体操作如下。

步骤 01　打开 Premiere，进入主页界面，单击 新建项目 按钮，在打开的界面中输入项目名为"春日踏青 Vlog"，单击 创建 按钮新建项目。

步骤 02　进入工作界面，在"项目"面板中双击，在打开的对话框中选择"春游素材"文件夹中的所有素材（配套资源 :\ 素材文件 \ 第 4 章 \"春游素材"文件夹），单击 打开(O) 按钮，将全部素材导入"项目"面板。

步骤 03　按【Ctrl+N】组合键，打开"新建序列"对话框，单击"设置"选项卡，设置编辑模式为"自定义"、时基为"25 帧 / 秒"、帧大小为"1920　1080"，单击 确定 按钮新建序列。

步骤 04　在"项目"面板中双击"春游视频 .mp4"素材，在"源"面板中拖曳播放指示器至 00:00:02:00 位置，按【O】键设置出点（入点将默认为 00:00:00:00），如图 4-15 所示，单击该面板下方的"插入"按钮 （或在英文输入法下按【,】键），将选中的视频片段插入时间轴。

步骤 05　在"源"面板中拖曳播放指示器至 00:00:04:08 位置，按【I】键设置入点，然后重新设置出点为 00:00:07:17，再次单击"插入"按钮 。

步骤 06　选择"时间轴"面板中的两段素材，选择【剪辑】/【速度 / 持续时间】命令，打开"剪辑速度 / 持续时间"对话框，在其中设置素材速度为"200%"，选中"波纹编辑，移动尾部剪辑"复选框，单击 确定 按钮，如图 4-16 所示。此时，这两段视频素材的播放速度变快，但时长将变短，且第 2 个视频素材与第 1 个视频素材之间没有空隙。

步骤 07　使用与步骤 04 和步骤 05 相同的方法，依次将"源"面板中"00:00:23:20 ～ 00:00:26:24""00:00:36:08 ～ 00:00:39:02""00:00:12:13 ～ 00:00:16:22""00:00:39:22 ～ 00:00:49:06"的片段插入"时间轴"面板。使用与步骤 06 相同的方法调整最后两段视频素材的速度为"220%"，此时时间轴如图 4-17 所示。

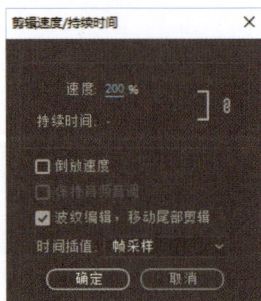

图4-15　设置出点　　　　图4-16　调整速度　　　　图4-17　时间轴效果

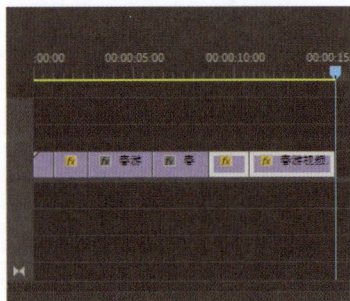

步骤 08　选择【文件】/【新建】/【调整图层】命令，打开"调整图层"对话框，保持默认参数，单击 确定 按钮新建调整图层；然后将"项目"面板中的调整图层拖曳到 V2 轨道，拖曳调整图层的出点为 00:00:02:19。

步骤 09　选择调整图层，打开"Lumetri 颜色"面板，在"基本校正"栏中调整其中的参数，如图 4-18 所示，使视频画面的色彩更鲜明。调色前后效果如图 4-19 所示。

步骤10 选择轨道中的调整图层，按住【Alt】键，将其向右移动并复制，为复制后的调整图层设置入点为00:00:05:24、出点为00:00:10:19。在"Lumetri 颜色"面板中的"基本校正"栏中单击 重置 按钮，恢复默认参数，然后重新设置参数。

步骤11 在"Lumetri 颜色"面板中展开"创意"栏，设置锐化为"5"，再展开"色轮和匹配"栏，分别单击3个色轮并移动色轮中的鼠标指针，以调整画面色调。调色前后效果如图4-20所示。

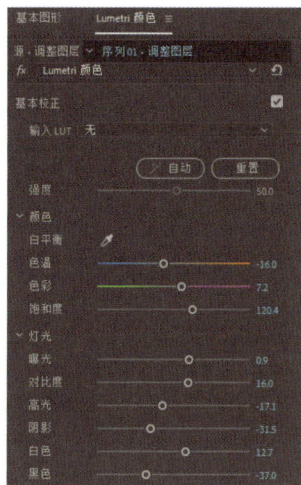

图4-18 调整参数　　　　图4-19 调色前后效果（1）　　　　图4-20 调色前后效果（2）

步骤12 选择"文字工具" T ，在画面上方输入文字"春日序曲"，在"基本图形"面板中设置字体为"优设标题黑"、文字颜色为白色、字体大小为"200"，选中"阴影"复选框，设置阴影颜色为黑色、不透明度为"100%"、角度为"126"、距离为"30"、大小和模糊均为"0"。

步骤13 继续输入文字"一场说走就走的踏青之旅"，修改文字大小为"100"，在"基本图形"面板中修改文字颜色为黑色，取消选中"阴影"复选框，选中"描边"复选框，设置描边颜色为白色、描边宽度为"9"，文字效果如图4-21所示。

步骤14 打开"效果"面板，依次展开"视频效果""过渡"文件夹，将其中的"线性擦除"效果拖曳到V3轨道中的文字上。打开"效果控件"面板，展开"线性擦除"栏，设置擦除角度为"-90.0"、羽化为"200"，如图4-22所示，再单击"过渡完成"选项前的"切换动画"按钮 ，激活该属性关键帧，然后设置过渡完成为"100"。将时间指示器移动到00:00:02:00，调整V3轨道中文字出点为当前位置，设置过渡完成为"0"。

步骤15 继续为文字添加"方向模糊"效果，将时间指示器移动到00:00:00:00，在"效果控件"面板中调整方向为"90.0"，模糊长度为"100"，激活"模糊长度"属性关键帧，将时间指示器移动到00:00:01:00，设置模糊长度为"0.0"，如图4-23所示。

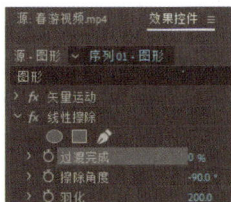

图4-21 文字效果　　　　图4-22 激活关键帧　　　　图4-23 设置属性参数

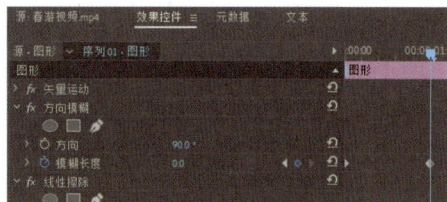

步骤 16　在"效果"面板中依次展开"视频过渡""内滑"文件夹，将其中的"急摇"效果拖曳到 V1 轨道第 1 段和第 2 段视频之间，然后选择该过渡效果，在"效果控件"面板中设置持续时间为"00:00:00:10"。

步骤 17　选择 V1 轨道最后 4 段视频素材，按【Ctrl+D】组合键添加默认的"交叉溶解"视频过渡效果。将"背景音乐 .mp3"拖曳到 A1 轨道，将时间指示器移动到 00:00:15:01，按【Ctrl+K】组合键剪切音频素材，然后删除剪切后的第 2 段音频素材。

💡 **小技巧**

若要更改默认的视频过渡效果，可在"效果"面板中的"视频过渡"文件夹中任意选择一种过渡效果并右击，在弹出的快捷菜单中选择"将所选过渡设置为默认过渡"命令。

步骤 18　在"效果"面板中依次展开"音频过渡""交叉淡化"文件夹，将其中的"恒定功率"效果拖曳到 A1 轨道中音频素材出点位置，使音频音量逐渐消失。

步骤 19　在"项目"面板中选择"边框 .mov"素材并右击，在弹出的快捷菜单中选择"从剪辑新建序列"命令。打开"边框"序列，将其中的素材拖曳到 V2 轨道，将"项目"面板中的"序列 01"序列拖曳到 V1 轨道，调整 V2 轨道中的素材出点与 V1 轨道中的素材出点一致。

步骤 20　为 V2 轨道中的素材添加"颜色键"效果，在"效果控件"面板中展开"颜色键"栏，单击"主要颜色"选项右侧的██工具，在"节目"面板中吸取素材中的黑色，继续在"颜色键"栏中调整颜色容差为"7"，使抠取效果更精细。

步骤 21　选择 V1 轨道中的"序列 01"，在"效果控件"面板中展开"运动"栏，设置缩放为"160"，最终效果如图 4- 24 所示。

图4-24　最终效果

步骤 22　按【Ctrl+S】组合键保存文件，按【Ctrl+M】组合键进入"导出"界面，设置文件名为"春日踏青 Vlog"，设置文件的保存位置，设置格式为"H.264"，单击 导出 按钮，将其导出为 MP4 格式文件（配套资源 :\效果文件\第 4 章\"春日踏青 Vlog"文件夹）。

效果预览

春日踏青Vlog

【案例】 创作"大雪"节气宣传短视频

微课视频

创作"大雪"节
气宣传短视频

"大雪"节气即将到来，某文化部门计划以该节气为主题创作宣传短视频，投放在各大短视频平台上，旨在通过视觉与听觉的双重体验展示"大雪"节气的文化内涵和自然现象，传承和普及我国传统文化。具体操作如下。

步骤 01 新建名为"'大雪'节气宣传短视频"的项目文件，将"大雪节气素材"文件夹中的素材（配套资源 :\ 素材文件 \ 第 4 章 \ "大雪节气素材"文件夹）全部导入"项目"面板。

步骤 02 按【Ctrl+N】组合键，打开"新建序列"对话框，在"设置"选项卡中选择编辑模式为"自定义"、时基为"25 帧 / 秒"、帧大小为"1080 1920"，单击 确定 按钮。

步骤 03 将"视频 .mp4"视频素材拖曳到"时间轴"面板的 V1 轨道中，在弹出的提示框中单击 保持现有设置 按钮，在"效果控件"面板中调整该素材的缩放为"90"，位置为"–187.0 960"，再调整该素材的播放速度为"200%"。

步骤 04 在"项目"面板中选择"风铃声 .mp3"素材，将其移动到 A1 轨道 00:00:00:08 处，调整该音频出点为 00:00:02:14。

步骤 05 将"语音 .mp3"素材移动到 A2 轨道 00:00:02:14 处。选择音频文件，打开"文本"面板，在"转录文本"选项卡中单击 转录序列 按钮，打开"创建转录文本"对话框，设置语言为"简体中文"，在"音轨正常"单选项下方的下拉列表中选择"音频 2"选项，如图 4-25 所示。

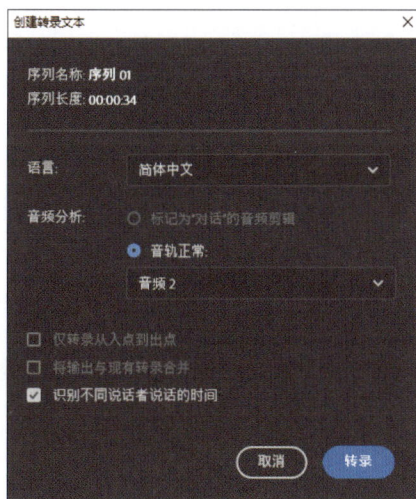

图4-25　"创建转录文本"对话框

步骤 06 单击 转录 按钮，Premiere 将开始转录。待转录完成后，在"文本"面板中的"转录文本"选项卡中激活文本框，然后修改其中的部分错别字，完成后效果如图 4-26 所示。

步骤 07 单击"文本"面板上方的"创建说明性字幕"按钮 CC，打开"创建字幕"对话框，保持默认设置，单击 创建字幕 按钮，此时字幕将自动添加到"时间轴"面板的 C1 副标题轨道中。

步骤 08 在"文本"面板的"字幕"选项卡中选择字幕，利用"拆分字幕"按钮 和"合并字幕"按钮 对字幕进行分段，并修改字幕内容，然后在"时间轴"面板中预览效果，调整与音频内容不符的字幕入点和出点，使音画同步。完成后在"文本"面板中查看字幕内容，以及字幕的入点、出点，效果如图 4-27 所示。

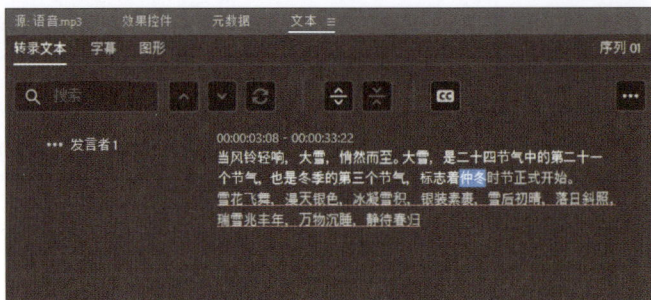

图4-26　修改文本中的错字

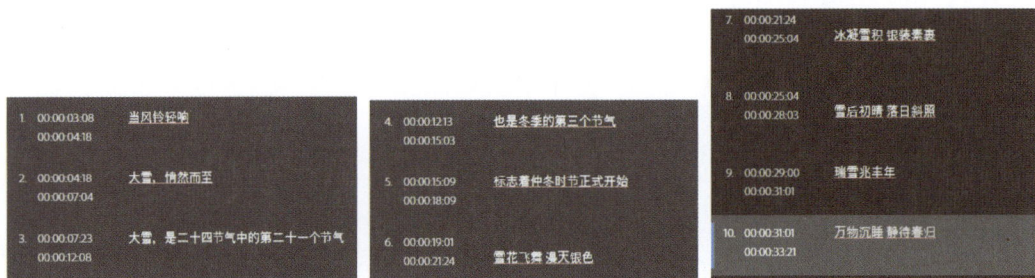

图4-27　字幕分段

步骤 09　选择 V1 轨道中的素材，在 00:00:12:10 处剪切视频，选择第 2 段视频素材，调整位置为"350　960"；在 00:00:15:09 处剪切视频，选择第 3 段视频素材，调整位置为"747　960"；在 00:00:17:12 处剪切视频，删除第 3 段视频素材，将后一段视频素材向前移动，并调整该段视频素材的出点为 00:00:19:00。

步骤 10　将"下雪 1.mp4"视频素材拖曳到 V1 轨道，调整该素材出点为 00:00:21:24；将"下雪 2.mp4"视频素材拖曳到 V1 轨道，调整该素材出点为 00:00:25:04；将"雪山 .mp4"视频素材拖曳到 V1 轨道，调整该素材的速度为"200%"，缩放为"180"，出点为 00:00:29:00；将"雪景 .mp4"视频素材拖曳到 V1 轨道，调整该素材的速度为"200%"，出点为 00:00:33:21，此时"时间轴"面板中的效果如图 4-28 所示。

步骤 11　在"时间轴"面板中选择第 1 段字幕，在"基本图形"面板中修改字体为"方正黑体简体"，字体大小为"55"，并为文字添加描边，设置描边颜色为黑色、粗细为"4"。在"基本图形"面板的"轨道样式"栏中单击"推送至轨道或样式"按钮 ⬆，如图 4-29 所示，打开"推送样式属性"对话框，单击 确定 按钮，将设置的文字样式应用到所有字幕中。

图4-28　添加素材并调整素材速度

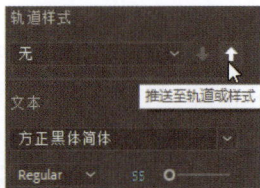

图4-29　单击按钮

步骤 12　选择第 3 段字幕，在"基本图形"面板的"对齐并变换"栏中设置字幕的水平尺寸为"106"，如图 4-30 所示。

步骤 13　将播放指示器移动到 00:00:00:00 处，选择"文字工具" T，输入文字"大雪"，设置文字字体为"方正字迹－龙吟体简"、字体大小为"300"，并为该文字添加阴影，参数如图 4-31 所示。

步骤 14　输入"大者，盛也。至此而雪盛"文字，设置文字字体为"方正精品书宋简体"、字体大小为"60"、字距为"50"，修改阴影参数如图 4-32 所示。

图4-30　调整字幕位置

图4-31　添加文字阴影

图4-32　修改文字阴影

步骤 15　在"时间轴"面板中调整 V2 轨道中文字出点为 00:00:07:04，为该文字添加"交叉溶解"过渡效果，并调整该过渡效果的持续时间为 00:00:02:16。

步骤 16　将"背景音乐 .mp3"拖曳到 A3 轨道，调整音频的速度为"75%"，调整音频出点为 00:00:33:21。最终效果如图 4-33 所示，最后保存源文件，并导出 MP4 格式的文件（配套资源 :\效果文件 \ 第 4 章 \ "'大雪'节气宣传短视频"文件夹）。

效果预览

"大雪"节气宣传短视频

图4-33　最终效果

4.3　视频特效创作——After Effects

对数字视频而言，特效扮演着至关重要且多样化的角色，如显著增强视频的视觉吸引力、营造特定的情绪氛围、修复与增强视频画面中的细节等。在创作高质量数字视频作品的过程中，After Effects 凭借其强大的视频特效创作能力，极大地激发了多媒体行业的创意潜能。

4.3.1　认识After Effects工作界面

在计算机中双击 After Effects 图标 Ae 可启动该软件，并进入主页界面，在该界面中新建或打开文件，可以进入图 4-34 所示的工作界面，该界面包括菜单栏、工具栏、工作区 3 部分。

图4-34　After Effects工作界面

1. 菜单栏

菜单栏中包括 After Effects 的所有菜单命令，共有 9 类，选择菜单命令，可在弹出的子菜单中选择需要执行的子命令。

2. 工具栏

工具栏位于菜单栏下方，左侧第一个为"主页"按钮，单击该按钮可切换到 After Effects 的主页界面，在该界面中可以新建项目或打开已有的项目；中间区域为 After Effects 所提供的各种工具，单击某个工具对应的按钮，当其呈蓝色显示时，说明该工具处于激活状态，此时可使用该工具进行操作，同时在工具栏的中间区域将显示与其相关的参数设置；右侧区域提供了默认、审阅、学习、小屏幕、标准和库 6 种不同模式的工作界面所对应的按钮，以及帮助搜索框。另外，通过【窗口】/【工具】命令可以隐藏或显示工具栏，但不能改变工具栏的位置和大小。

3. 工作区

工作区是用于编辑与制作视频特效的主要区域，由多个面板组成。在工作区中常用的面板有以下 3 种。

- **"项目"面板**。该面板用于导入、管理和存储所有素材，包括导入 After Effects 中的视频、音频、图像等素材，以及新建的合成文件等。
- **"合成"面板**。该面板用于显示当前合成的画面效果，该面板也是最终效果的预览面板。
- **"时间轴"面板**。该面板用于对作品进行精确的时间控制、编辑和调整，在 After Effects 中的大量工作都在该面板中完成，如图 4-35 所示。

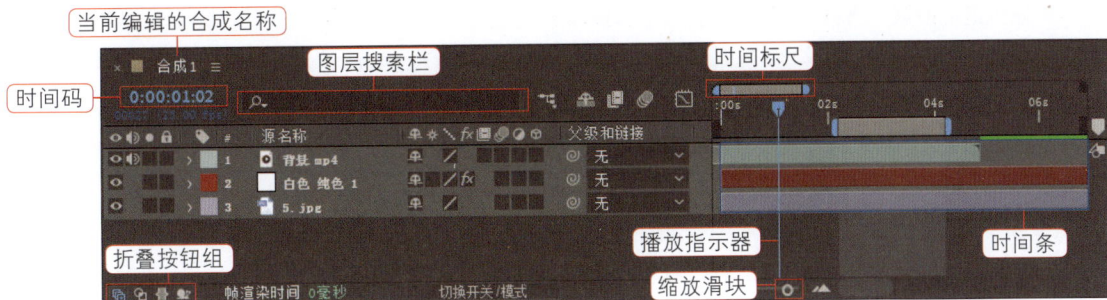

图4-35 "时间轴"面板

4.3.2 应用图层

图层是构成合成的主要元素，如果没有图层，合成就只是一个空白的画面。一个合成中可以只存在一个图层，也可以存在多个图层。所有的素材在 After Effects 中编辑时都以图层的形式显示在"时间轴"面板中，并且 After Effects 中的绝大部分操作都基于图层进行。

1. 新建图层

将素材拖曳至"时间轴"面板后将自动生成与素材名称同名的图层，且同一个素材可以作为多个图层的源。除此之外，用户还可根据需要新建不同类型的图层。其操作方法为：在"时间轴"面板左侧的空白区域右击，在弹出的快捷菜单中选择"新建"命令，从子菜单中选择命令即可新建对应的图层，如图 4-36 所示，新建的图层将显示在"时间轴"面板中。

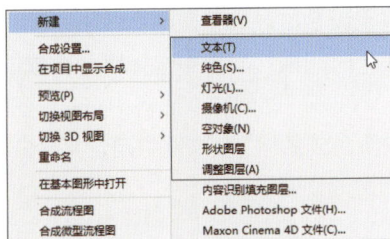

图4-36 新建图层

2. 拆分图层

在 After Effects 中还可以拆分图层，便于为各段视频添加不同的特效。拆分图层的操作方法为：选择需拆分的图层，将时间指示器拖曳至目标位置，选择【编辑】/【拆分图层】命令，或按【Ctrl+Shift+D】组合键，所选图层将以时间指示器为参考位置，拆分为上下两个图层。

3. 设置图层入点和出点

图层的入点即图层在合成上开始显示的位置，出点则为图层在合成上结束显示的位置。设置图层的入点与出点主要有以下两种类型。

（1）通过移动图层设置图层入点与出点

移动图层设置图层的入点和出点，可以使图层的持续时间保持不变，有以下 3 种操作。

- **通过拖曳设置**。选择图层后，将鼠标指针移动到图层右侧的时间条上，将其向左或向右拖曳。
- **通过对话框设置**。单击"时间轴"面板左下角的![icon]图标，在展开的窗格中单击"入"栏或"出"栏下方的参数，可在打开的对应对话框中设置图层的入点与出点。
- **通过快捷键设置**。拖曳时间指示器至某个时间点，按【[】键可将该时间点设置为入点，按【]】键可将该时间点设置为出点。

（2）通过修剪图层设置图层入点与出点

修剪图层设置图层的入点和出点，可以使图层的持续时间发生变化，有以下3种操作。

- **精确设置**。单击"时间轴"面板左下角的![icon]图标，将鼠标指针移动到"入"栏和"出"栏下方的参数上左右拖曳，如图4-37所示。
- **通过拖曳设置**。将鼠标指针移至时间条的左侧或右侧，当鼠标指针变为![icon]形状时拖曳鼠标指针，如图4-38所示。

图4-37 调整"入"栏和"出"栏   图4-38 拖曳时间条

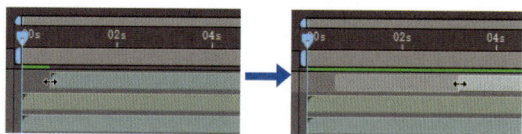

- **通过快捷键设置**。拖曳时间指示器至某个时间点，按【Alt+[】组合键可将该时间点设置为入点，按【Alt+]】组合键可将该时间点设置为出点。

4．预合成图层

预合成图层不仅方便统一管理图层，也方便直接在合成中单独处理图层。将图层预合成后，这些图层将会组成一个新的合成，并且新合成嵌套于原始合成中。

预合成图层的操作方法为：在"时间轴"面板中选择需要合成的图层，选择【图层】/【预合成】命令（快捷键为【Ctrl+Shift+C】），或在"时间轴"面板中右击，在弹出的快捷菜单中选择"预合成"命令，打开"预合成"对话框，在"新合成名称"文本框中自定义合成名称，单击![确定]按钮。此时，被选中的图层将转换成一个单独的合成文件。

5．编辑图层属性

与 Premiere 中的素材一样，After Effects 中的图层也具有锚点、位置、缩放、旋转和不透明度5种基本属性，大多数动态效果都基于这5种基础属性进行制作。在"时间轴"面板中展开某个图层，在其中的"变换"栏中可以看到该图层的这5种基本属性，如图4-39所示。调整这些属性右侧的参数可以更改相应的值，单击上方的![icon]按钮可将调整后的值恢复到初始状态。

> **小技巧**
>
> 若想快速显示图层属性，可在选择图层后，按【A】键显示锚点属性，按【P】键显示位置属性，按【S】键显示缩放属性，按【R】键显示旋转属性，按【T】键显示不透明度属性。

另外，形状图层和文本图层还有一些特殊的属性，可以用于制作出更复杂的动画效果。在形状图层中单击"内容"栏右侧的"添加"按钮![icon]，或在文本图层中单击"文本"栏右侧的"动画"按钮![icon]，如图4-40所示，在弹出的下拉列表中选择相应的选项，即可在新增属性栏中设置对应属性。

图4-39　图层基本属性

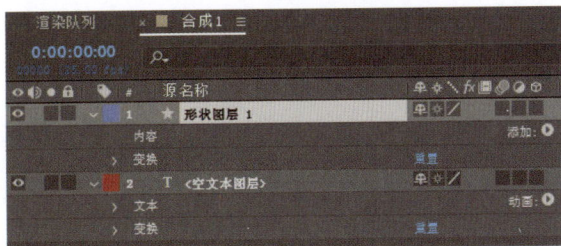

图4-40　形状图层和文本图层的特殊属性

4.3.3　应用关键帧和表达式

在 After Effects 中同样可以应用关键帧，制作出效果丰富的关键帧动画。如果想要制作比较复杂的动画，手动创建关键帧会非常费时费力，此时可以运用表达式来快速制作。

1.　应用关键帧

在"时间轴"面板中展开图层的"变换"栏，然后单击属性前的"时间变化秒表"按钮 ，可以激活相关属性关键帧，单击后该按钮将呈激活状态 ，且自动在当前时间指示器所在位置添加一个关键帧 ，以记录当前属性的关键帧参数。另外，在属性左侧还会显示 按钮组，用于添加、切换和选择关键帧，如图 4-41 所示（这里以"位置"属性为例）。

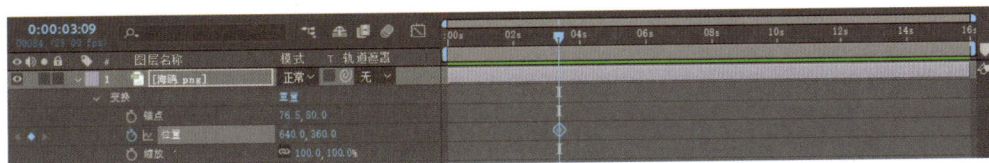

图4-41　应用关键帧

开启关键帧后，将时间指示器移至其他时间点，然后单击 按钮组中的 按钮，或直接修改该属性的参数，或选择【动画】/【添加关键帧】命令，都可在该时间点添加一个新的关键帧。

> 💡 **小技巧**
>
> 当"时间轴"面板中的图层或图层中的属性过多时，若需要修改某一个属性的关键帧，可选择需要修改关键帧参数的图层，按【U】键，将只显示所选图层中的所有添加关键帧的属性。若在未选择图层的情况下按【U】键，将显示所有图层中的关键帧属性。

2.　应用表达式

表达式就是一小段代码，After Effects 中的表达式基于标准的 JavaScript 语言编写，表达式虽然看起来像编程，但实际应用起来并不难。

在应用表达式前需要添加表达式，选择目标图层下的属性，选择【动画】/【添加表达式】命令，或按【Alt+Shift+=】组合键，或按住【Alt】键的同时单击属性左侧的"时间变化秒表"按钮 ，显示表达式输入框，可直接在其中输入表达式。添加了表达式的属性值将变为红色，表示该值由表达式控制，将不能手动编辑该参数，如图 4-42 所示。

另外，在属性值下方单击 ■ 按钮，将打开下拉列表，其中包含创建动画时常用的表达式函数，可用于快速创建需要的表达式。

图4-42　添加表达式

扫码阅读

常用的表达式
函数

若要删除表达式，可在选择对应属性后选择【动画】/【移除表达式】命令，或按【Alt+Shift+=】组合键，或按住【Alt】键不放的同时单击该属性左侧的"时间变化秒表"按钮 ■。

4.3.4　应用蒙版和遮罩

蒙版和遮罩是 After Effects 中的重要功能，可用于控制图层的可见性和透明性，创建复杂的视觉效果和动画。

1. 应用蒙版

蒙版可以简单地理解成一个特殊的区域，它依附于图层，作为图层的属性存在，通过调整蒙版的相关属性，可以将图层中对象的某一部分隐藏起来，只显示一部分，从而将不同图层中的对象叠加、混合，达到合成的效果。

选择图层后，选择【图层】/【蒙版】/【新建蒙版】命令或按【Ctrl+Shift+N】组合键，图层中的对象周围将出现一个带有颜色的路径所形成的矩形定界框，该定界框内的区域即为蒙版，且定界框大小与图层中的对象相同。使用"选取工具" ▶ 直接单击选中定界框上的锚点（选中后的锚点将从空心变为实心），拖曳可改变蒙版的形状，即图层的显示范围，如图 4-43 所示。

图4-43　添加并编辑蒙版

除了使用菜单命令为图层创建蒙版，还可以在选择图层后，直接使用形状工具组中的工具及"钢笔工具" ✐ 来绘制不同形状的蒙版，其操作方法与绘制图形的方法一致。另外，在一个图层上可以多次绘制，创建多个蒙版。

💡 **小技巧**

若是要在形状图层上使用形状工具组绘制蒙版，需要在选择工具后，单击工具栏中的"工具创建蒙版"按钮 ▦，再绘制蒙版。若绘制蒙版后要绘制一般的形状，则需单击"工具创建形状"按钮 ★ 进行切换。

为图层添加蒙版后，展开该图层，可发现新增"蒙版"栏，其下有蒙版路径、蒙版羽化、蒙版不透明度和蒙版扩展 4 种属性，如图 4-44 所示，可用于调整蒙版的位置和形状、羽化程度、透明程度、大小。

另外，当图层中存在多个蒙版时，还可利用布尔运算对这些蒙版进行计算，使其产生不同的叠加效果。在蒙版右侧的下拉列表中有 7 种蒙版的布尔运算方法选项，可根据需要进行选择（新创建的蒙版默认选择"相加"选项）。

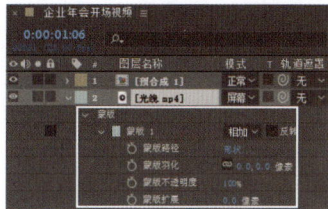

图4-44　蒙版属性

2. 应用遮罩

遮罩可以遮挡部分画面内容，并显示特定区域的画面内容，相当于一个窗口。在 After Effects 中可将一个图层（即遮罩图层）设置为另一个图层（即被遮罩图层）的遮罩，然后根据遮罩所在图层中对象的颜色，决定另一个图层中相应对象的透明度，从而确定图层的显示范围。

在应用遮罩时，先单击被遮罩图层"轨道遮罩"栏中的"无"下拉列表，在打开的下拉列表中可选择遮罩，如图 4-45 所示。应用遮罩后，遮罩图层将被隐藏，且图层名称左侧将显示▣图标，被遮罩图层名称左侧将显示▣图标，如图 4-46 所示，同时，在被遮罩图层右侧将显示两个按钮，单击其中第 1 个按钮可切换 Alpha 遮罩▣或亮度遮罩▣类型，单击其中第 2 个按钮可设置不反转▣或反转▣遮罩。

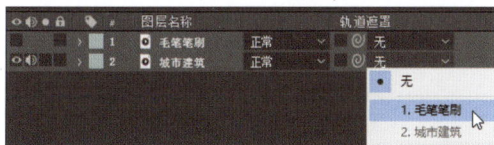

图4-45　选择遮罩

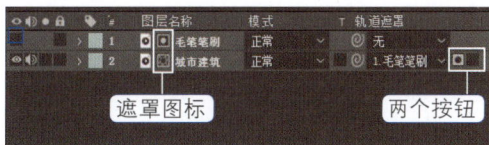

图4-46　显示遮罩图标和两个按钮

> **知识补充**
>
> Alpha 遮罩能够读取遮罩图层的不透明度信息，应用该遮罩类型后，被遮罩图层中的内容将只受不透明度影响。亮度遮罩能够读取遮罩图层的不透明度信息和亮度信息，应用该遮罩类型后，图层除了受不透明度影响，还将受到亮度影响。

4.3.5　应用特效组

After Effects 提供了多种特效，便于创作人员制作视频特效。选择"效果"菜单命令，在弹出的子菜单中选择不同的特效组，其对应的子菜单中有各种类型的特效；也可以直接在"效果和预设"面板中展开对应文件夹查找需要的特效，或在上方的搜索框中搜索需要的特效，然后双击应用特效（需提前选择图层），或直接拖曳特效至对应图层中或"合成"面板中对应的素材上应用，随后可在"效果控件"面板中编辑特效，或者在该面板中应用关键帧。

4.3.6　进行三维合成

三维合成能够赋予画面更加丰富的层次感，创造出逼真的立体效果。在 After Effects 中，图层都默认为二维图层，进行三维合成前需要将二维图层转换为三维图层，操作时需在"时间轴"面板中单击二维图层（除音频图层）下的三维图标 ，如图 4-47 所示，或者选择【图层】/【3D 图层】命令。三维图层在"合成"面板中会显示三种不同颜色的箭头，分别代表三维空间的三个坐标轴，其中红色为 X 轴、绿色为 Y 轴、蓝色为 Z 轴，如图 4-48 所示。

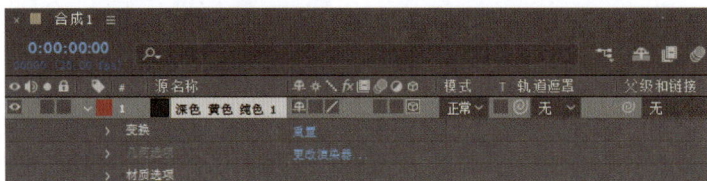

图4-47　转换三维图层

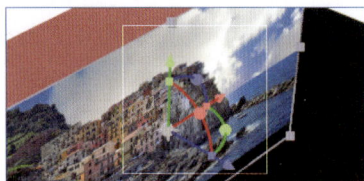

图4-48　显示三维坐标轴

在三维图层中可以使用摄像机以任意角度观察图层中的素材，以及模仿运动镜头，得到类似现实中推、拉、摇、移、跟等运镜效果。按【Ctrl+Alt+Shift+C】组合键，打开"摄像机设置"对话框，在其中设置摄像机参数，单击 按钮，可添加摄像机图层。在"时间轴"面板中展开该图层，通过调整下方的属性参数，以及添加相关属性的关键帧，可制作出摄像机动画效果。

另外，在三维图层中还可以使用灯光为图层中的素材添加光照和阴影效果，以及利用关键帧制作出光影变化。选择【图层】/【新建】/【灯光】命令，打开"灯光设置"对话框，在其中设置光源的各种属性参数，单击 按钮，便可为当前合成添加对应的灯光图层。

4.3.7　保存、渲染和输出视频

视频特效制作完成后，按【Ctrl+S】组合键，将打开"另存为"对话框（前提是该项目文件没有保存过），设置项目文件的保存位置和名称。渲染与输出视频通常在"渲染队列"面板中完成，具体操作方法为：选择需要渲染输出的合成，然后选择【文件】/【导出】/【添加到渲染队列】命令，或选择【合成】/【添加到渲染队列】命令，或按【Ctrl+M】组合键，打开图 4-49 所示的"渲染队列"面板，在"输出模块"选项中设置渲染与输出的文件格式、品质等参数，在"输出到"选项中设置文件的保存位置，最后单击 按钮即可进行渲染输出。

图4-49　"渲染队列"面板

【案例】　创作"科技研讨会"会议开场特效视频

某公司准备召开科技研讨会，现需要制作一个会议开场特效视频，要求将公司提供的与会议相关的图片应用到该视频中，视频风格大气，效果美观，主题颜色为蓝色和白色。具体操作如下。

微课视频

创作"科技研讨会"会议开场特效视频

步骤 01 打开 After Effects，进入主页界面，单击 [新建项目] 按钮新建项目。

步骤 02 进入工作界面，将"会议开场素材"文件夹中的所有素材（配套资源:\素材文件\第4章\"会议开场素材"文件夹）导入"项目"面板。

步骤 03 在"项目"面板中选择"背景.mp4"素材，将其拖曳到"合成"面板中，利用该素材新建"背景"合成，然后修改"背景"合成的持续时间为 0:00:15:00。新建名为"粒子"的白色纯色图层，在"效果和预设"面板中将"CC Particle World"特效应用到该图层，在"效果控件"面板中设置相关参数，改变粒子发射方式、速度、密度、类型和大小，如图 4-50 所示。

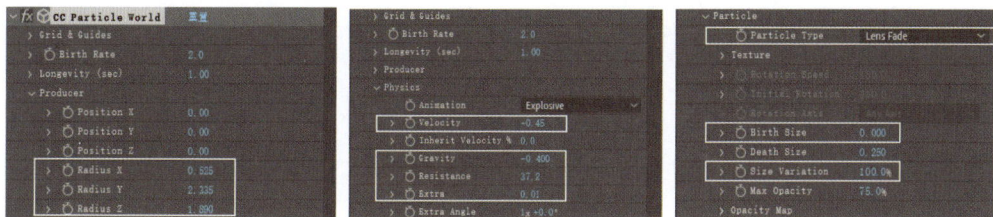

图4-50 调整特效参数（1）

步骤 04 将"摄像机镜头模糊"特效应用到粒子图层，在"效果控件"面板中设置模糊半径为"10"。新建名为"粒子 2"的白色纯色图层，将"CC Star Burst"特效应用到该图层，在"效果控件"面板中设置相关参数，如图 4-51 所示，再将"发光"特效应用到"粒子 2"图层。

步骤 05 新建名为"光束"，颜色为"黑色"，持续时间为 0:00:15:00 的合成。在"黑色"合成中新建白色纯色图层，将"分形杂色"特效应用到该图层，在"效果控件"面板中设置参数，如图 4-52 所示，激活"偏移（湍流）"关键帧。

步骤 06 按住【Alt】键，同时单击"演化"属性左侧的"时间变化秒表"按钮，"时间轴"面板中将自动展开该属性的表达式输入框，在输入框左侧单击按钮，在展开的下拉列表中选择【Key】/【time】选项，继续在输入框中输入"*200"文本，如图 4-53 所示。

> **知识补充**
>
> time表达式用于控制单位时间内属性参数的变化量，其中time表示时间，以秒为单位，time`n =时间（秒数）`n（若应用于旋转属性，则n表示角度）。

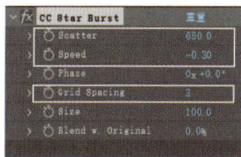

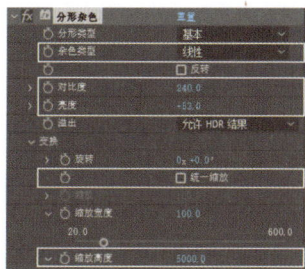

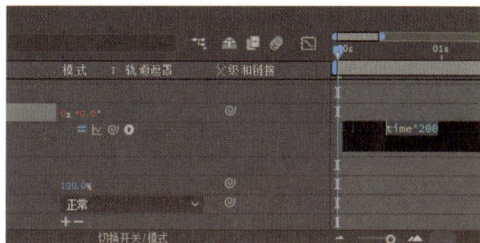

图4-51 调整特效参数（2） 图4-52 调整特效参数（3） 图4-53 展开表达式输入框并输入文本

步骤 07 将时间指示器移动到视频结束位置，设置偏移（湍流）为"2000，540"。为白色纯色图层添加"极坐标"特效和"高斯模糊"特效。在"效果控件"面板中展开"极坐标"栏，设置差值为"100%"、转换类型为"矩形到极线"，展开"高斯模糊"栏，设置模糊度为"4"。设置该图层位置参数为"960 0"、缩放为"270%"。

步骤 08 返回"背景"合成，将"项目"面板中的"光束"合成拖曳到该合成中，并调整"光束"合成的混合模式为"屏幕"，不透明度为"50%"，如图 4-54 所示，画面效果如图 4-55 所示。

步骤 09 在"项目"面板中选择"1.jpg"素材并右击，在弹出的快捷菜单中选择"基于所选项新建合成"命令，新建并进入"1"合成。使用"矩形工具"▣在画面中绘制与画面等大，描边为"200像素"的矩形，并使矩形与合成水平对齐和垂直对齐。

步骤 10 返回"背景"合成，将"1"合成拖曳到该合成中，调整大小和位置如图 4-56 所示。

图4-54 设置混合模式和不透明度　　图4-55 画面效果（1）　　图4-56 调整大小和位置

步骤 11 使用相同的方法为其他图片制作合成，并分别调整其大小和位置，如图 4-57 所示。选择所有图片合成图层，选择【图层】/【3D 图层】命令，将其全部转换为三维图层。

步骤 12 按【Ctrl+Alt+Shift+C】组合键，打开"摄像机设置"对话框，在其中选择预设为"28毫米"，单击 确定 按钮。新建空对象图层，将该图层转换为三维图层，然后选择摄像机图层中的"父级关联器"◎，将其拖曳到"空对象"图层中进行链接。

步骤 13 在"时间轴"面板中展开空对象图层的"变换"栏，在当前位置激活空对象图层的位置属性，将时间指示器移动到 0:00:10:00 处，调整 X 轴上的参数，画面效果如图 4-58 所示。

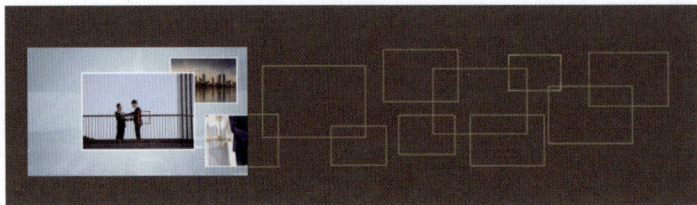

图4-57 调整图片合成的大小和位置　　　　图4-58 画面效果（2）

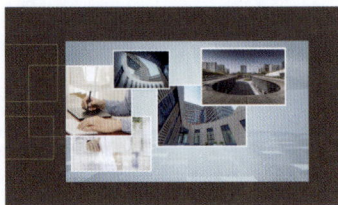

步骤 14 将所有图片合成图层、空对象图层和摄像机图层预合成，设置预合成名称为"图片"。调整"图片"预合成图层的出点为 0:00:10:00，然后在下一帧输入文字，并设置不同的文字颜色、字体样式和位置，再为文字添加"投影"特效并编辑。使用"圆角矩形工具"▣在画面中绘制填充为"#3375EC"的圆角矩形，作为部分文字的底纹，并在"时间轴"面板中调整其圆度为"50"。

步骤 15 将步骤 14 中的文字图层和形状图层预合成，设置预合成名称为"文字"，调整文字预合成的入点为 0:00:10:01，然后利用"不透明度""缩放"属性关键帧制作文字逐渐出现的动画效果，出现时间点为 0:00:12:05，再添加"背景音乐 .wav"素材。

步骤 16 将"光晕 .mp4"素材拖曳到"时间轴"面板中，调整该图层的入点与文字预合成图层的入点一致，设置混合模式为"屏幕"，最终效果如图 4-59 所示。按【Ctrl+S】组合键保存项目文件，并导出 MP4 格式的文件（配套资源:\效果文件\第 4 章\"'科技研讨会'会议开场特效视频"文件夹）。

效果预览
"科技研讨会"
会议开场特效
视频

图4-59 最终效果

【案例】 创作文物展示特效视频

微课视频

创作文物展示
特效视频

　　某自媒体创作者准备创作一系列文物展示特效视频，以新颖、生动的方式将历史文物呈现给广大观众，增强观众对文物的认识与兴趣。现需以一个文物为例制作模板，要求时长在 5 秒左右，采用左文右图的排版方式，画面视觉效果简洁，信息清晰明了。具体操作如下。

　　步骤 01　打开 After Effects，进入主页界面，单击 新建项目 按钮新建项目。

　　步骤 02　进入工作界面，将"文物展示素材"文件夹中的所有素材（配套资源 :\ 素材文件 \ 第 4 章 \"文物展示素材"文件夹）导入"项目"面板。

　　步骤 03　新建名为"文物"，颜色为"黑色"，持续时间为 0:00:05:00 的合成，然后在该合成中新建纯色图层（颜色保持默认），为该图层添加"梯度渐变"特效，在"效果控件"面板中调整参数如图 4-60 所示。

　　步骤 04　将"背景 .png""文物 .png"素材分别拖曳到"时间轴"面板中，调整不透明度分别为"8%""10%"，调整"文物 .png"素材的缩放为"55"，然后使用"矩形工具" ■ 在画面中绘制比"文物 .png"素材稍大的蒙版，如图 4-61 所示。

　　步骤 05　设置蒙版羽化为"300"，在当前位置激活"蒙版路径"属性关键帧，将时间指示器移动到 0:00:02:00 处，创建关键帧，返回上一个关键帧，将蒙版向左移出画面。

　　步骤 06　再次添加"文物 .png"素材，调整其缩放为"45"，位置如图 4-62 所示。

图4-60 调整特效参数

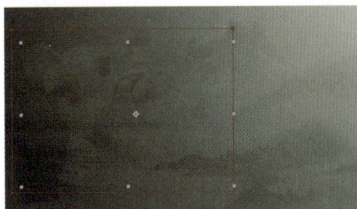

图4-61 绘制蒙版

图4-62 调整素材位置

　　步骤 07　利用位置、缩放属性关键帧为第 2 个"文物 .png"图层制作从右侧逐渐放大并移动到画面中的动画。全选该图层中所有关键帧，按【F9】键将关键帧设置为缓动，使动画效果平滑过渡。

　　步骤 08　在画面中输入文字，设置字体分别为"方正藏体简体""方正黑体简体"，字体颜色保持默认，效果如图 4-63 所示。将"金属贴图 .mp4"素材添加到"时间轴"面板中的文字图层下方，调整该素材的缩放为"50"，设置遮罩图层为文字图层，如图 4-64 所示。

　　步骤 09　为"金属贴图 .mp4"素材添加"CC Blobbylize"特效，在"效果控件"面板调整参数如图 4-65 所示，再调整文字图层的入点为 0:00:02:00。

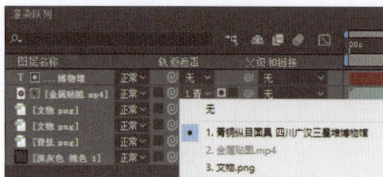

图4-63　添加文字　　　　图4-64　设置遮罩图层　　　　图4-65　调整特效参数

步骤10　将"印章.png"素材添加到"时间轴"面板中，调整其缩放为"8"，将该图层预合成，设置预合成名称为"印章"。打开该预合成，在其中输入文字"中国文物"，设置字体为"汉仪中隶书简"、文字颜色为白色。返回"文物"合成，调整"印章"图层的入点与文字图层一致，并利用不透明度属性关键帧为该图层制作渐显动画。

步骤11　使用"矩形工具" ■ 在文字下方绘制一个白色矩形，在"时间轴"面板中调整矩形的路径属性，如图4-66所示。在0:00:02:00处激活大小属性关键帧，将时间指示器移动到0:00:02:17处（即印章素材刚好完全出现时），创建关键帧，返回上一个关键帧，调整大小为"0"。

步骤12　选择所有关键帧并按【F9】键。使用"横排文字工具" T 在矩形下方输入文物介绍相关文字，设置字体为"方正黑体简体"、颜色为白色、大小为"35像素"。

步骤13　将时间指示器移动到0:00:02:00处，选择文字图层，按【Alt+[】组合键调整图层入点。在"时间轴"面板中展开文字图层，单击"动画"按钮 ▶ ，在弹出的快捷菜单中选择"启用逐字3D化"命令，使用相同方式再次选择"位置""不透明度"命令，然后在展开的列表中激活位置、不透明度关键帧，并设置参数，再展开"范围选择器1"栏，激活偏移关键帧，如图4-67所示。

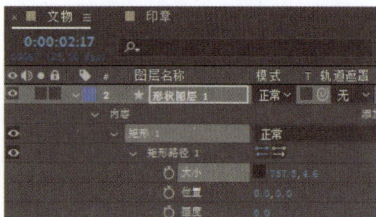

图4-66　调整矩形路径　　　　　　　　图4-67　创建关键帧

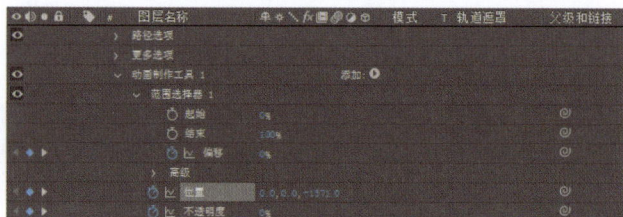

步骤14　将时间指示器移动到0:00:03:17处，将位置和不透明度属性的参数恢复到原始默认值，设置偏移为"100%"。选择所有关键帧并按【F9】键，然后添加"背景音乐.wav"素材。

步骤15　最终效果如图4-68所示。按【Ctrl+S】组合键保存项目文件，并导出MP4格式的文件（配套资源:\效果文件\第4章\"文物展示特效视频"文件夹）。

效果预览

文物展示特效视频

图4-68　最终效果

4.4　视频作品快速创作——剪映专业版

对于一些内容相对简单的数字视频创作，使用市面上的快速创作视频工具会更加得心应手。剪映凭借其覆盖 PC 端、移动端和网页端的应用范围，以及强大且易用的操作特性，成了创作人员快速创作视频的得力助手。下面介绍使用剪映专业版进行视频作品快速创作的相关内容。

4.4.1　认识剪映专业版工作界面

在计算机上双击█图标启动剪映专业版，进入开始界面，单击█开始创作█按钮创建文件，或打开草稿文件，进入工作界面，该界面分为顶部、中间、底部 3 个区域，主要操作区域为中间、底部区域，如图 4-69 所示。

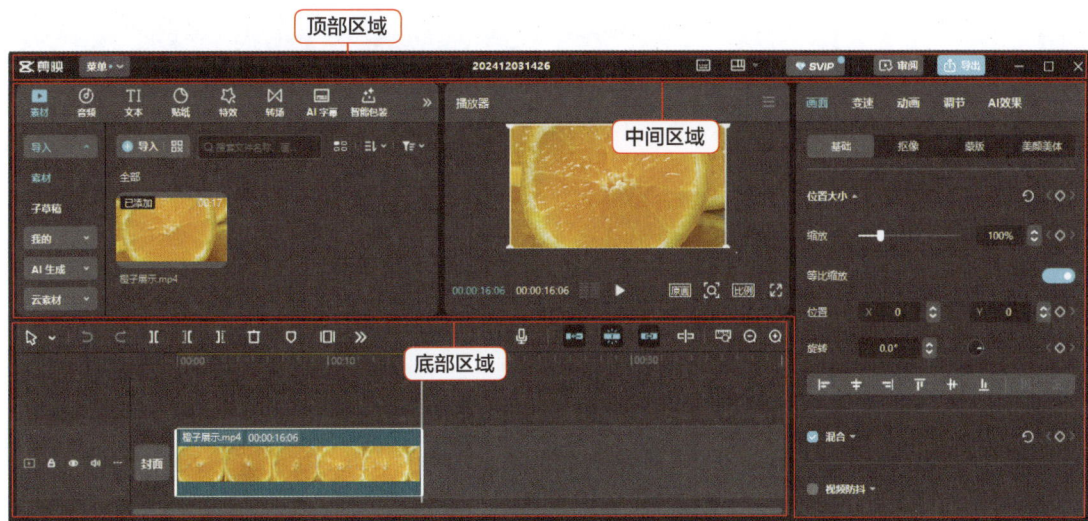

图4-69　剪映专业版工作界面

- **顶部区域**。该区域左侧设有"菜单"栏，单击右侧的按钮█，可在弹出的快捷菜单中进行新建或编辑文件、调整界面布局等操作。该区域右侧分布的各个按钮主要用于设置快捷键、导出视频、调整界面大小和关闭软件。
- **中间区域**。该区域左侧为功能区，功能区的顶部为功能选项卡，功能区左侧设有二级选项卡，会随着当前选中的功能选项不同显示不同的参数；中间部分为播放器区域，用于预览当前画面；右侧为对象设置区，它会随着时间线上所选对象的不同而显示不同的参数。
- **底部区域**。该区域的左上方为工具区，包含剪映专业版支持的所有工具；右上方为功能按钮组，主要用于录音、吸附素材、调整时间线等操作；下方为时间线区，用于放置添加到视频中的各种元素。

4.4.2　导入和生成素材

在"素材"选项卡中，包含导入、我的、AI 生成、云素材和官方素材 5 个二级选项卡，除"AI 生成"

的选项卡依次用于导入本地素材和子草稿（剪映专业版所保存的所有草稿文件），使用个人保存的复合片段，使用个人账户云盘存储的素材，使用剪映专业版素材库内的素材。

展开"AI生成"二级选项卡，其中有"图片生成""视频生成"两个选项，在"图片生成"选项中，用户可以在文本框中输入描述画面内容的文字，单击 导入参考图 按钮上传参考图，调整模型设置（用于设置图片适用场景）和画幅比例，单击 开始生成 按钮便可生成所需的图片素材。在"视频生成"选项中，用户可以使用图生视频和文生视频两种方式生成视频，使用方法和图片生成很相似，需要在文本框中上传单张或多张图片，输入描述视频内容的文字，然后调整模型设置、运动速度、运镜方式、视频时长和画幅比例，单击 开始生成 按钮便可生成视频，如图 4-70 所示。

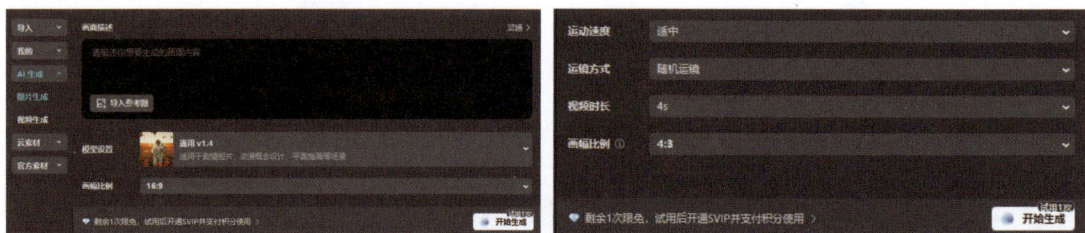

图4-70　AI生成素材

4.4.3　应用音频库

单击"音频"选项卡，左侧将显示导入、我的、AI音乐、音乐库、音效库这 5 个二级选项卡。其中，"AI 音乐"可以根据输入的文字描述自动生成符合要求的纯音乐或人声歌曲，如图 4-71 所示；而音乐库、音效库中有着丰富的音频素材和音效素材可用于日常的视频创作。

以音效库为例，当展开该二级选项卡后，将会显示如图 4-72 所示的三级分类目录（默认选中"热门"类目），这表示音效素材按照这些三级类目分类，单击音频名称右侧的☆按钮，使其呈★状态，表示将其收藏，并且类目顶部会自动新增"收藏"目录，用于放置收藏的音频；单击音频名称右侧的⬇按钮，可将其下载并自动播放内容，此时该按钮将变为➕状态，单击➕按钮可将其添加到时间线区新增的轨道中。

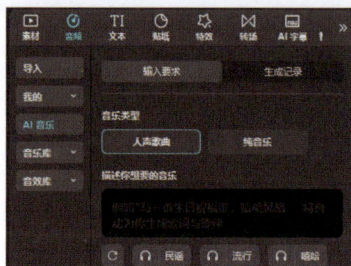

图4-71　"AI音乐"二级选项卡

图4-72　三级分类目录

4.4.4　添加文字

单击"文本"选项卡，左侧将显示新建文本、我的、智能包装、花字库、文字模板和智能文本这 6 个二级选项卡，表示剪映专业版支持以这 6 种方式在时间线中添加文字。

- **新建文本**。该选项卡用于添加默认文本和导入本地字幕文件，如图 4-73 所示。将鼠标指针移至"默认文本"区域，下方将显示➕按钮，单击该按钮将在画面中添加默认设置的文字，同时文字也会添加在新增的轨道中。
- **我的**。该选项卡包含"收藏"和"个人预设"两个选项，其中"收藏"选项用于放置收藏的花字和文字模板，"个人预设"选项用于放置自行设置的文字预设样式。

- **智能包装**。该功能只需用户单击 [开始智能] 按钮，如图4-74所示，便可以通过分析当前轨道内视频素材的画面内容，自动生成外观精美、内容符合画面的文字，并添加到画面中，形成包装效果。
- **花字库**。花字通常是指具有独特设计风格的文字，如图4-75所示。单击花字样式下方的 按钮，可下载花字样式并在画面中预览其效果，此时该按钮将变为 按钮，单击 按钮可将其添加到时间线区自动新增的轨道中。双击播放器中的花字可以修改文字内容，也可以在对象设置区的"文本"选项卡中修改文字内容和格式。

图4-73　新建文本　　　　　　　　图4-74　智能包装效果　　　　　　图4-75　花字

- **文字模板**。文字模板是指那些文字布局经过精心设计，包含装饰元素或动态效果的预设文字样式，如图4-76所示。使用文字模板的方法与使用花字一样，只是其中有"AI生成"选项。用户在文本框中输入要添加的文字，以及该文字的视觉效果描述，再单击 [立即生成] 按钮生成对应样式的文字模板，单击 [车调整] 按钮可在打开的面板中选择所需字体来辅助生成，单击生成文字效果右下角的 按钮便可将其添加在轨道中，如图4-77所示。
- **智能文本**。该功能包含智能字幕、识别歌词和文稿匹配3个选项，如图4-78所示，分别用于基于轨道中的语音内容智能添加字幕，基于轨道中的歌曲内容智能添加歌词，基于用户输入的文字智能分配文字到相关画面中。

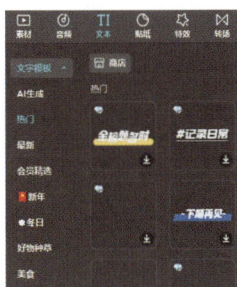

图4-76　文字模板　　图4-77　添加文字模板　　　　　图4-78　智能文本

4.4.5　调节画面颜色

剪映专业版提供了"调节""滤镜"两个功能来调整画面颜色，其中滤镜的使用较为简单，单击"滤镜"选项卡，仅显示"收藏""滤镜库"二级选项卡，如图4-79所示，可使用与添加花字相同的方法应用滤镜。而使用"调节"功能调节画面颜色时，剪映专业版提供了自行调整和使用LUT调整两种方式。

1. 自行调整颜色

单击"调节"选项卡，显示"新建调节""我的""LUT"3 个二级选项卡，前两个选项卡用于自行调整颜色，如图 4-80 所示。选择"新建调节"选项卡，将鼠标指针移至其中的"自定义调节"区域，右下角会显示 按钮，单击该按钮将在时间线区中新增一个调节层，同时，对象设置区将显示图 4-81 所示的参数，在其中设置参数后，便可调整画面颜色。单击底部的 按钮可将当前设置保存为预设，显示在"我的"下的"个人预设"选项卡中。

图4-79 "滤镜"选项卡

图4-80 "调节"选项卡

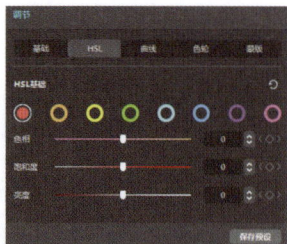

图4-81 调节设置区

2. 使用 LUT 调整颜色

展开"LUT"二级选项卡，如图 4-82 所示，单击 导入 按钮，可打开"请选择 LUT 资源"对话框，在其中可上传扩展名为"*.cube""*.3dl"的文件，上传后的文件仍以调节层的形式添加到轨道中，并通过文件内的参数来调整画面颜色。

图4-82 "LUT"二级选项卡

> **知识补充**
>
> LUT（Look-Up Table，查找表），在视频调色和显示器校色中都有广泛应用，是一种将输入的像素信息映射到预设色值的方法。LUT 就像一张对照表，每个输入值都有一个对应的输出值。LUT 类似于自动分拣台，货物（即像素信息）进入后，系统根据设定好的程序，将货物自动分配到对应的位置。

4.4.6 应用贴纸、特效和转场

应用贴纸可以在画面中添加生动有趣的预设图像，如图 4-83 所示；应用特效可以为画面制作预设的特殊效果，提升画面的精细度，如图 4-84 所示；应用转场可以提升画面切换的流畅程度，如图 4-85 所示。这 3 种功能的预设内容的使用方式与添加花字一致，操作非常便捷。只是"贴纸"选项卡下有"AI 生成"二级选项卡（使用方法与 AI 生成文字一致），可以生成自定义的贴纸图像（应用生成的贴纸后，该贴纸将被存放在"AI 贴纸"选项卡中，极大地丰富了贴纸素材）。

图4-83 "贴纸"选项卡

图4-84 "特效"选项卡

图4-85 "转场"选项卡

4.4.7　添加字幕

单击"AI 字幕"选项卡，在左侧将显示"智能识别""字幕模板""智能包装""新建字幕"4 个二级选项卡，如图 4-86 所示，表明剪映专业版支持以这 4 种方式添加字幕。

- **智能识别**。该功能类似于"文本"选项卡的"智能识别"功能，可以智能识别轨道中的歌曲、语音类型的音频，并将识别出的文字内容以字幕形式添加到画面中。
- **字幕模板**。单击该二级选项卡，再单击字幕模板样式下方的 按钮，可将其下载并在画面中预览效果，此时该按钮将变为 按钮，单击 按钮可将其添加到时间线区自动新增的轨道中。

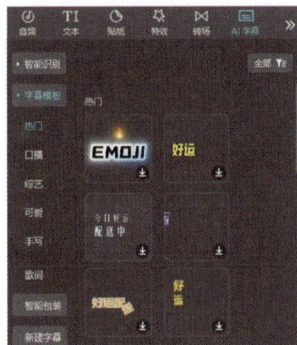

图4-86　"AI字幕"选项卡

- **智能包装**。该功能与"文本"选项卡的"智能包装"功能作用一致，使用方法也一致。
- **新建字幕**。单击该二级选项卡，再单击 手动写字幕 按钮，打开"手动写字幕"对话框，在其中输入字幕，单击 添加到轨道 按钮，剪映专业版将自动拆分句子，并在时间线区和画面中添加字幕；单击 导入本地字幕 按钮，可上传字幕文件。

【案例】　创作"川蜀行"宣传广告视频

某文化部门计划以"川蜀行"为主题开展一场宣传活动，提高四川作为热门旅游省份的知名度。为此，现需围绕这一主题快速制作一支宣传广告视频，以便发布到各大媒体平台中进行活动预热。具体操作如下。

微课视频

创作"川蜀行"宣传广告视频

步骤 01　启动剪映专业版，单击 开始创作 按钮创建文件，在"素材"选项卡中单击 导入 按钮，打开"请选择媒体资源"对话框，在其中选择素材文件（配套资源 :\ 素材文件 \ 第 4 章 \ "'川蜀行'宣传广告视频"文件夹）。

步骤 02　为了使音画同步，可先添加语音到轨道中，再按照语音内容逐一添加视频素材。单击"语音 .mp3"文件将其选中，再单击其右下角的 按钮将其添加到轨道中；重复操作，添加"云海 .mp4"文件。预览效果，可发现视频时长明显长于对应语音的时长。选择该视频，在对象设置区单击"变速"选项卡，设置倍数为"1.7x"，如图 4- 87 所示。

步骤 03　添加"熊猫 1.mp4"文件并右击，在弹出的快捷菜单中选择"分离音频"命令，此时该素材自带的音频将被分离，并放置在其他轨道中，如图 4- 88 所示。选择分离后的音频，按【Delete】键删除。

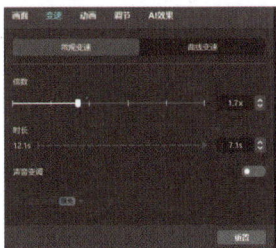

图4-87　变速视频

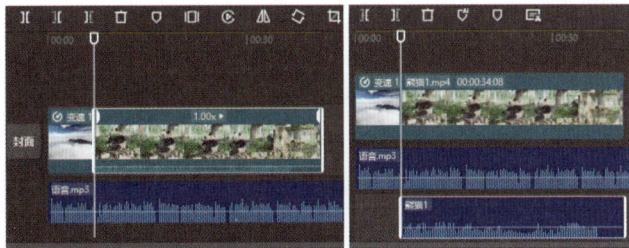

图4-88　分离音频

步骤 04　按【Space】键预览效果，当播放器下方的时间码显示为 00:00:13:28 时，按【Space】键暂停预览。选中"熊猫 1.mp4"视频，再选择工具栏中的"分割"工具Ⅱ，自动分割该视频。保持视频选中状态，在 00:00:36:20 处分割视频。选择该视频的中间段，按【Delete】键删除。此时由于剪映专业版默认开启了吸附功能，保留的 2 段视频片段将自动紧密连接。

步骤 05　添加"熊猫 2.mp4"文件，分离音频后删除自带的音频，在 00:00:38:24 处分割该视频，删除前半段，再在 00:00:26:19 处分割视频，删除后半段。

步骤 06　添加"若尔盖 .mp4"文件，先在 00:00:34:06 处分割视频，再删除分割后的前半段，设置变速为"2x"。此时，该视频时长仍长于对应语音的时长。将时间指示器移至 00:00:37:18 处，将鼠标指针移至该视频出点处，此时鼠标指针将变为形态，向左拖曳鼠标指针至时间指示器位置，在保持播放速度不变的情况下，剪辑该视频片段。

步骤 07　添加"九寨沟 .mp4"文件，先在 00:00:45:15 处分割视频，再删除分割后的后半段。添加"稻城亚丁 .mp4"文件，先在 00:00:54:26 处分割视频，再删除分割后的前半段，设置变速为"2.3x"。添加"太古里 .mp4"文件，设置变速为"1.6x"，再调整其出点与音频出点一致。

步骤 08　保持选中"太古里 .mp4"视频的状态，将时间指示器移至 00:00: 58:27 处，单击"特效"选项卡，选择"画面特效"二级选项卡中的"闭幕Ⅱ"特效，单击该特效的按钮，再单击按钮应用该特效，在当前时间指示器位置到视频出点之间添加该特效，如图 4-89 所示。

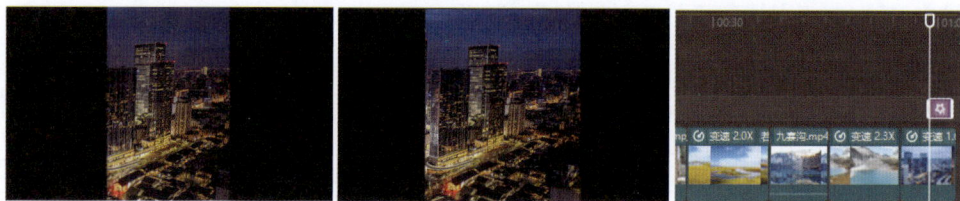

图4-89　应用"闭幕Ⅱ"特效

步骤 09　将时间指示器移至"云海 .mp4"视频和"熊猫 1.mp4"视频相接处，单击"转场"选项卡，选择"转场效果"二级选项卡中的"拉远"转场，单击该转场的按钮，再单击按钮应用该转场。单击添加后的转场，在对象设置区设置时长为"1.0s"，如图 4-90 所示，单击 应用全部 按钮，将该转场应用到全部片段中，效果如图 4-91 所示。

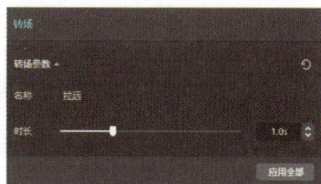

图4-90　设置转场时长

图4-91　"拉远"转场效果

步骤 10　由于大熊猫视频素材分为 3 段，且主角一致，可将第 1 段与第 2 段之间、第 2 段与第 3 段之间的转场调整为过渡效果更加自然的类型。分别选择第 1 段与第 2 段之间、第 2 段与第 3 段之间的转场，按【Delete】键删除，再应用"叠加"转场。

步骤 11　将时间指示器移至 00:00:00:00 处，单击"字幕"选项卡，在"新建字幕"二级选项卡中单击 手动写字幕 按钮，打开"手动写字幕"对话框，在其中输入素材文件夹中"语音 .txt"文件中的内容，选中"拆分为字幕"复选框，单击 添加语音识别 按钮添加字幕，效果如图 4-92 所示。

步骤 12　通过预览视频可发现，部分字幕识别度较低，且与语音不同步，断句存在问题。保持选中所有字幕的状态，在对象设置区的"文本"选项卡中设置字体为"思源中宋"、字号为"6"、字间距为"1"，单击"预设样式"栏的第二个选项，如图 4-93 所示。

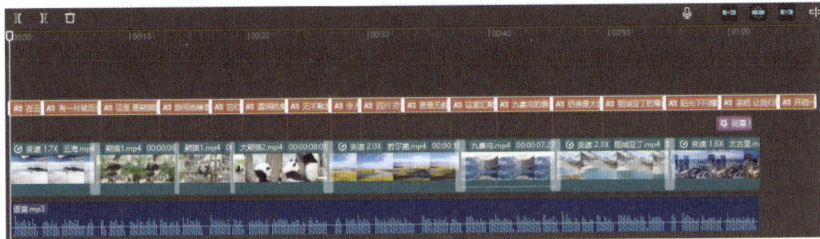

图4-92　添加字幕

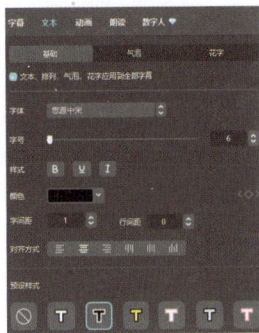

图4-93　设置字幕格式

步骤 13　双击播放器中的字幕，对照"语音.txt"文件将其中的空格替换为标点，使字幕内容与该文件一致。选中第 4 段字幕，更改内容，将出点调整到 00:00:16:07 处，再将第 5 段字幕删除。拖曳当前第 5 段字幕的入点与第 4 段字幕出点相连，双击播放器中的字幕，在首个字符前输入原第 5 段字幕中的"它们那黑白相间的毛发"，并拉宽文字定界框。通过这样的方式，逐一调整后续字幕的持续时间，并将倒数第 2 段字幕中的"在这片神奇的土地上"移至倒数第 1 段字幕中，效果如图 4-94 所示。

图4-94　修改字幕内容

步骤 14　选择当前时间线中的所有内容并右击，在弹出的快捷菜单中选择"新建复合片段（子草稿）"命令，将其合成为一个整体，以便创作该视频的片头，效果如图 4-95 所示。

图4-95　创建复合片段

步骤 15　将时间指示器移至 00:00:00:00 处，添加"云海.mp4"视频，调整出点在 00:00:03:00 处，在对象设置区"画面"选项卡的基础区域中设置缩放为"210%"，如图 4-96 所示。

步骤 16　单击"文本"选项卡，在"花字"二级选项卡中选择图 4-97 所示的花字，单击 ↓ 按钮后，再单击 ⊕ 按钮应用该花字。在对象设置区"文本"选项卡的文本框中输入"相约'川蜀行'"

文字，在"字体"下拉列表中选择"标题体"选项，设置字号为"20"。

步骤 17　在"动画"选项卡的"出场"选项卡中选择"羽化向右擦除"选项，如图 4-98 所示。

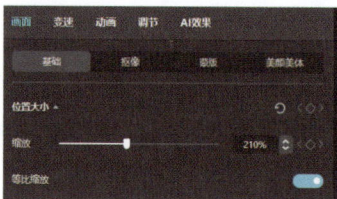

图4-96　设置缩放

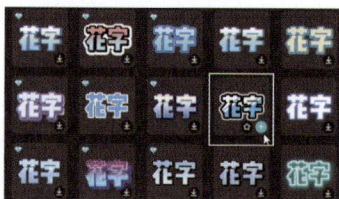

图4-97　应用花字

图4-98　应用动画

步骤 18　单击"文本"选项卡，在"新建"二级选项卡中单击"默认文本"区域🞤按钮，在"文本"选项卡的文本框中输入"探猫猫故乡，赏天府神韵，赴一场诗与远方的约会"文字，设置字体为"标题体"、字号为"6"，应用预设样式栏的第 2 个样式，再应用"羽化向右擦除"动画。

步骤 19　选择"云海 .mp4"视频，应用"逆时针旋转Ⅱ"转场。按【Space】键预览效果，如图 4-99 所示。

步骤 20　单击"音频"选项卡，在"音乐素材"二级选项卡的"Vlog"里应用图 4-100 所示的音频，调整该音频的出点与视频出点一致，然后在对象设置区的"基础"选项卡中设置音量为"-14dB"、淡出时长为"4.5s"。

图4-99　片头效果

图4-100　应用音频

步骤 21　单击 🔼导出 按钮打开"导出"对话框，设置名称为"'川蜀行'宣传广告视频"，设置导出位置，在"视频"栏的"帧率"栏中选择"25fps"选项，单击 导出 按钮（配套资源:\效果文件\第 4 章\"'川蜀行'宣传广告视频".mp4）。

效果预览

"川蜀行"宣传广告视频

👤 设计素养

数字视频作为信息传播的重要媒介，其影响范围极为广泛。因此，创作人员在利用真实的视频素材进行视频创作时，应高度重视内容的真实性。特别是在制作风景展示、广告宣传等类型的视频时，应力求还原对象的真实面貌，避免给观众留下错误的印象。

4.5　AI辅助视频作品创作——腾讯智影

腾讯智影作为一个专注于在线数字视频创作的平台，长期以来深耕多媒体领域，现引入先进的

AIGC 技术，添加多项创新功能：一是高度模拟真人的数字人播报功能，二是将文章转换为视频的功能，三是智能编辑视频功能。

4.5.1　虚拟数字人播报

　　进入"腾讯智影"官网，在"智能小工具"栏中选择"数字人播报"功能，进入操作界面，该界面顶部为总控制区，主要用于控制视频的保存和合成、撤销操作等；其下方的左侧为功能选项区，中间为预览区，右侧为内容编辑区，如图 4-101 所示。

图4-101　"数字人播报"功能操作界面

- **功能选项区**。该区域包含模板、PPT 模式、数字人、背景、我的资源、在线素材、贴纸、音乐、文字 9 种功能，其中模板功能中内置该平台提供的数字人和画面，PPT 模式用于专门查看模板的各部分内容，其余功能用于为画面添加对应类型的元素（"我的资源"存放了用户账号下所有自行上传的素材，"在线素材"则支持使用腾讯视频的视频作为素材）。
- **预览区**。该区域是查看视频效果的区域，其下方为视频内容显示区，用于查看画面组成部分。单击 展开轨道 按钮将展开每部分内容所在的轨道，选择轨道后便可在画面中选择对应内容，以便修改。
- **内容编辑区**。该区域会随着所选对象的不同而显示不同内容，默认显示播报内容，用于在文本框中输入文字，提供数字人播报内容。

使用"数字人播报"功能的便捷方式是在"模板"选项卡中查找所需视频类型的模板，单击便可以运用。若需要修改模板中的文字和图像，则需要在预览区选中它们，然后在内容编辑区中设置。若需要修改数字人，可在"数字人"选项卡中单击所需的数字人，然后自动替换原模板中的数字人。同时，选中预览区的数字人后，可在内容编辑区调整其形象。

4.5.2　文章转视频

文章转视频功能可以将用户书写的文章生成对应内容的视频，视频来源为腾讯视频资源库内的视频作品，因此该功能需要用户申请相关授权后才能使用。

在"智能小工具"栏中选择"文章转视频"选项，将进入操作界面，在该界面中的"AI创作"文本框中输入文章的主题，单击 AI创作 按钮可智能生成文章。生成的文章将显示在下方的文本框中（也可在该文本框中自行撰写文章），用户必须在页面右侧的参数设置区中设置成片类型，选择性地设置视频比例、背景音乐、数字人播报、朗读音色等参数，如图4-102所示，单击 生成视频 按钮便可基于该文章生成视频。

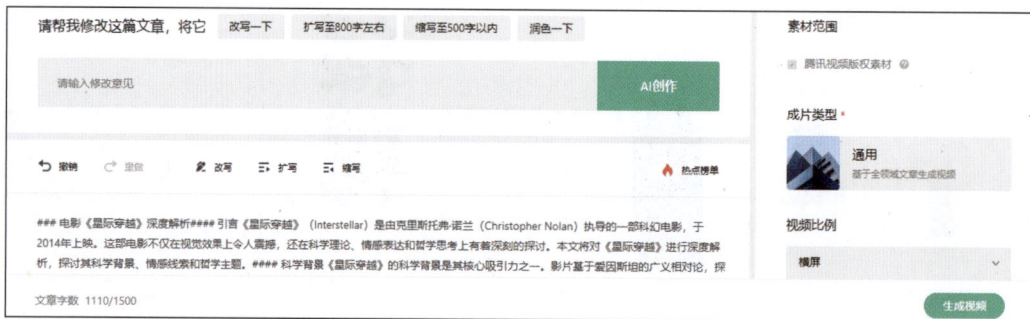

图4-102　"文章转视频"操作界面

"成片类型"参数用于限制视频素材的来源，单击该选项，可打开同名对话框，在其中能选择"精准匹配"或"模糊匹配"选项来匹配素材，其中"精准匹配"选项基于文章的领域或内容来匹配素材，而"模糊匹配"选项则随机匹配解压类、古风类或现代都市类视频。

4.5.3　智能编辑视频

腾讯智影在"智能小工具"栏中提供多个工具，用以编辑视频，其中智能转比例和智能涂抹较为常用。

- **智能转比例**。该功能用于调整视频的画面比例。选择该功能后进入操作界面，在界面中可以单击 本地上传 按钮上传大小不超过1GB的视频文件，上传后该界面将显示"选择画面比例"参数，以设置画面比例，如图4-103所示。单击 确认 按钮，画面将基于设置的参数实现横屏转竖屏或者竖屏转横屏的变化，并且视频中的对象会一直保持在画面中心，如图4-104所示。
- **智能涂抹**。该功能用于去除视频画面中的水印和字幕。选择该功能后进入操作界面，在界面中同样可以上传本地大小不超过1GB的视频文件，上传后该界面将呈现视频内容，并在画面中显示水印框或字幕框，如图4-105所示。调整这两个框的位置，单击 确定 按钮，便可去除这些框所在位置的对应内容。

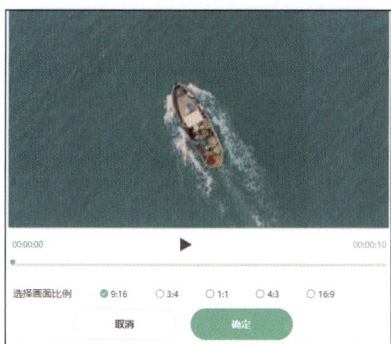

图4-103　上传视频后的操作界面　　　图4-104　智能转比例　　　图4-105　"智能涂抹"操作界面

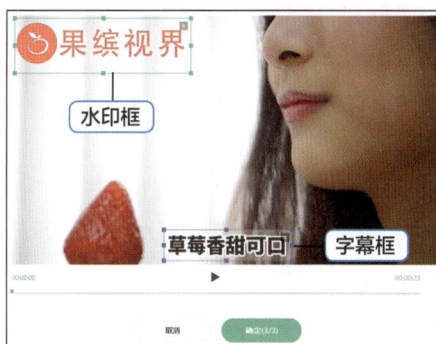

【案例】　创作"种子萌芽"科普视频

某自媒体博主计划在以"种子萌芽"为核心内容的科普文章中添加一个视频，并采用创新的数字人播报形式来制作该视频，旨在为粉丝带来新奇的视觉体验，同时增强科普文章的趣味性。具体操作如下。

微课视频

创作"种子萌芽"科普视频

步骤 01　进入"腾讯智影"官网，在"智能小工具"栏中选择"数字人播报"功能，进入操作界面。依次单击"模板""横版"选项卡，滑动鼠标滚轮找到"英语课堂"模板，单击该模板预览效果，可发现视频片头的背景风格较为现代，可替换为与植物相关的图像背景，更贴合主题。数字人服装较为休闲，可替换为更正式的服饰，单击 应用 按钮应用该效果。

步骤 02　单击"PPT 模式"选项卡，可发现应用的模板共有 5 页内容，默认选中显示第 1 页内容。单击中间区域的背景图像，在右侧"背景编辑"栏中单击 ⇄ 替换背景 按钮，此时左侧功能选项区自动选择"背景"选项卡，滑动鼠标滚轮，找到图 4-106 所示的背景图，单击即可替换背景，效果如图 4-107 所示。

图4-106　选择背景　　　　　　　图4-107　替换背景的效果

步骤 03　单击数字人形象，在右侧"数字人编辑"栏的"服饰"栏中单击倒数第一个西装服饰选项，此时数字人整体形象将随着服饰的变化而变化，如图 4-108 所示。单击 ∧ 展开轨道 按钮，效果如图 4-109 所示。

步骤 04　将播放指示器移至 00:01 处，选择画面中的"新世纪英语第一课"文字，在右侧"样式编辑"栏的文本框中输入"种子发芽的奥秘"文字，设置字体为"Arial"、字号为"90"，如图 4-110 所示。选择画面中的"讲师"文字，在"样式编辑"栏的文本框中输入"一场生命之旅的启程"文字，设置字体为"Arial"、字号为"60"、颜色为白色"#FFFFFF"，此时画面文字的前后变化效果如图 4-111 所示。

步骤 05　单击数字人语音波形轨道，在右侧"播报内容"第 2 个文本栏中修改播报内容，输入图 4-112 所示的文字。将鼠标指针插入"今天"文字前，单击"插入停顿"按钮 ，在弹出的列表中选择"停顿 0.5 秒"选项，单击 保存并生成播报 按钮完成第 1 页的内容修改。

图4-108　修改数字人形象

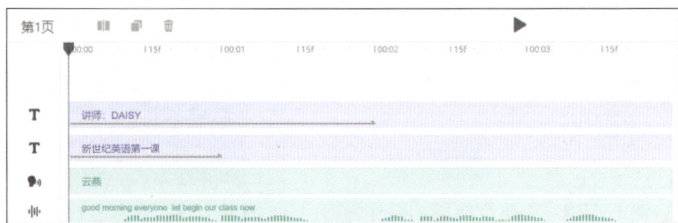

图4-109　展开轨道

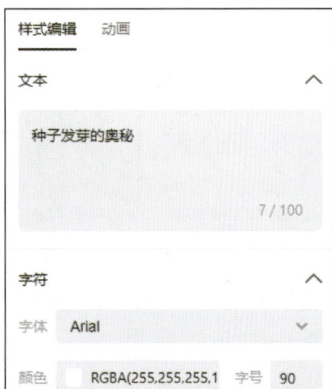

图4-110　调整文本内容和格式

图4-111　输入并设置画面文字

图4-112　修改播报内容

步骤 06　单击"PPT 模式"选项卡，单击第 1 页和第 2 页之间的 按钮，打开"选择转场"对话框，在"遮罩"选项卡中选择"卢马"选项，取消选中"应用至全部"复选框，如图 4-113 所示，单击 确定 按钮确认应用。由于转场效果只能在合成视频后才能查看，创作时应慎重选择。

步骤 07　单击第 2 页，按照与步骤 03 ～ 05 相同的方法，修改画面中的数字人形象和文字内容，文字内容参考"讲解文本 .txt"文件的"画面内容"部分（配套资源 :\ 素材文件 \ 第 4 章 \"种子萌芽"文件夹），需要选中其中的首排文字，单击 按钮删除。将原第 2 排文字字号调整为"60"，原第 3 排文字字号调整为"55"，手动换行，文字全都使用"Arial"字体，文字颜色不变。然后修改数字人播报内容，内容参考"讲解文本 .txt"文件的"播报内容"部分。将时间指示器移至 00:00 处，选择数字人形象，在右侧"动作"栏中单击"中性表达"选项卡，再单击"双手指向前方 10 秒"的按钮 ，将该动作添加到轨道中，如图 4-114 所示。将时间指示器移至 00:13 处，再次添加该动作。

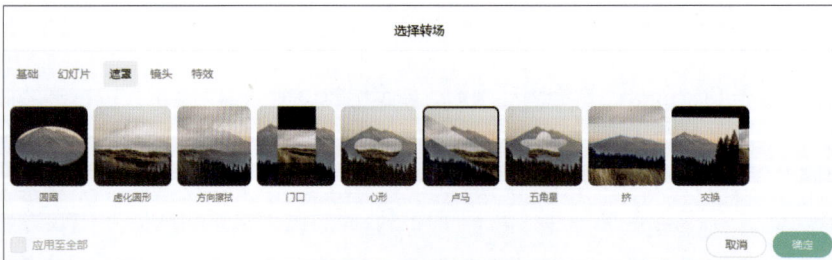

图4-113　设置转场

图4-114　添加动作

步骤 08 此时第 2 页的画面前后对比效果如图 4-115 所示，为第 2 页应用"基础"选项卡中的"上移"转场。按照步骤 07 的方法依次修改第 3 页画面内容和播报内容，其中文字颜色保持不变，字号、字体与第 2 页一致，添加 9 秒和 10 秒的"双手指向前方"动作，第 3 页画面效果如图 4-116 所示。

图4-115 第2页的画面前后对比效果　　　　图4-116 第3页画面效果

步骤 09 单击第 4 页右上角的"删除"按钮，将该页面删除。然后按照步骤 07 的方法修改当前第 4 页（原第 5 页）的内容，设置字号为"90"、字体为"Arial"、颜色为黑色"#000000"、描边粗细为"0"，不添加任何动作。为第 3 页应用"基础"选项卡中的"上移"转场。

步骤 10 单击页面左上角的按钮，以"'种子萌芽'生物教学视频"为名称保存文件。单击合成视频按钮，打开"合成设置"对话框，保持默认设置，单击确定按钮，打开"功能消耗"对话框，单击确定按钮切换到"我的资源"页面，等待合成结束后，单击视频缩览图可打开预览页面，单击按钮可预览视频效果，如图 4-117 所示。

图4-117 "种子萌芽"生物教学视频效果

步骤 11 关闭预览页面后，单击视频缩览图右上角的按钮即可下载视频文件（配套资源:\ 效果文件 \ 第 4 章 \ "种子萌芽"科普视频 .mp4）。

效果预览

"种子萌芽"科普视频

课堂实训

实训1 创作"汤圆制作教程"短视频

实训背景

某美食博主计划发布一个"汤圆制作教程"短视频，以此迎接即将到来的元宵节。要求使用 Premiere 将录制的汤圆制作过程的视频片段整合成完整的视频，并添加字幕，以便观众学习。参考效果如图 4-118 所示。

图4-118 "汤圆制作教程"短视频

【素材位置】配套资源:\素材文件\第4章\"汤圆制作素材"文件夹

【效果位置】配套资源:\效果文件\第4章\"汤圆制作教程"短视频 .prproj、"汤圆制作教程"短视频 .mp4

效果预览

"汤圆制作教程"短视频

微课视频

创作"汤圆制作教程"短视频

实训思路

步骤 01　在 Premiere 中导入素材文件夹中的所有素材，并以类型为分类，在"项目"面板中创建文件夹管理对应素材。

步骤 02　利用"源"面板、标记入点与出点、插入等功能选取所需的视频素材片段，并逐一插入"时间轴"面板中。

步骤 03　使用"剪辑速度/持续时间"命令调整部分视频片段的时长，将视频总时长控制在 1 分钟以内。

> **知识补充**
>
> 在创作教程类短视频时，建议将视频时长控制在几分钟，甚至几十秒，以适应当今快节奏的生活方式。短小精悍的教程类短视频不仅便于观众在忙碌的日程中快速获取所需信息，还契合了当代人碎片化的阅读习惯；同时，也能提高观众的观看完成率、信息的传播效率，让知识以更直接、更高效的方式触达观众。

步骤 04　使用"效果"面板为各视频片段添加"圆划像""交叉溶解""推"等过渡效果，并使用"效果控件"面板调整过渡效果的时长、对齐方式等。

步骤 05　使用"Lumetri 颜色"面板调整部分视频片段画面的色彩，使视频在视觉上亮度统一、色彩鲜明，加强画面的整体性。

步骤 06　在轨道中添加配音，删除视频片段自带的音频，然后根据画面、配音内容分割配音，通过移动配音片段、调整视频片段时长等方式，使配音和画面内容同步。

步骤 07　在轨道中添加背景音乐音频，调整其出点与视频出点一致，再在出点位置应用"交叉淡化"音频过渡效果，并调整效果的持续时长。使用"音频增益"命令调整背景音乐的音量，使其不影响配音的识别度。

步骤 08　根据配音内容，使用"文字工具" T 在画面底部输入字幕，使用"基本图形"面板调整字幕格式。再根据对应配音时长调整字幕时长，通过复制、粘贴操作，在不同位置添加字幕，制作出画面、字幕、配音三者同步的效果。

步骤 09　保存项目文件，导出 MP4 格式的文件。

实训2 创作传统文化栏目片头特效

实训背景

《文化传承》是一档以中华优秀传统文化为主题的文化体验类节目，该节目每一期都会邀请国家非物质文化遗产代表性传承人来呼吁大家弘扬和保护中华优秀传统文化。本期主要是宣传琴和棋，现需要制作一个栏目片头特效，要求使用 After Effects 创作，在特效中融入中华优秀传统文化元素，以此吸引并打动观众，视频时长为 20 秒。参考效果如图 4-119 所示。

图4-119 参考效果

效果预览

传统文化栏目片头特效

【素材位置】配套资源 :\ 素材文件 \ 第 4 章 \ "传统文化栏目片头素材"文件夹
【效果位置】配套资源 :\ 效果文件 \ 第 4 章 \ "传统文化栏目片头特效"文件夹

微课视频

创作传统文化栏目片头特效

实训思路

步骤 01 在 After Effects 中新建项目和合成文件。导入素材文件夹中的所有素材 (导入"水墨山川 .psd"素材时选择导入种类为"合成"), 然后打开"水墨山川"合成，将该合成中除"图层 3"图层的其余所有图层转换为三维图层。

步骤 02 新建一个摄像机图层，利用该图层中的位置和目标点属性关键帧，依次调整"远山 1.psd"～"远山 4.psd"图层的位置，制作摄像机镜头移动效果。

步骤 03 将"滴墨"文件夹中的图片素材以序列形式添加到"合成"面板中，调整位置和图层入点，再将该图层预合成。在该预合成中添加"琴 .jpg"素材，然后调整"琴 .jpg"素材的大小和位置，并设置轨道遮罩。

步骤 04 返回"水墨山川"合成，输入与"琴 .jpg"图片相关的文字，绘制线条作为装饰，然后将所有的文字和形状图层预合成，并调整预合成的入点和出点，再为该预合成添加"线性擦除"特效，利用"过渡完成"属性关键帧制作文字从无到有的动画效果。

步骤 05 再次利用摄像机图层的位置和目标点属性关键帧，依次调整"中山 1.psd"～"中山 3.psd"图层的位置，制作摄像机镜头移动效果；然后使用步骤 03 ～步骤 04 的方法制作"棋"相关内容，再调整摄像机图层的位置和目标点属性参数，以及调整"近山 1.psd"图层位置。

步骤 06 添加"水墨 .mov"素材，并设置轨道遮罩。新建一个黑色纯色图层，输入主题文字，并将"印章 .png"素材拖曳到文字右侧，调整至合适大小，再调整这些图层至合适时长，然后利用不透明度和缩放属性关键帧制作主题文字动画效果，最后保存项目文件并导出 MP4 格式的文件。

课后练习

1. 填空题

（1）帧速率是指画面每秒传输的 _____，单位为帧/秒，即通常所说的 _____。

（2）在 Premiere 中，选择"文字工具" T 或"垂直文字工具" T 在画面中添加文字后，可以在 _____ 面板和 _____ 面板中设置文字格式。

（3）After Effects 中的表达式基于标准的 _____ 语言编写。

（4）腾讯智影仅支持大小在 _____ 以内的视频画面转换比例。

2. 选择题

（1）【单选】目前计算机显示器采用（　　）的方式显示视频。

    A. 逐行扫描　　B. 隔行扫描　　C. 隔列扫描　　D. 全屏扫描

（2）【单选】使用腾讯智影创作数字人播报时，需要在（　　）栏中修改播报内容。

    A. 内容编辑　　B. 播报内容　　C. 播放内容　　D. 样式编辑

（3）【单选】在 After Effects 中，拆分图层的快捷键为（　　）。

    A. Ctrl+Shift+D　　　　　　　B. Ctrl+D

    C. Alt+Shift+D　　　　　　　D. Shift+D

（4）【多选】在 Premiere 中，视频、图像、图像和文字通常具有（　　）基本属性。

    A. 位置　　　B. 缩放　　　C. 不透明度　　D. 旋转

（5）【多选】剪映专业版支持以（　　）形式在时间线中添加文字。

    A. 新建文本　　B. 花字　　C. 文字模板　　D. 智能包装

3. 操作题

（1）某文学领域的自媒体博主计划制作一个关于科普文房四宝的视频，以宣扬中华优秀传统文化。要求使用 Premiere 创作，画面精美，具有中国风韵味，参考效果如图 4-120 所示。

<figure>
效果预览

文房四宝科普
视频
</figure>

图4-120　文房四宝科普视频

【素材位置】配套资源:\素材文件\第4章\"文房四宝素材"文件夹

【效果位置】配套资源:\效果文件\第4章\文房四宝科普视频.prproj、文房四宝科普视频.mp4

<figure>
效果预览

草莓采摘视频
</figure>

（2）草莓采摘旺季即将来临，成都某果园为了吸引更多人来果园采摘草莓，提升草莓销量，并扩大果园的知名度，准备制作一个"草莓采摘"宣传短视频发布到

各大短视频平台。现已拍摄了多段视频素材，要求在剪映专业版中剪辑视频素材，为其添加合适的文字和装饰，美化视频画面，强调视频主题，从而增强短视频吸引力，短视频整体时长控制在 20 秒左右。参考效果如图 4-121 所示。

图4-121　草莓采摘视频

【素材位置】配套资源:\ 素材文件 \ 第 4 章 \ "草莓视频素材"文件夹

【效果位置】配套资源:\ 效果文件 \ 第 4 章 \ 草莓采摘视频 .mp4

第 5 章

数字动画创作

本章概述

　　动画与视频一样，都是集合图像、图形、音频等元素的艺术形式，但动画侧重于以图形为主要表现手段，风格和类型多样，是创作人员表达个人思想、理念等的常用艺术形式。随着科技的发展，动画逐渐分为二维动画和三维动画两大类，创作人员可以在熟练掌握动画创作要点的基础上，分别使用Animate、C4D制作二维动画和三维动画，同时还可以利用Midjourney生成所需的动画素材。

学习目标

1. 熟悉动画的概念、原理、常见类型、分镜、关键帧、画面组成和文件格式
2. 能够使用Animate和C4D分别创作二维动画和三维动画
3. 能够使用Midjourney辅助创作动画作品
4. 保持创作热情，精细打磨每一个动画作品

案例展示

"假期出行"安全提示动画

跨年活动三维场景动画

5.1　动画作品创作要点

动画是一种历史悠久的艺术形式，随着多媒体技术的发展，它逐渐成为数字多媒体领域具有代表性的艺术形式。创作人员可先了解动画的概念及原理、常见类型、分镜、关键帧、画面组成和文件格式等创作要点，以便对动画有较为全面的认识，之后再使用不同工具、软件进行创作。

5.1.1　动画的概念及原理

动画（animation）一词源自拉丁文字根"anima"，意思为"灵魂"；动词"animate"是"赋予……生命"的意思，引申意思为"使某物活起来"。因此，我们可以这么理解：动画是经由创作者安排，以绘画或其他造型艺术手段塑造角色和环境空间，使原本不具有生命的东西像获得了生命一般活动，它是一种创造生命运动的艺术。

使动画的组成元素获得生命般的运动，是基于视觉暂留现象，又称"余晖效应"。视觉暂留是指光对视网膜所产生的视觉在光停止作用后，仍在人的视觉里保留一段时间的现象。例如，在黑暗的房间里，让两盏相距 2 米的小灯以 25 毫秒～ 400 毫秒的时间间隔交替点亮和熄灭，观察者看到的就是一个小灯在两个位置之间"跳来跳去"的画面，而不是两盏灯分别点亮和熄灭的画面。这是由于视觉暂留原理，当一盏灯点亮时，这个画面会在观察者的视觉中停留十分短暂的时间，此时另一盏灯点亮，在视觉上就会将两盏灯混合为一盏灯，感觉像前一盏灯移动到了另一盏灯的位置。

因此，在动画制作中，通过制作一组只有细小差别并具有连续性的画面，然后快速播放这些画面，往往第一张画面还没有从视线里消失，下一张画面就显现出来，这些静态画面在人的大脑中会形成连续运动的影像，从而创造出动画效果。

5.1.2　动画常见类型

自 1892 年动画诞生以来，随着科技水平的提升和各类艺术形式的不断涌现，动画的类型越来越丰富，按照创作维度可将动画划分为二维动画和三维动画两大类。

- **二维动画**。二维动画在平面上进行创作，只有长和宽两个维度，通常由一系列静态的画面组成，通过快速、连续地播放这些画面来创建动画效果。二维动画的视觉效果虽然扁平，没有立体感，但是能够直观地表现事物的特点，充分传递情感，以及展现人物和物品的运动状态，且二维动画表现形式多样，具有强烈的表现力和灵活性，在教育、娱乐、广告等多个领域都有广泛的应用，如图 5-1 所示。

图5-1　二维动画

- **三维动画**。三维动画又称为 3D 动画，在立体空间中进行创作，有长、宽和高三个维度。三维动画主要利用计算机三维软件通过建模、动画制作和渲染等步骤生成动画内容，动画更具立体感和真实感，视觉效果比较新颖、震撼，在医学、教育、军事、娱乐、广告等多个领域都有广泛的应用，如图 5-2 所示。

图5-2　三维动画

5.1.3　分镜和关键帧

分镜，又称为故事板，是在实际制作动画之前，根据剧本内容将文字描述转化为具体视觉画面的一种工具，不仅包含对运镜方式、时间长度、对白、特效等要素的标注，还按照剧情的逻辑顺序将视觉画面精心排列，形成连续的镜头序列。分镜的主要目的是帮助创作人员更深入地理解和把握剧本的整体脉络，确定每个镜头的具体实现细节，进而提高制作效率和作品质量。

在动画制作领域，关键帧定义动画在特定时间点上的画面状态，创作人员通过在不同的时间点设置关键帧，可以控制动画的起始、转折和结束，以及各个阶段的过渡，确保动画的流畅性。基于该特性，创作人员应将分镜中对剧本内容发展至关重要的节点设置为动画的关键帧，并利用动画软件自动计算生成中间帧的内容，实现动画的平滑过渡。

因此，分镜为关键帧的设置提供了坚实的框架和明确的指导方向，而关键帧则通过先进的技术手段，将分镜中的创意构思转化为生动的动态画面，如图 5-3 所示。

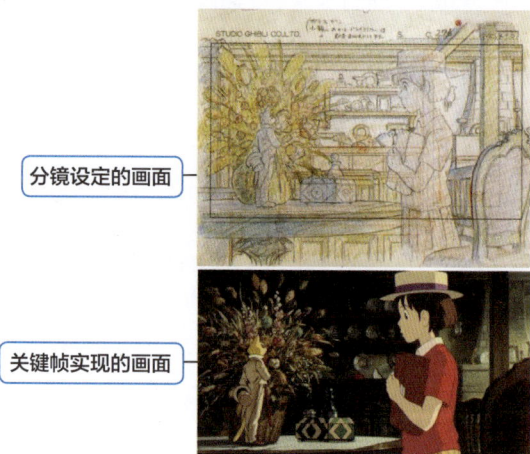

图5-3　分镜与关键帧

5.1.4　画面组成——角色、静物和场景

在动画中，角色、静物和场景是构成动画画面不可或缺的三大基本元素，它们共同构建了画面的丰富视觉层次和叙事情景。

- **角色**。角色是动画剧情的核心对象和关键要素，其可以是人类、动物、植物、外星生物或任何想象中的虚构形态。角色通过自身的行动和成长推动着剧情的发展，并吸引受众的注意力。每个角色都拥有独特的性格、外貌和背景故事，这些特征相互交织，共同塑造了角色的个性。随着动画领域的拓展，在广告动画中产品本身也常被视为一种角色，角色已不局限于前文所提到的类型。

- **静物**。静物是画面中除了角色和场景的元素，如角色手中的道具、室内家具等，在画面中具有营造环境氛围、衬托角色表演的重要作用，其可以是建筑、自然景观、道具和其他非生命体。静物的设计需要与动画的整体风格和主题相协调，同时，静物还可以通过光影效果、色彩搭配等方式来增强画面的视觉冲击力和情感表达。
- **场景**。场景是画面中角色和静物所处的具体环境或空间，用于表现角色的活动环境和剧情背景，其可以是室内场景、户外环境、未来都市或奇幻世界等。场景设计需要考虑动画的整体风格和叙事需求，通过布局、色彩、光影等营造特定的氛围和情感基调。场景的变化和转换是推动动画剧情发展的重要手段之一。

图5-4所示的动画画面中，角色是两个人物，静物是绿色虫子、桌子、台灯、器皿和书本，场景便是室内。

图5-4　角色、静物和场景

5.1.5　动画文件格式

动画的应用领域较为广泛，因此文件格式也比较多，创作人员应根据动画的具体应用场景使用恰当的文件格式保存动画作品。

- **FLA（*.fla）格式**。FLA格式是Animate动画软件的源文件格式，可以保存文件中的所有元素，包括图形、动画、代码、音频和视频等。通过编辑FLA格式文件，创作人员可以修改、增加新元素或删除已有元素，以调整动画效果。
- **SWF（*.swf）格式**。SWF格式是一种多媒体文件格式，也是Animate动画软件生成的文件格式，通常用于网络动画、游戏和应用程序的交互式界面，其主要特点包括小巧、可压缩、高度可定制性，可支持的设备、平台范围广泛。
- **HTML（*.html）格式**。严格意义上说，HTML是一种标记语言，它通过标签来标记要显示在网页中的内容。为此，在制作网页动画时，Animate动画软件提供了发布HTML格式文件的功能，使动画可以更方便地在网页中使用。
- **GIF（*.gif）格式**。GIF格式的文件可以存储256种颜色和多幅图像，并按照指定的时间间隔播放，从而形成连续的动画效果，是制作动态图形和表情包的常用输出格式，同时文件较小，便于在网上传输。
- **FBX（*.fbx）格式**。FBX（Filmbox）是一种由Autodesk公司开发的通用文件格式，被广泛应用于计算机图形和游戏开发领域。FBX格式文件可以包含模型的几何数据、材质、动画、骨骼、灯光和相机等信息，支持多种数据类型和复杂的3D场景数据。由于FBX格式具有良好的跨平台兼容性，它常用于在不同的3D软件之间进行数据交换和共享。
- **Alembic（*.abc）格式**。Alembic是一种高效的3D几何体和动画数据存储格式，专注于跨软件数据交换，适用于在多个3D软件之间共享复杂的动画数据，特别是在处理大规模场景和复杂动画时非常有用。

5.2　二维动画作品创作——Animate

Animate的前身是Flash，随着科技的发展及人们对二维动画期望的提升，Animate在保留Flash各种优势的基础上，又新增了许多功能，使得其在绘制图形和制作动画效果方面更加简洁易用。

5.2.1　认识Animate工作界面

在计算机中双击Animate图标 An 可启动该软件，打开或新建文件后可进入图5-5所示的工作界面，该界面由菜单栏、工具箱、场景、标题栏和常用面板组成。

图5-5　Animate工作界面

- **菜单栏**。菜单栏由"文件""编辑""视图""插入""修改""文本""命令""控制""调试""窗口""帮助"11个菜单项组成，每个菜单项包含多个命令。若命令右侧标有 ▷ 符号，表示该命令还有子菜单；若某些命令呈灰色显示，则表示没有激活，或当前不可用。

- **工具箱**。工具箱中包含制作动画的常用工具，右下角有 ◢ 符号的工具表示该工具位于工具组内，将鼠标指针移至具有 ◢ 符号的工具上，长按鼠标左键或右击可展开该工具组，显示组内其他工具。除此之外，单击工具箱上的"编辑工具箱"按钮 …，可打开工具栏选项面板，将其中的工具拖曳到工具箱中。单击工具栏选项面板右上角的 ≡ 按钮，在打开的下拉列表中选择"重置"选项，可以将工具箱中的工具重置为默认状态。

- **场景**。场景是用于绘制和编辑图形、创作动画的主要区域，一个文件可以包含多个场景。场景顶部为编辑栏，中央的矩形区域为舞台，舞台的四周为粘贴板，其中位于舞台中的内容才是最终显示的内容。

- **标题栏**。标题栏位于菜单栏下方，用于显示已打开或已创建文件的名称和格式，以及该文件的"关闭"按钮 ✕。另外，若当前文件已保存，将鼠标指针移至标题栏时，则会显示当前文件的详细存储位置、磁盘剩余空间等。

- **常用面板。**常用面板用于设置工具箱中工具的参数和舞台中对象（如图形、元件、文字、实例等）的属性。除了默认显示在工作界面的几个面板，还可以通过"窗口"菜单项选择其他面板对应的命令，在工作界面中打开并显示其他面板。其中，"时间轴"面板是创建动画和控制动画播放进程的重要区域，主要由左侧的图层控制区和右侧的时间线控制区组成，图 5-6 所示为该面板的部分重要按钮；"库"面板是保存导入素材和所有创作资源的区域，若需要使用其中的内容，只需要将该内容拖曳到舞台中；"属性"面板用于调整工具、对象、帧和当前文件的属性，并且根据调整对象划分为 4 个选项卡，各个选项卡的参数不固定，会根据当前所选内容的不同而显示不同的参数。

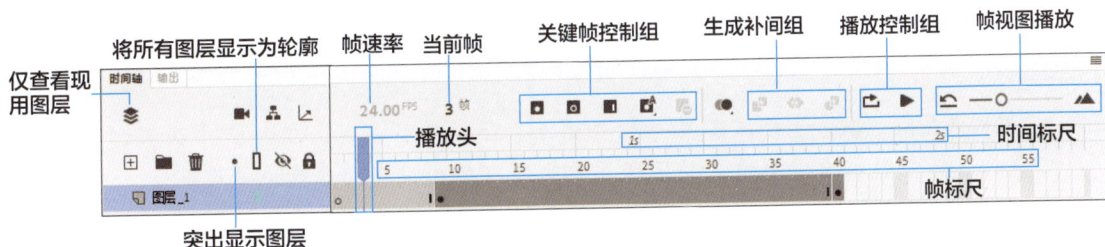

图5-6 "时间轴"面板

5.2.2 绘制和编辑图形

在 Animate 中，图形既包含由笔触组成的轮廓，也包含由填充组成的色块，以及笔触和填充组成的复杂元素，如图 5-7 所示，绘制和编辑这些对象分别有不同的工具。

图5-7 图形的组成

1. 绘制和编辑笔触

"线条工具" ／、"铅笔工具" ✐、"画笔工具" ✐和"钢笔工具" ✐都是绘制笔触的常用工具，其中"线条工具" ／与 Photoshop 中的"直线工具" ／类似，其他 3 种工具的使用方式分别与 Photoshop 中的同名工具类似。选择这些工具后，在"属性"面板的"工具"选项卡中可设置颜色、样式等参数，然后在舞台中便可绘制对应的笔触。

绘制完笔触后，使用"选择工具" ▶选中笔触后，可以使用"属性"面板中的"对象"选项卡编辑其属性（这些属性与绘制笔触时在"工具"选项卡中能设置的参数一致），还可以使用以下工具来改变笔触的粗细、颜色、形状等属性。

- **宽度工具"** ✐。该工具用于调整笔触的宽度，可使其粗细不均。选择该工具，鼠标指针将变为 ▸ 形状，将鼠标指针移至需要修改的笔触上，鼠标指针将变为 ▸+形状，表示可在此处添加编辑点，在此处单击确定编辑点后，拖曳鼠标指针可调整笔触的宽度，并且在拖曳过程中将显示调整后笔触的轮廓预览图。
- **"橡皮擦工具"** ◆。该工具用于擦除不需要的笔触和填充部分。选择该工具，在"属性"

面板的"工具"选项卡中自行设置参数，在需要擦除的区域单击，拖曳鼠标指针便可擦除。

- **"墨水瓶工具"** 。该工具用于修改线条的颜色、粗细、样式等属性。选择该工具，在"属性"面板的"工具"选项卡中设置笔触大小、宽、样式等属性，然后在需修改的笔触上单击，可修改笔触的对应属性。

2. 绘制和编辑填充

绘制填充用到的主要是形状工具组，利用该工具组也能绘制几何形状的笔触，其使用方式与Photoshop中的形状工具组相似，包括"矩形工具" 、"椭圆工具" 、"多角星形工具" 、"基本矩形工具" 和"基本椭圆工具" ，用于绘制规则的几何图形。用前3种工具绘制出的图形，其笔触和填充并非一个整体，可以进行单独设置；而用名称带有"基本"的后2种工具绘制出的图形，其笔触和填充为一个整体，不可单独设置。

在Animate中，常使用"颜料桶工具" 、"渐变变形工具" 、"颜色"面板和"样本"面板来编辑填充。

- **"颜料桶工具"** 。选择该工具，在"属性"面板的"工具"选项卡中设置填充颜色，再将鼠标指针移至需要填充的区域并单击便可使用设置的颜色填充该区域。
- **"渐变变形工具"** 。该工具用于调整渐变色的范围、旋转方向、位置等属性，并且针对线性渐变和径向渐变提供不同的调整参数。
- **"颜色"面板**。该面板用于设置绘图工具笔触和填充参数的颜色，也可以用于调整当前所选图形的笔触和填充的颜色。另外，在"填充"色块右侧的下拉列表中可选择"无"选项，取消填充效果；也可选择"纯色""径向渐变""位图填充"选项，分别使用纯色、渐变色和位图等来填充。
- **"样本"面板**。该面板的"默认色板"文件夹中提供了常用的纯色和渐变色，选择填充或笔触后，单击颜色色块即可使用对应的颜色。

> **知识补充**
>
> 在绘制图形时，若单击"属性"面板"工具"选项卡的"对象绘制模式"按钮 ，将开启对象绘制模式，每次绘制的内容都是一个独立的对象；在非对象绘制模式下绘制多个重叠图形时，这些图形将作为一个整体，不可以单独选取。

3. 美化图形

选择图形，通过设置"属性"面板"帧"选项卡中"色彩效果"栏、"混合"栏、"滤镜"栏的参数，可以在一定程度上美化图形的视觉效果。这种方法对舞台中不同类型的对象（如图像、文字）同样适用，但需要注意的是，设置这些参数后，将对当前图形所处帧上的所有图形生效。

- **"色彩效果"栏**。该栏中只有一个下拉列表，其中提供"无""亮度""色调""高级""Alpha"5个选项，后4个选项用于调整图形的亮度、色彩倾向、色调和不透明度。
- **"混合"栏**。该栏用于改变叠加图形之间的不透明度和颜色关系，创造出独特的视觉效果，但注意叠加图形不能位于同一个同层。

● **"滤镜"栏**。选择图形，单击"滤镜"栏右侧的"添加滤镜"按钮 **✛**，在弹出的下拉列表中可选择使用"投影""模糊""发光""斜角""渐变发光""渐变斜角""调整颜色"滤镜来美化图形。

5.2.3　添加和分离文字、图像

1．添加文字、图像

要想在 Animate 中添加文字，可选择"文本工具" **T**，然后在"属性"面板的"工具"选项卡中设置字号、字体、字距、文字颜色、段落间距等参数，按照与 Photoshop"横排文字工具" **T** 相同的操作方法在场景中输入点文字或段落文字。需要注意的是，使用"文本工具" **T** 输入的文字是无描边的纯色，若需要调整为渐变色或添加描边，都需要额外操作。

要想在 Animate 中添加图像，可直接使用【文件】/【导入】命令，在弹出的快捷菜单中选择"导入到库"命令或"导入到舞台"命令。需要注意的是，若是使用"导入到库"命令，那么导入的图像将存放在"库"面板中，需要手动添加到舞台上。另外，通过这些命令还可以将 PSD 或 AI 格式的文件内容添加到 Animate 中。

2．分离文字、图像

在 Animate 中，若要为文字或图像制作更为丰富、多变的样式或动态效果，需要将其转换为图元构成的对象，这一过程通常被称为"分离"。具体操作方法为：选择文字或图像，按【Ctrl + B】组合键，若文字为多个字符，则需要按"字符数 + 1"次的【Ctrl + B】组合键才能将每个字符都转换为图元。图5-8 所示为使用"选择工具" ▶ 分离图像的效果，可看到分离后的图像由"点"组成。

图5-8　分离图像效果

5.2.4　添加和编辑音频

使用"导入"命令可将音频文件添加到 Animate 中，该音频所处的帧必须没有其他内容，否则在对此帧制作动画效果时，会严重影响最终效果的呈现。添加音频后，若不符合预期，可以将其替换，或者通过设置播放效果和播放次数，调整时长和音量等编辑音频。

● **替换音频**。将用于替换的音频文件添加到"库"面板中，在"时间轴"面板中选择已添加音频的帧，然后在"属性"面板中"帧"选项卡"声音"栏的"名称"下拉列表中选择替换的音频。

● **设置播放效果和播放次数**。在"时间轴"面板中选择已添加音频的帧，在"属性"面板中"帧"选项卡的"效果"下拉列表中可设置音频播放效果，如左声道、淡入、淡出等；在"同步"下拉列表下方的下拉列表中选择"重复"选项后，可以在其后的数值框中设置音频文件的播放次数，选择"循环"选项则将循环播放音频。

● **调整时长和音量**。在"时间轴"面板中选择已添加音频的帧，在"属性"面板的"帧"

选项卡中单击"编辑声音封套"按钮 ，打开"编辑封套"对话框，在其中可以调整音频的持续时间和音量。

5.2.5　创作动画

在 Animate 中创作动画离不开帧和元件，通过它们可以创作出多种类型的动画。

1．帧

关键帧是动画中的一个重要概念，它指的是角色或物体在运动变化中关键动作所处的那一帧。在 Animate 中，常见的帧有空白关键帧、关键帧和普通帧（简称帧）3 种类型，如图 5-9 所示。在空白关键帧中添加内容后，该帧将变为关键帧，而普通帧则延续前一个关键帧或空白关键帧中的内容，即本身不具备独立的内容。

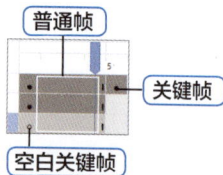

图5-9　帧类型

创建新图层后，新图层的第 1 帧将自动被设置为空白关键帧。若需要在其他帧位置创建帧，则需在其他帧位置右击，在弹出的快捷菜单中选择"插入帧"（快捷键为【F5】）、"插入关键帧"、"插入空白关键帧"命令，或者通过在"时间轴"面板右侧的按钮组中单击相应按钮来创建。

2．元件

使用 Animate 制作动画时，运用动态效果的对象通常需要为元件，否则将无法正确运行效果。元件是指由多个独立的元素和动画合并而成的整体，每个元件都有单独的时间轴和舞台，以及多个图层。需要注意的是，元件仅存在于"库"面板中，将元件拖曳到舞台产生的对象为实例。实例具有其元件的一切特性，编辑元件会影响舞台中基于该元件创建的所有实例；但若在舞台上修改实例的形状或大小等，则不会对"库"面板中这一实例的元件产生影响。本书中为了便于统一，从本小节开始不对元件和实例在称呼上进行区分，而是统一称为元件。

（1）创建元件

元件具有图形 、影视剪辑 和按钮 三种类型，它们的产生都有两种途径，一种是新建元件，另一种则是将舞台中已存在的对象转换为元件。

- **新建元件**。在"库"面板中右击，在弹出的快捷菜单中选择"新建元件"命令，打开"创建新元件"对话框，设置元件名称和类型后，单击 按钮，然后将打开元件编辑窗口（该窗口是一个空白的场景），在该场景的舞台中可添加元件内容。
- **转换元件**。在舞台中选择素材并右击，在弹出的快捷菜单中选择"转换为元件"命令，打开"转换为元件"对话框，设置元件名称和类型，单击 按钮。此时在舞台中的素材标识为实例，转换的元件则处于"库"面板中。

（2）编辑元件

编辑元件内容需要先在"库"面板中双击元件类型图标，或双击舞台中的该元件实例来重新进入该元件的编辑窗口，再调整其内容。

3．动画类型

在 Animate 中，动画类型有逐帧动画、补间动画，以及由补间动画衍生出的引导动画、遮罩动画和摄像头动画，这些动画分别有不同的创作方式。

（1）逐帧动画

逐帧动画是由多个连续帧组成，通过改变每帧的内容所形成的一种动画类型，如图 5-10 所示。常见的动态表情、GIF 动图、定格动画大都属于逐帧动画。在 Animate 中，创建逐帧动画的方法有以下 3 种。

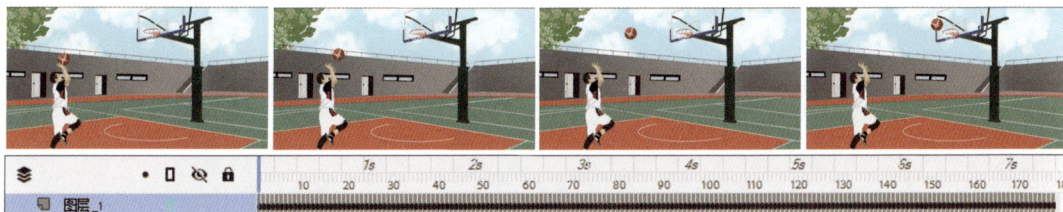

图5-10　逐帧动画

- **转换为逐帧动画**。选择一个帧并右击，在弹出的快捷菜单中选择"转换为逐帧动画"命令后，再在弹出的子菜单中选择所需命令，此时可创建相应数量的帧，修改这些帧内容便可形成逐帧动画。
- **逐帧制作**。新建多个空白关键帧，然后在每个空白关键帧上添加有区别的内容。
- **导入具有连续编号的图像素材**。使用"导入到舞台"命令选择具有连续编号的图像素材，可将剩余连续编号的图像素材一同导入，并且 Animate 会自动按照添加图像素材的顺序，依次将图像素材转化为关键帧，从而形成逐帧动画。

（2）补间动画

补间动画（广义）是一种通过指定对象的起始状态和结束状态，Animate 会自动生成中间状态的动画类型，又可分为补间动画（狭义）、传统补间动画和形状补间动画 3 种形式。

- **补间动画（狭义）**。补间动画（狭义）是通过为不同帧中的对象属性指定不同的值来创建的。在关键帧中放置元件，然后右击，在弹出的快捷菜单中选择"创建补间动画"命令，再多次插入带有属性的关键帧，即可基于该元件制作一个补间动画。补间动画（狭义）在"时间轴"面板中显示为连续的具有黄色背景的帧范围，第一帧中的黑点表示补间范围内有目标对象，如图 5-11 所示，黑色菱形表示最后一帧和任何其他属性关键帧。
- **传统补间动画**。传统补间动画又称运动渐变动画，其原理是通过不同性质的关键帧，使对象产生缩放、不透明度、色彩、旋转等方面的动画效果。在动画的开始关键帧和结束关键帧中放入同一个元件，在两个关键帧之间右击，在弹出的快捷菜单中选择"创建传统补间动画"命令，然后调整两个关键帧中对象的大小和旋转等属性，即可基于该元件制作一个传统补间动画。传统补间动画在"时间轴"面板中的开始帧、结束帧和二者之间的过渡帧，会呈现出带有黑色箭头和浅紫色背景的效果，如图 5-12 所示。
- **形状补间动画**。形状补间动画是通过矢量图形的形状变化，实现从一个图形过渡到另一个图形的渐变过程。该动画与补间动画（狭义）和传统补间动画的区别在于，形状补间动画不需要将素材转换为元件，只需保证素材为矢量图形。在动画的开始关键帧和结束关键帧中绘制不同的图形，然后在两个关键帧之间右击，在弹出的快捷菜单中选择"创建形状补间"命令，即可基于这两个图形制作一个形状补间动画。形状补间动画在"时间轴"面板中的开始帧、结束帧和二者之间的过渡帧，会呈现出带有黑色箭头和棕色背景的效果，如图 5-13 所示。

图5-11　补间动画（狭义）　　图5-12　传统补间动画　　图5-13　形状补间动画

（3）引导动画

引导动画是一种动画对象沿着引导线移动的动画类型。它由引导层和被引导层组成，其中引导层中的内容为引导线，并且引导线在最终发布动画时不会显示出来；被引导层用于放置动画对象，对象的动画类型一般是传统补间动画，如图 5-14 所示。

创建引导动画的前提是创建引导层和被引导层，可先选择要成为被引导层的图层，再右击，在弹出的快捷菜单中选择"添加传统运动引导层"命令，可为该图层创建一个引导层，同时该图层将转换为被引导层。此时，创建的引导层中并无内容，需要创作人员自行使用绘制笔触的工具来绘制引导线，然后在被引导层中的开始关键帧和结束关键帧两处，将动画对象分别放置在引导线的两

图5-14　引导动画

端，并且动画对象的中心点要牢牢吸附在引导线上，最后为两处关键帧创建传统补间动画，即可完成一个引导动画。

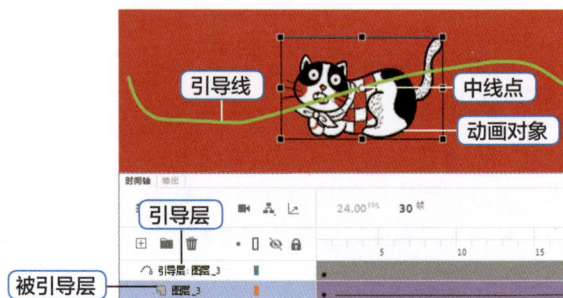

需要注意的是，绘制的引导线应是从头到尾不中断、不封闭的笔触，其转折不宜过多，不宜出现交叉、重叠等情况，以免 Animate 无法准确判断动画对象的运动路径。

（4）遮罩动画

遮罩动画是一种通过遮罩控制动画内容显示范围和轮廓的动画类型。它由遮罩层和被遮罩层组成（见图 5-15），其中遮罩层用于放置遮罩，遮罩必须有实心填充内容，并且可为遮罩制作补间动画，以实现移动、放大和变形等效果；被遮罩层用于放置动画内容，动画内容的类型可为逐帧动画或补间动画。

创建遮罩动画的前提是创建遮罩层和被遮罩层，可先选择需要成为遮罩层的图层，再右击，在弹出的快捷菜单中选择"遮罩层"命令，该图层将自动转换为遮罩层，并且位于该图层下方的图层将自动转换为被遮罩层。另外，Animate 会自动锁定转换后的遮罩层和被遮罩层。需要注意的是，遮罩动画中的遮罩

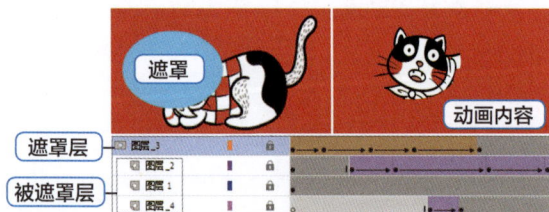

图5-15　遮罩动画

层只能有一个，而被遮罩层可以有多个，将其他图层拖曳到遮罩层的下层，便可将该图层转换为被遮罩层。

（5）摄像头动画

摄像头动画是一种通过模拟摄像头移动来展示舞台画面的动画类型，使用该动画类型不但可以

近距离放大感兴趣的画面，也可以缩小画面以查看更大范围的效果，从而实现单一画面的景别切换。

要想创建摄像头动画，需要确保当前文档在"文档设置"对话框中已选中"使用高级图层功能"复选框，开启高级图层功能。然后在工具箱中选择"摄像头工具"■，或在"时间轴"面板中单击"添加摄像头"按钮■，此时"时间轴"面板中将出现名称为"Camera"的摄像头图层，表示已经成功添加摄像头，并且舞台与粘贴板分界线的颜色由黑色变为蓝色，表示舞台已成为摄像头，分界线成为摄像头边框，舞台下方将出现摄像头控件，如图 5-16 所示。

此时，选择【窗口】/【属性】命令，打开"属性"面板，单击该面板的"工具"选项卡，在"摄像头"栏中可设置摄像头的显示范围，其中"X""Y"参数用于设置摄像头在水平和垂直方向的位置，"缩放"参数用于设置摄像头中画面的显示比例，"旋转"参数用于设置摄像头中画面的旋转角度，■按钮用于重置参数至默认状态。通过不断在"Camera"图层中创建关键帧，调整关键帧所对应摄像头的设置，再在这些关键帧之间创建传统补间动画，即可制作一个摄像头动画。

图5-16 摄像头动画

5.2.6 导出动画文件

选择【文件】/【导出】命令，在弹出的子菜单中有 6 个子命令，如图 5-17 所示，可分别将当前动画导出为图像、影片、视频、动画 GIF 和资源等形式。其中的"导出影片"子命令可导出 Animate 专属的 SWF 文件格式。

选择"导出影片"子命令，可打开"导出影片"对话框，在其中自行设置后，单击 保存(S) 按钮。需要注意的是，若设置的导出类型是 SWF 影片，

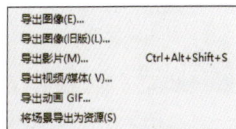

图5-17 "导出"命令

则单击 保存(S) 按钮可直接导出对应文件；若设置的导出类型是 JPEG、GIF、PNG 或 SVG 序列，则单击 保存(S) 按钮后，还会打开相应的设置对话框，在其中设置参数（通常保持默认设置）后，单击 确定 按钮，方可导出对应文件。

【案例】 创作"假期出行"安全提示动画

某海滨城市的交通部门为迎接即将到来的旅游旺季，计划制作一个时长在 10 秒内、主题为"假期出行"的安全提示动画，旨在提醒市民和游客在出行时选择错峰出行。具体操作如下。

步骤 01 启动 Animate，新建一个宽高为"1270 像素 ×720 像素"，帧速率为"24.00"，平台类型为"ActionScript 3.0"的文件。按【Ctrl + O】组合键，打开"场景 .fla"文件（配套资源 :\ 素材文件 \ 第 5 章 \""假期出行'安全提示动画"文件夹）。

微课视频

创作"假期出行"安全提示动画

> **知识补充**
>
> Animate 提供了多种不同类型的动画文件，以适应不同播放环境的需要，其中的 ActionScript 3.0 较为常用，适用于大多数领域。

步骤 02　选择素材文件第 1 帧，按【Ctrl + C】组合键复制，切换到新文件，按【Ctrl + V】组合键粘贴该帧的内容，由于该帧的素材宽于新文件舞台的宽度，将部分素材内容放置在粘贴板处。选择画面中的海水图形，按【Ctrl + X】组合键剪切，新建图层 _2 后，按【Ctrl + V】组合键粘贴内容，并调整位置。重复操作，剪切左下角的椰树和海鸥图形到新建图层 _3，完成场景的搭建，效果如图 5-18 所示。

步骤 03　新建图层 _4，选择"矩形工具" ▇，在"属性"面板"工具"选项卡中取消笔触，设置填充为黄色"#FFCC00"、圆角半径为"40"，在舞台中绘制圆角矩形。选择"文本工具" T，设置字体为"方正粗倩简体"、大小为"80pt"、填充为蓝色"#0066FF"，在圆角矩形中输入"假期出行安全提示"文字。

步骤 04　选择图层 _4 的第 1 帧，在"帧"选项卡中单击"滤镜"栏的"添加滤镜"按钮 ＋，在弹出的下拉列表中选择"发光"选项，在显示的参数栏中设置模糊 X/Y 均为"10"、颜色为白色"#FFFFFF"，此时的画面效果如图 5-19 所示。

步骤 05　新建图层 _5，打开素材文件夹中的"角色 .fla"文件，复制、粘贴人物角色到该图层第 1 帧，此时将自动选中"任意变形工具" ▦，通过拖曳人物周围定界框的控制点调整大小，如图 5-20 所示。新建图层 _6，导入素材文件夹中的"假期出行安全提示 .mp3"文件到舞台，全选图层第 72 帧，按【F5】键插入帧，以便根据时长为当前画面制作动态效果。

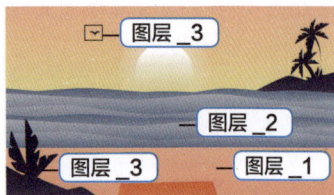

图5-18　搭建场景　　　　图5-19　设置滤镜效果　　　　图5-20　添加人物

步骤 06　选择图层 _2 的第 1 帧，按【F8】键将当前帧内容转换为名称为"海水"的图形元件。在该图层第 72 帧处按【F6】键转换为关键帧，水平移动该图层第 1 帧的图形，使粘贴板处的海水图形出现在舞台处。然后在两帧之间任选一帧右击，在弹出的快捷菜单选择"创建传统补间"命令，效果如图 5-21 所示。

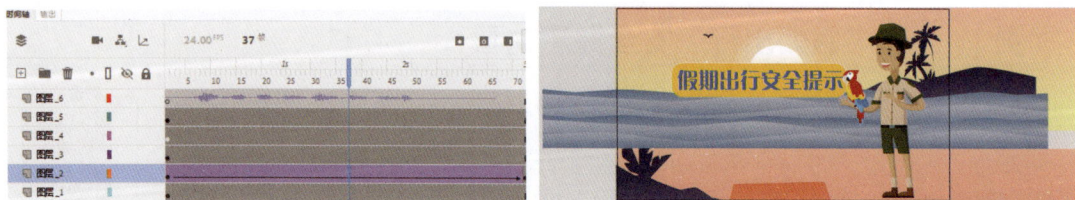

图5-21　海水平移效果

💡 **小技巧**

在 Animate 中，若当前帧为普通帧，并且前方存在关键帧，那么按【F6】键可将当前帧转换为关键帧，按【F7】键可将当前帧转换为空白关键帧。选中当前帧后右击，在弹出的快捷菜单中选择"插入关键帧"或"插入空白关键帧"命令来添加所需关键帧更有效率。

步骤 07　隐藏图层 _4、图层 _5，选择图层 _3 第 1 帧的海鸥图形，将其转换为同名图形元件，并双击进入元件编辑窗口。选择第 1 帧，将其转换为图形元件并右击，在弹出的快捷菜单中选择"创建补间动画"命令，此时帧将自动延长到 24 帧。在第 30 帧处按【F5】键后，将播放指示器移至第 5 帧，调整图形宽度，使其变窄，该位置将自动添加关键帧；再在第 10 帧处拉宽宽度，在第 15 帧处变窄、第 20 帧处拉宽、第 25 帧处变窄、第 30 帧处拉宽，制作出海鸥扇动翅膀的效果。

步骤 08　单击 ← 按钮，复制 2 次海鸥图形并调整位置，全选 3 个海鸥图形，一同转换为图形元件，进入元件编辑窗口，在第 30 帧插入帧。选择图层 _1 并右击，在弹出的快捷菜单中选择"添加传统运动引导层"命令，创建引导层，使用"铅笔工具" 🖊 在该图层中绘制一条黑色"#000000"的引导线，在所有图层第 72 帧处插入帧。调整被引导层第 1 帧元件的位置，如图 5-22 所示，将第 72 帧转换为关键帧，调整元件位置，如图 5-23 所示，再在两帧之间创建传统补间动画。单击 ← 按钮返回主场景，适当调整海鸥位置，动画效果如图 5-24 所示。

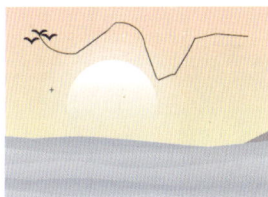

图5-22　调整第1帧海鸥位置　图5-23　调整第72帧元件位置　　　　图5-24　海鸥飞行动画效果

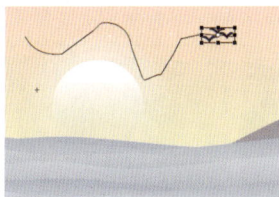

步骤 09　显示图层 _4，将该图层第 1 帧内容转换为名称为"标题"的图形元件，将第 25 帧转换为关键帧。使用"任意变形工具" 🔧 选择第 1 帧内容，拖曳左侧中心控制点变形元件，在"属性"面板"对象"选项卡的"色彩效果"栏中选择"Alpha"选项，数值将自动变为"0%"，效果如图 5-25 所示；选择第 25 帧，设置 Alpha 为"100%"，在两帧之间创建传统补间动画，效果如图 5-26 所示。

步骤 10　显示图层 _5，将该图层第 1 帧内容转换为名称为"人物"的图形元件，拖曳第 1 帧到 25 帧处，将第 31、40 帧都转换为关键帧，使用"任意变形工具" 🔧 缩小第 25 帧、放大第 31 帧的人物图形，再设置第 25 帧 Alpha 为"0%"、第 31 帧 Alpha 为"100%"，效果如图 5-27 所示。

图5-25　变形元件　　　　　图5-26　标题的动画效果　　　　　图5-27　人物的动画效果

步骤 11　选择图层 _5 后再新建图层，使新图层位于顶部。将"场景 .fla"文件第 2 帧的场景图复制到新图层的第 65 帧，调整位置后，将"角色 .fla"文件中除家用汽车的所有汽车复制、粘贴到该帧，并调整各车辆的大小，制作出车流效果。若需要调整车辆的排列顺序，可在舞台中右击，在弹出的快捷菜单中选择"排列"的子命令，效果如图 5-28 所示。

步骤 12　选择图层 _7 后新建图层，在"时间轴"面板再右击，在弹出的快捷菜单中选择"遮罩层"命令，此时该图层成为遮罩层，图层 _7 成为被遮罩层，二者自动锁定。解锁遮罩层，在第

65 帧处按【F7】键创建空白关键帧。使用"椭圆工具" ●绘制一个黑色"#000000"填充的圆形。将第 72 帧转换为空白关键帧，使用"矩形工具" ▬绘制一个黑色"#000000"填充、与舞台同等大小的矩形，如图 5-29 所示。

图5-28　添加新场景素材　　　　　　图5-29　绘制遮罩

步骤 13　在两个关键帧之间右击，在弹出的快捷菜单中选择"创建补间形状"命令，锁定遮罩层，效果如图 5-30 所示。

图5-30　切换场景的动画效果

步骤 14　解锁被遮罩层，按【Ctrl + Alt + C】组合键复制第 65 帧。按【Shift + F2】组合键打开"场景"面板，单击"添加场景"按钮⊞创建新场景后，将自动切换到新场景中，按【Ctrl + Alt + V】组合键粘贴帧。剪切所有车辆，新建图层后按【Ctrl + Shift + V】组合键将其原位粘贴到新图层中，然后水平向右调整位置，再将它们一同转换为名称为"车流"的图形元件。

> **知识补充**
>
> "场景"面板用于新增场景，播放动画时将按照场景顺序进行播放，若需要调整场景顺序，可选择场景名称进行上下拖曳。

步骤 15　新建图层，并导入素材文件夹中的"提示语 .mp3"文件，根据时长为所有图层的第 207 帧插入帧。选择图层 _2 后新建图层，将"角色 .fla"文件中的家用汽车复制到该图层的第 1 帧，调整大小后，将其转换为同名图形元件。选择该图层后再新建图层，使用"文本工具" T在底部输入字体为"方正黑体简体"，大小为"40pt"，填充为白色"#FFFFFF"的文字，如图 5-31 所示。

步骤 16　选择图层 _5 后再新建图层，将"角色 .fla"文件中的边框复制到该图层的第 1 帧，调整大小后，将其转换为同名图形元件，接着为其添加颜色为深蓝色的"#003399"、其他参数保持默认的投影滤镜。选择该图层后再新建图层，使用"文本工具" T输入字体为"方正黑体简体"，大小为"40pt"，填充为橙色"#FF6600"的文字，如图 5-32 所示。

步骤 17　将图层 _2 第 207 帧转换为关键帧，水平向右移动该帧的元件位置，在两帧之间创建传统补间动画。将图层 _4 移至图层 _2 下方，拖曳图层 _4 第 1 帧，将其移至第 36 帧，将第 86 帧转换为关键帧，水平向右移动位置，将第 207 帧转换为关键帧，水平向右移动位置，分别在 3 个关键帧之间创建传统补间动画，制作出道路拥堵的视觉效果。为图层_5第1帧创建补间动画，并将其移到底部粘贴板位置，在第16帧处将其移回原位置，如图5-33所示。

图5-31 在底部输入文字

图5-32 在边框中输入文字

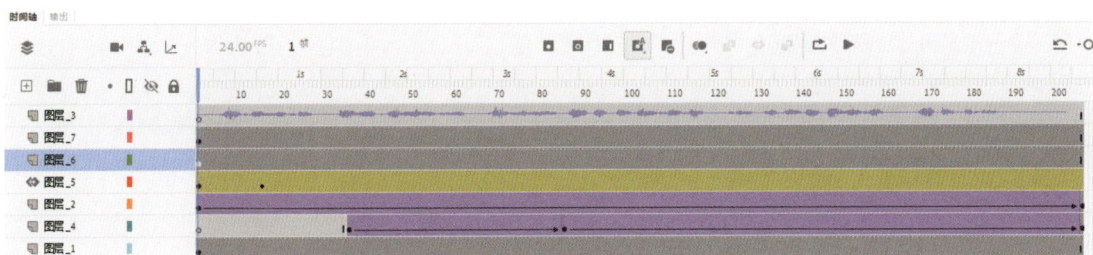

图5-33 调整各图层的关键帧并创建多种动画

步骤18 拖曳图层_6第1帧，将其移至第113帧，将第122帧转换为关键帧，将113帧中心点移至顶部中间控制点后缩小该元件，设置Alpha为"0%"；将第122帧的中心点移至相同位置，在两关键帧之间创建传统补间动画。

步骤19 拖曳图层_7第1帧，将其移至第122帧，按【Ctrl + B】组合键分离文字，然后在"时间轴"面板右击，在弹出的快捷菜单中选择【转换为逐帧动画】\【每3帧设为关键帧】命令，然后删除每一帧的部分内容，制作出每隔3帧多一个字符的效果，按【Shift + F6】组合键清除多余的关键帧，即第161帧开始的关键帧。

步骤20 预览画面效果，如图5-34所示。按【Ctrl + S】组合键保存动画源文件（配套资源:\效果文件\第5章\"假期出行"安全提示动画.fla），设置名称为"'假期出行'安全提示动画"。选择【文件】/【导出】/【导出影片】命令，打开"导出影片"对话框，在"保存"类型下拉列表中选择"SWF影片（*.swf）"选项，单击 保存(S) 按钮得到动画（配套资源:\效果文件\第5章\"假期出行"安全提示动画.swf）。

效果预览

"假期出行"安全提示动画

图5-34 场景2动画效果

【案例】 创作应用软件加载动画

微课视频

创作应用软件加
载动画

"绿源动植物志"是一款提供动植物资料的 PC 端应用软件，随着用户数量的日益增多和内置资料的不断丰富，软件启动时需要时间加载资源，因此，软件开发团队准备添加加载动画，提升用户体验。具体操作如下。

步骤 01 新建一个宽高为"1270 像素 ×720 像素"，帧速率为"24.00"，平台类型为"ActionScript 3.0"的文件。按【Ctrl + R】组合键导入"场景素材 .ai"文件（配套资源 :\素材文件\第 5 章\"应用软件加载动画"文件夹），在打开的对话框"将图层转换为"下拉列表中选择"单一 Animate 图层"选项，单击 导入 按钮后可将文件内容导入舞台。

步骤 02 按【Ctrl + K】组合键打开"对齐"面板，选中"与舞台对齐"复选框，依次单击"匹配宽和高"按钮、"水平中齐"按钮、"垂直居中分布"按钮，效果如图 5-35 所示。

步骤 03 新建图层并重命名为"框与名称"，使用"矩形工具"在舞台中间绘制一个填充为白色"#FFFFFF"，不透明度为"40%"的矩形，依次单击"水平中齐"按钮、"垂直居中分布"按钮，使其居于舞台中心。

步骤 04 使用"文本工具"在矩形顶部输入网站名称，设置字体为"优设标题黑"、大小为"120pt"、填充为绿色"#004738"，将其转换为图形元件后，进入元件编辑窗口。复制图层，修改原图层的文字填充为白色"#FFFFFF"，调整复制文字的位置，制作出投影效果，再返回主场景，单击"水平中齐"按钮，效果如图 5-36 所示。

步骤 05 新建图层并重命名为"等待"，使用"文本工具"在文字下方分别输入"Loading""…"文字，设置字体为"站酷快乐体 2016 修订版"、大小为"70pt"、填充为白色"#FFFFFF"，如图 5-37 所示，将"…"文字转换为图形元件。

图5-35 调整场景素材 　　　　图5-36 制作投影文字 　　　　图5-37 输入其他文字

步骤 06 新建图层并重命名为"进度条"，使用"矩形工具"在文字下方绘制一个填充为绿色"#004738"，圆角半径为"20"的圆角矩形，单击"水平中齐"按钮，将其转换为图形元件，如图 5-38 所示。进入该元件的编辑窗口，复制图层，选中复制图形，按【Ctrl + Shift + F9】组合键打开"颜色"面板，在填充色块右侧的下拉列表中选择"位图填充"选项，打开"导入到库"对话框，选择素材文件夹中的"树叶 .jpg"文件，单击 保存(S) 按钮，效果如图 5-39 所示。

步骤 07 为位图填充图形所在图层创建遮罩层，在"颜色"面板中填充色块右侧的下拉列表中重新选择"纯色"选项，使用"矩形工具"绘制一个能完全遮盖该图形的黑色"#000000"圆角矩形，如图 5-40 所示。

步骤 08 返回主场景，新建图层并重命名为"蝴蝶"。打开素材文件夹中的"蝴蝶 .fla"文件，将蝴蝶图形复制到新图层中，由于该图形是图形元件，所以直接双击进入元件编辑窗口，按【Ctrl + B】组合键分离图形，使蝴蝶翅膀和身体分离，再选择翅膀，按【Ctrl + B】组合键使两个翅膀分离。

图5-38　绘制圆角矩形　　　　图5-39　制作位图填充图形　　　　图5-40　绘制遮罩

步骤09　将左侧翅膀转换为图形元件后进入元件编辑窗口，再创建图形元件，并将中心点移至右侧控制点中心；将第 10 帧转换为关键帧，并将中心点移至右侧控制点中心；使用"任意变形工具" 调整第 1 帧的图形，如图 5-41 所示，在两个关键帧之间创建传统补间动画，复制第 1 帧，粘贴到第 20 帧，在第 10 帧和第 20 帧之间创建传统补间动画。

步骤10　单击 按钮，删除右侧翅膀，再复制、粘贴左侧翅膀并右击，在弹出的快捷菜单中选择【变形】\【水平翻转】命令，调整位置后得到图 5-42 所示的效果，选择整个蝴蝶图形，将其转换为图形元件，进入元件编辑窗口，在第 20 帧处插入帧。单击 按钮，为图层添加传统运动引导层，使用"铅笔工具" 在该图层中绘制一条黑色"#000000"的引导线，使用"宽度工具" 单击左侧引导线，拖曳鼠标指针拉宽引导线，使其呈现出从左到右逐渐变窄的效果，如图 5-43 所示。

图5-41　变形左侧翅膀　　图5-42　制作右侧翅膀　　　　　　图5-43　制作引导线

步骤11　在所有图层第 72 帧处插入帧，再将被引导层第 72 帧转换为关键帧，调整该图层两个关键帧上元件的位置和方向，使第 1 帧元件位于左侧引导线开始处，第 72 帧元件位于右侧引导线结束处。再在两关键帧之间创建传统补间动画，单击任一过渡帧，在"属性"面板中选中"沿路径缩放"复选框，效果如图 5-44 所示。

图5-44　蝴蝶飞舞效果

步骤12　单击 按钮，返回主场景。在所有图层第 72 帧处插入关键帧。双击"…"元件进入元件编辑窗口，分离文字成 3 个字符后，将第 3 帧、第 5 帧转换为关键帧，删除第 1 帧和第 3 帧的部分字符，制作出逐帧增加字符的效果，再在第 6 帧处插入帧。

步骤13　单击 按钮，返回主场景。双击圆角矩形元件进入元件编辑窗口，在所有图层第 72 帧处插入帧，将遮罩层第 1 帧转换为图形元件，再创建补间动画，移动位置到位图填充图形左侧，再在第 35 帧移动位置直至遮盖住全部的位图填充图形。返回主场景，效果如图 5-45 所示。

步骤14　单击"添加摄像头"按钮 ，将出现的 Camera 图层第 26 帧转换为关键帧，选中第 1 帧，在"工具"选项卡的"摄像机设置"栏中设置 X 为"1560"、Y 为"-776"、缩放为

"400%"。在该图层两个关键帧之间创建传统补间动画，隐藏除场景素材的所有图层，效果如图 5-46 所示。

图5-45　进度条读取动画

图5-46　摄像头动画效果

步骤 15　将"框与名称"图层第 1 帧内容转换为图形元件，将该帧移至第 26 帧，将第 33 帧转换为关键帧，缩小第 26 帧内容，再在两帧之间创建传统补间动画。将"等待"图层移至"框与名称"图层下方，将第 1 帧移至第 31 帧位置。将"进度条"图层第 1 帧移至第 36 帧，将第 40 帧转换为关键帧，水平向右移动第 36 帧内容，设置 Alpha 为"0%"，在两个关键帧之间创建传统补间动画。将"蝴蝶"第 1 帧移至第 33 帧，调整元件位置，再复制一个元件，调整复制元件的位置和方向，最终动画效果如图 5-47 所示。

步骤 16　保存动画源文件并设置名称为"应用软件加载动画"（配套资源:\效果文件\第 5 章\应用软件加载动画 .fla），导出 SWF 格式的动画（配套资源:\效果文件\第 5 章\应用软件加载动画 .swf）。

效果预览

应用软件加载
动画

图5-47　最终动画效果

👤 设计素养

制作动画是一个需要不断调整效果的过程，即便动画效果已经初步形成，在后续新增其他效果时，也可能会面临需要再次调整的情况。在这种情况下，创作人员需要保持高度的专注力与精益求精的态度，耐心、细致地调整，保持创作热情，对每一个作品都进行精细的打磨，以确保动画作品呈现出最佳效果。

5.3 三维动画作品创作——Cinema 4D

Cinema 4D（简称 C4D）是由 Maxon Computer 开发的一款强大的集三维建模、动画和渲染功能于一体的软件，拥有直观的界面和丰富的工具集，具备强大的物理引擎和模拟功能，能够创建逼真的三维动画效果。

5.3.1 认识Cinema 4D工作界面

在计算机中双击 Cinema 4D 图标◎启动该软件，可自动新建一个项目文件，并直接进入该软件的工作界面，如图 5-48 所示。

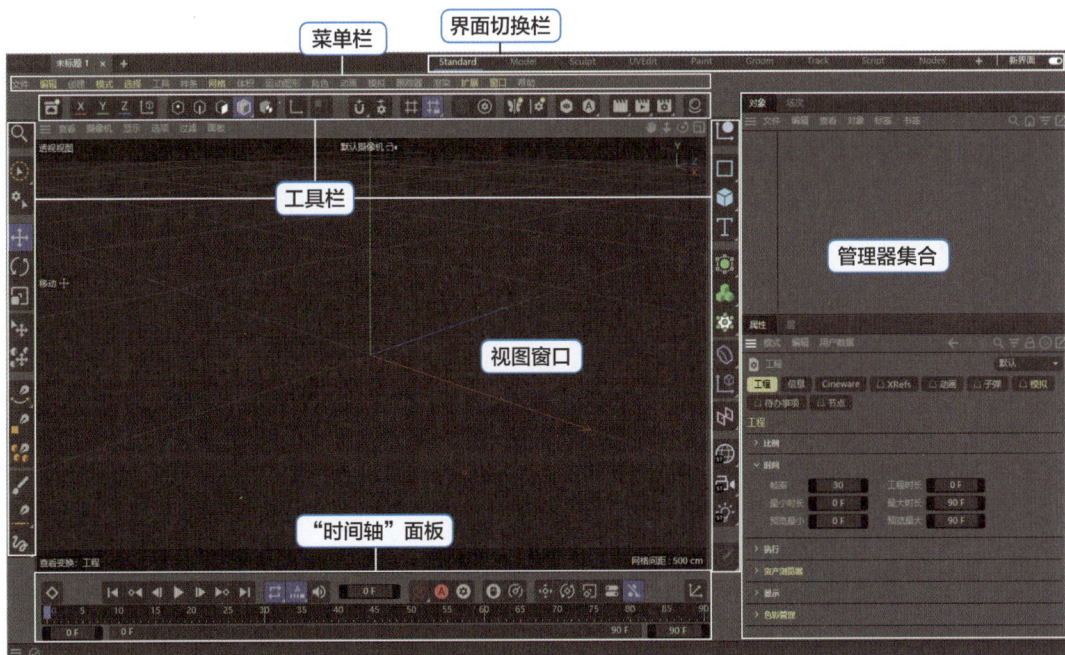

图5-48 Cinema 4D工作界面

（1）菜单栏

菜单栏基本涵盖了 Cinema 4D 中的大部分工具和命令，可以完成很多操作，如"创建"命令中基本涵盖了右侧工具栏中的大部分工具，"模式"命令中基本涵盖了顶部工具栏中的大部分工具。

（2）界面切换栏

界面切换栏主要用于切换不同的界面，方便用户快速选择合适的工作界面，其中 standard（标准）是 Cinema 4D 默认的界面。

（3）工具栏

Cinema 4D 中的工具非常多，共分为了 3 个工具栏，其中上方工具栏是标准工具栏，包含模型控制、视图控制等相关工具；左侧工具栏中的工具可用于对场景中的对象进行移动、旋转和缩放等操作，需要注意的是，在不同的对象模式中，该工具栏中的工具类型会有所差异；右侧工具栏中的工具可用于创建需要的对象，以及编辑对象的不同形态（通过不同的工具按钮）。

（4）视图窗口

视图窗口是编辑与观察模型的主要区域，占据软件工作界面面积最大的板块，默认为单独显示的透视图。切换不同的视图窗口可以在制作场景时准确且快速地观察对象的位置，切换时在视图窗口上按一下鼠标滚轮，视图窗口会从默认的透视图切换为四视图。在相应的视图上再次按一下鼠标滚轮，就可以最大化显示该窗口（通过【F1】【F2】【F3】【F4】键可快速切换四视图）。

> 💡 **小技巧**
>
> 在视图窗口中滑动鼠标滚轮，可以放大或缩小视图窗口中的对象；若按住【Alt】键不放，按住鼠标滚轮进行拖曳，可平移视图窗口；若按住【Alt】键不放，按住鼠标左键进行拖曳，可围绕选定的对象旋转视图窗口。通过移动、旋转和缩放视图窗口，创作人员可以很好地从各个角度观察视图窗口中的模型，便于后续制作。

（5）"时间轴"面板

"时间轴"面板是控制动画效果的主要区域，具有播放动画、添加关键帧和控制动画速率等功能。

（6）管理器集合

管理器用于设置模型及模型场景的构成、属性、图层及预设库，Cinema 4D 中的大多数工作都在管理器中完成。由于 Cinema 4D 的管理器非常多，这里仅介绍一些常用的管理器。需要注意的是，这里的管理器只是一个统称，并不是所有名称都是管理器，为了便于统一，所有管理器名称均与"窗口"菜单项中的名称一致。

- **对象管理器**。对象管理器中会显示场景中所有创建的对象，也会清晰地显示各对象之间的层级关系。对象管理器上方为操作对象的菜单，下方的结构树中列出了整个工程文件所包含的对象内容（包括模型、材质、纹理、灯光及场景等）和建模结构顺序。
- **属性管理器**。属性管理器可用于调节创建对象的相关参数。
- **资产浏览器**。资产浏览器的左侧罗列了模型、材质、灯光和贴图等建模、渲染中经常会用到的资源文件，这些文件都存储在云端，选中合适的资源并从云端下载后就能直接运用。
- **材质管理器**。材质管理器可用于创建任何类型的材质。建立模型后，材质管理器中不会有任何材质的缩略图，需要通过材质管理器顶部的菜单来创建、编辑与管理材质等。
- **坐标管理器**。坐标管理器允许用户以数字方式操纵对象，可以精确控制对象的位置、旋转和缩放。

5.3.2　创建和编辑三维模型

建模是三维动画制作中基础且非常重要的环节。Cinema 4D 中的建模方法主要有内置模型建模和样条建模两种，可结合运用，创建出绝大多数的模型类型。同时，还可以利用生成器、变形器、效果器等工具，或通过编辑模型点、线、面的方式，使搭建的三维模型达到预想的效果。

1．内置模型建模

内置模型指系统预先定义好的模型，只需单击相应的创建工具，或通过选择【创建】/【网格】命令下的子命令来创建。

（1）创建基础模型

长按右侧工具栏中的"立方体"工具 ，在打开的面板中可以看到 Cinema 4D 内置的基础建模工具，如图 5-49 所示。选择相应工具，即可创建基础模型，如常见的基础几何对象（如立方体、圆锥体、圆柱体、球体等）、几何平面对象（如圆盘、平面、多边形等）、地形对象等，大部分三维模型都可以由这些基础模型演变而成。创建模型后只需要调整属性管理器中的参数，就可以更改其形状。图 5-50 所示为选择"立方体"工具 后创建的立方体模型，图 5-51 所示为在属性管理器中修改立方体模型的默认参数。

（2）创建文本模型

长按"文本样条"工具 ，在打开的面板中可以看到"文本"工具 ，单击该工具可以直接创建立体的文本模型，如图 5-52 所示。创建文本模型后，可以在属性管理器中的"对象""封盖"两个选项卡中编辑文本模型。

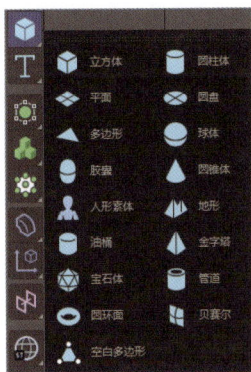

图5-49　基础建模工具　　　图5-50　立方体模型　　　图5-51　修改模型参数　　　图5-52　文本模型

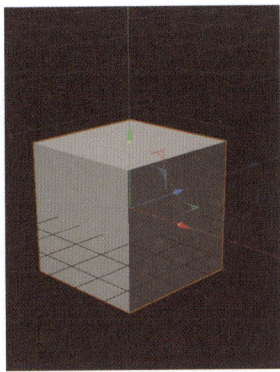

2. 样条建模

样条是 Cinema 4D 中自带的二维图形，只需单击相应的创建工具，或通过选择【创建】/【样条】命令下的子命令来创建，然后便可利用创建的样条线生成需要的三维模型。

（1）创建内置样条

长按"矩形"工具 ，在打开的面板中可以看到 Cinema 4D 中常用的内置样条工具。选择相应工具后即可创建特定的二维图形。创建图形后，可以通过在属性管理器中修改参数改变图形形状，或通过"转为可编辑对象"按钮 （快捷键为【C】）将二维图形转为可编辑样条线。

（2）手绘样条

如果要绘制更加复杂的二维图形，则可以选择左侧工具栏中的"样条画笔"工具 、"草绘"工具 、"样条弧线工具"工具 、"多边形画笔"工具 ，然后在视图窗口中手动绘制样条。绘制后可以利用"平滑样条"工具 减少样条上的点，使样条更加平滑，也可以利用"创建点"工具 增加样条上的点，通过调整点的位置来改变样条形状。

💡 **小技巧**

除了通过手绘样条的形式创建任意形状的样条，Cinema 4D 还支持导入在 Illustrator 中绘制的矢量图形，为三维模型带来更多的可能性，同时也能有效提高工作效率。其具体操作方法为：在 Cinema 4D 中选择【文件】/【合并对象】命令，在打开的"加载文件"对话框中双击 AI 格式的文件（或直接将该文件拖入Cinema 4D），在打开的"Adobe Illustrator导入"对话框中可以设置导入图形的缩放比例，最后单击 [确定] 按钮。

当编辑后的样条达到预想模型的基本样式后，可以运用一个让二维图形变成三维模型的生成器（在右侧工具栏中长按"细分曲面"工具█，在打开的面板中可以看到各种生成器，如图 5-53 所示），将样条线转换为三维模型。需要注意的是，并非所有生成器都具备这一功能，常用的主要有挤压、旋转、放样和扫描等生成器。图 5-54 所示为利用挤压生成器将星形样条生成星形模型的效果。另外，在使用生成器时，生成器一般需要作为对象的父层级，如图 5-55 所示。选择对象，按住【Alt】键的同时选择生成器，生成器将自动成为所选对象的父层级；按住【Shift】键的同时选择生成器，生成器将自动成为所选对象的子层级。

图5-53　生成器　　　　　　图5-54　生成星形模型　　　　图5-55　父子层级

3. 编辑三维模型

编辑模型就是在内置模型或样条模型的基础上进行变换，主要有以下 4 种方式。

（1）生成器编辑

生成器除了能用于样条中，还可以用于内置模型中，以生成一些复杂的三维模型。另外，除了前面所讲的生成器，在右侧工具栏中长按"体积生成"工具█和"克隆"工具█，在打开的面板中还可以看到一些特殊的生成器（其中紫色图标的工具也可以作为变形器来使用）。

（2）变形器编辑

变形器通常用于改变三维模型的形态，形成扭曲、倾斜和旋转等效果。在右侧工具栏中长按"弯曲"工具█，在打开的面板中可以看到各种变形器，也可以选择【创建】/【变形器】命令，在弹出的子菜单中选择相应命令。另外，在使用变形器时，变形器一般需要作为对象的子层级或与对象平级。

（3）效果器和域编辑

效果器和域属于辅助工具，不能单独作用于模型上，需要配合生成器或变形器使用。在右侧工具栏中长按"简易"工具█和"线性域"工具█，在打开的面板中可以看到常见的效果器和域（效果器为紫色图标，域为洋红色图标），如图 5-56 所示。域可以理解为一个衰减区域，区域内的对象会受到工具的作用，区域外的对象则不受工具的作用。

（4）多边形编辑

多边形编辑即通过编辑和调整模型的点、线和多边形，从而制作出较为复杂的模型。操作时，将模型转换为可编辑对象，在顶部工具栏中通过单击"点"按钮◎、"边"按钮⑪、"多边形"按钮◢，可分别进入点模式、边模式和面模式，然后在对应的模式下操作。图 5-57 所示为在不同模式下对立方体的编辑操作。

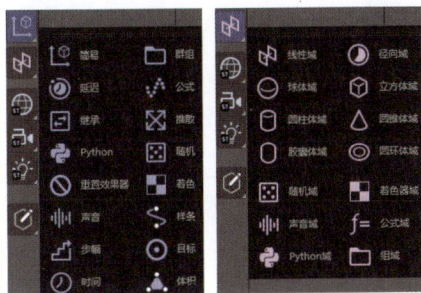

图5-56 效果器和域

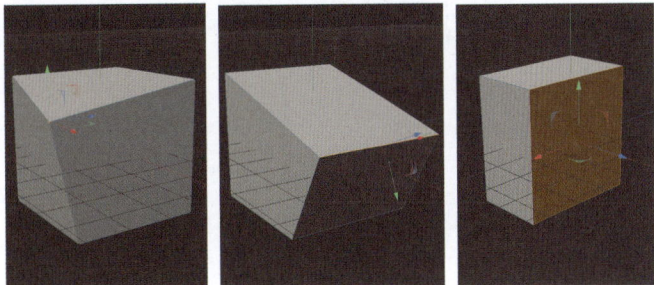

图5-57 多边形编辑

5.3.3 设置材质、灯光和摄像机

材质、灯光和摄像机是三维动画制作过程中的重要部分，会直接影响最终呈现效果。

1. 使用材质

材质，即材料的质地，在 Cinema 4D 中可以理解为对象外观的表示形式，如玻璃、金属、纺织品、木材等。若要使用材质，首先需要创建材质，然后根据需要调整所需的材质效果，最后将调整好的材质应用到模型上。

（1）创建材质

单击顶部工具栏中的"材质管理器"按钮g，此时视图窗口右侧将弹出材质面板，在其中可创建新的材质，如选择【创建】/【新的默认材质】命令（或按【Ctrl+N】组合键）；也可以双击材质面板，或单击材质面板的"新的默认材质"按钮➕，自动创建新的默认材质。

以上方法创建的都是默认材质，而长按材质面板的"新的默认材质"按钮➕，或在材质面板中选择"创建"命令，可在弹出的菜单中创建系统预置的其他类型材质。

> 💡 **小技巧**
>
> 通过"另存材质"命令或"另存全部材质"命令，将所选材质或所有材质保存为外部文件，便于将材质应用到其他模型或场景中。使用已保存的材质或通过互联网下载的其他外部材质时，可通过"加载材质"命令打开，以节省重新设置材质的过程，极大地提升作品制作效率。

（2）编辑材质

新建的默认材质大都无法满足需求，因此需要编辑材质。双击新创建的材质球，打开"材质编辑器"对话框。该编辑器分为两部分，左侧为材质预览区和材质选项，右侧为选项属性，如图5-58所示。

（3）应用材质

应用创建好的材质时，可以直接将其拖曳至视图窗口中需要赋予材质的模型上，或拖曳材质到对象管理器中的对象选项上。

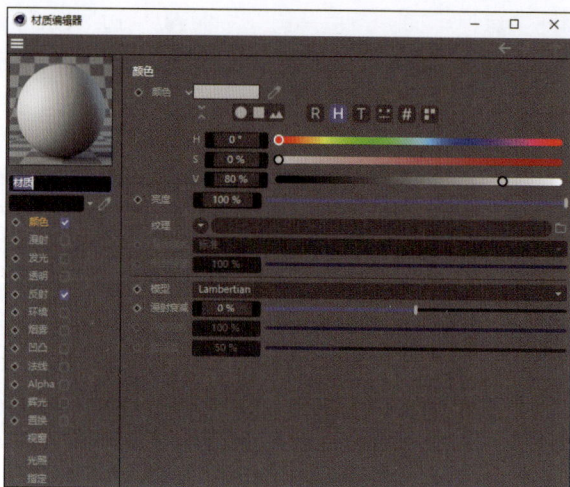

图5-58 "材质编辑器"对话框

2. 使用灯光

灯光是表现三维效果非常重要的一部分，不仅可以满足场景基本的照明需求，还可以通过模拟真实世界的光来调整整个场景的基调和氛围。在右侧工具栏中长按"灯光"工具，在打开的面板中可看到 Cinema 4D 自带的各种灯光工具。

选择相应工具即可为场景添加灯光，同时视图窗口中不仅会出现相应的灯光控制图标，还可以实时观察灯光的照射效果。若对灯光效果不满意，可以在视图窗口中移动灯光图标的位置，以确定合适的灯光方向和阴影角度，然后在属性管理器中调整灯光属性。

除了使用灯光工具进行照明，还可以使用 HDRI（High Dynamic Range Imaging，高动态范围成像，简称 HDRI 或 HDR）材质球作为场景的灯光。HDRI 材质主要通过自带亮度属性的贴图进行照明，可以在不添加任何灯光的情况下照亮整个场景，常添加在"天空"对象上。其具体操作方法为：选择"天空"工具，创建"天空"对象，在资产浏览器中选择"HDRIs"选项卡，在右侧可以查看 Cinema 4D 自带的多种 HDRI 材质，将这些材质拖曳到材质管理器中，将形成一个材质球，然后可将 HDRI 材质球应用到"天空"对象上，模拟现实环境下的天空，为场景提供环境光。

3. 使用摄像机

在 Cinema 4D 中操作时，可以看到视图窗口的透视视图上方有一个"默认摄像机"提示，它是 Cinema 4D 建立的一台虚拟摄像机，用于定格并记录画面，以及确定渲染画面的大小和渲染区域。但默认摄像机在制作动画时比较局限，也不便于在调整三维模型的同时实时预览画面的最终效果，此时就需要使用 Cinema 4D 提供的其他摄像机。在视图窗口中找到合适视角后，长按"摄像机"工具，在打开的面板中选择相应的摄像机工具即可创建摄像机，在属性管理器中的"对象"和"物理"选项卡中可以调整摄像机的基本参数，还可以通过这些参数的关键帧制作摄像机动画。

5.3.4 制作动画效果

在 Cinema 4D 中可以通过"时间轴"面板（见图 5-59）制作动画效果，再利用时间线窗口调节运动曲线的斜率，从而控制动画的节奏，使动画效果更符合实际需求。

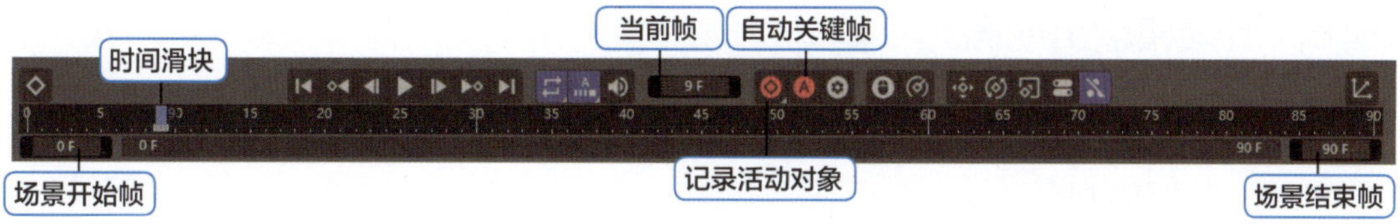

图5-59 “时间轴”面板

在 Cinema 4D 中制作动画主要利用关键帧来完成，具体操作方法为（这里以位移动画为例）：选中对象，然后单击“自动关键帧”按钮，在动画起始位置单击“记录活动对象”按钮记录初始的关键帧，时间线上关键帧的下方会出现一个灰色标记，移动时间滑块到动画结束位置，移动对象位置，在动画结束位置会自动生成一个关键帧。

除了在“时间轴”面板中创建关键帧，还可以在属性管理器中创建关键帧，以创建更加复杂的动画效果。在对象管理器中选择相应选项卡（如基本、坐标、对象等）后，一些参数前会出现灰色的菱形按钮，表示该参数可以用于制作动画。单击灰色的菱形按钮后，按钮呈现红色，代表参数开启动画记录的状态。

动画制作完成后，选择【窗口】/【时间线（函数曲线）】命令（或按【Shift+Alt+F3】组合键），打开时间线窗口，可以在其中快速调节动画的速度曲线。

5.3.5 运用粒子、力场和动力学

粒子可以模拟密集对象群的运动，从而形成复杂的动画效果，Cinema 4D 中的粒子通过发射器生成，而发射出来的粒子还可以根据需要添加不同的力场，产生不同的运动效果。

1. 粒子发射器

粒子发射器可以将粒子发射到场景空间中，选择【模拟】/【发射器】命令，即可创建粒子发射器。粒子发射器默认是一个绿色的矩形框，播放动画时，粒子发射器就会发射出粒子。发射的粒子形态默认是一个个绿色的小长条，若需要修改，可选中视图窗口中的粒子发射器，在属性管理器的“粒子”选项卡中可以设置粒子的相关属性，如发射粒子的数量、发射粒子的时间和停止发射时间、粒子的生命（粒子存在的时间）、粒子的速度等；在“发射器”选项卡中可设置粒子发射器的类型、粒子发射器的大小（粒子发射的范围）、粒子发射的角度。

2. 力场

当粒子发射器产生粒子后，还可以使用力场让简单运动的粒子生成复杂的运动轨迹。选择【模拟】/【力场】命令，可查看所有力场类型，比较常用的力场是风力（可以改变粒子运动的方向）。

扫码阅读

力场类型详解

3. 动力学

Cinema 4D 提供了动力学模拟工具，可以快速制作出物体与物体之间真实的物理作用效果，如碰撞、摩擦等，从而避免手动设置关键帧的烦琐步骤。运用动力学首先需要赋予对象动力学标签，此时对象便具备动力学属性，可以参与动力学计算。在对象管理器中选中对象并右击，在弹出的快捷菜单中选择“子弹标签”命令，在子菜单中罗列了制作动力学的各项标签，如刚体、柔体、碰撞体、布料等。

5.3.6 渲染和输出动画

动画渲染和输出是三维动画制作的最后一个环节，渲染可以预览动画的最终效果，输出可以将文件以方便观看的形式保存。

1. 渲染

Cinema 4D 自带"Redshift""标准""物理"3 种渲染器。在渲染前，可以按【Ctrl+B】组合键打开"渲染设置"对话框，在"渲染器"下拉列表中根据需要选择合适的渲染器（如果没有特殊需求，可以直接使用默认的"标准"渲染器）。选择渲染器后，在 Cinema 4D 工作界面中选择"渲染"命令后可看到 Cinema 4D 提供的专门用于渲染的命令，在顶部工具栏中可看到与渲染相关的工具组 ▦ ▣ ▣，根据需求选择相应命令或工具即可进行渲染。

> **知识补充**
>
> "标准"和"物理"渲染器是Cinema 4D自带的免费渲染器，参数简单，用法基本相同。"标准"渲染器的渲染速度比较慢，"物理"渲染器还可以设置景深或运动模糊的效果。Redshift渲染器原本是一款插件渲染器，在R26版本中是Cinema 4D的内置渲染器，相较于其他两个渲染器，Redshift渲染器的渲染效果比较好，而且速度更快，但需要付费购买。
>
> 另外，除了Cinema 4D自带的渲染器，市面上常见的外置插件类渲染器都可以适配Cinema 4D，如Octane Render、Arnold、V-Ray等渲染器，适用于不同的场景和需求。尤其是Octane Render渲染器，其在材质表现和渲染速度方面都优于默认渲染器，而且还有实时显示渲染预览功能，是当今较为主流的Cinema 4D渲染器。

2. 输出

在"渲染设置"对话框中选择渲染器后，对话框右侧就会显示与该渲染器相关的输出设置。参数设置完成后，可按【Shift+R】组合键渲染并输出场景，同时将打开"图像查看器"对话框，在其中可以查看逐帧渲染的图像，如果对图像色调不满意，可在该对话框右侧选择"滤镜"选项卡，在其中可简单调节图像的亮度、对比度、曝光等，然后单击左上角的 ▣ 按钮保存。

【案例】 创作跨年活动三维场景动画

某商家准备推出主题为"跨年巨惠"的促销活动，以吸引消费者的目光。现需要使用 Cinema 4D 制作一个三维场景动画，便于在线上和线下展示。要求动画的核心元素是一个红色礼物盒，可以根据画面需求添加一些装饰元素，如金币、金元宝、金色丝带等，场景色彩搭配和谐，符合新年的喜庆氛围，另外还需要重点展示主题文字。具体操作如下。

步骤 01 启动 Cinema 4D，进入其工作界面。为了便于后续操作，这里需要更改模型的显示效果。选择视图窗口的"显示"菜单，在打开的下拉列表中选择"光影着色（线条）"选项，使视图窗口中既显示光影，又显示模型分段线。

步骤 02 使用"平面"工具 ◈ 创建一个平面，在属性管理器中单击"坐标"选

微课视频

创作跨年活动
三维场景动画

项卡，调整 X 轴、Y 轴、Z 轴的坐标均为"0"；单击"对象"选项卡，设置宽度为"1700"、高度为"1400"、高度分段和宽度分段均为"20"。

步骤 03 使用"立方体"工具█新建立方体，调整其位置和大小如图 5-60 所示。再次新建立方体，在属性管理器中单击"对象"选项卡，选中"圆角"复选框，设置圆角半径为"1"、圆角细分为"5"，然后复制多个立方体，调整大小和位置，效果如图 5-61 所示。

步骤 04 使用"圆柱体"工具█新建圆柱体，在属性管理器中单击"对象"选项卡，设置半径为"145"、高度为"25"、高度分段为"1"、旋转分段为"144"。单击"封顶"选项卡，选中"圆角"复选框，设置分段为"5"、半径为"0.85"，调整位置，效果如图 5-62 所示。

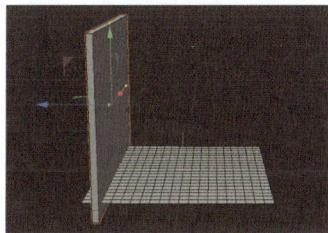

图5-60 创建立方体

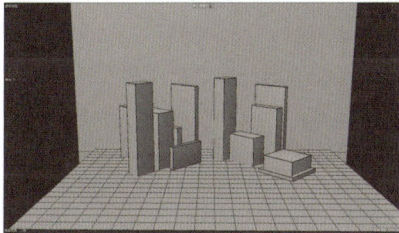

图5-61 搭建场景背景

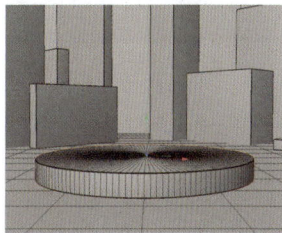

图5-62 创建圆柱体

步骤 05 复制一个圆柱体，修改复制圆柱体的半径为"121"，高度为"4"，将其移动到第 1 个圆柱体上方，按【F3】键切换到右视图，效果如图 5-63 所示。

步骤 06 按【F1】键切换到透视图中，使用"圆环面"工具█新建圆环，在属性管理器中单击"对象"选项卡，设置圆环半径为"158"、圆环分段为"144"、导管半径为"1.28"、导管分段为"18"、调整位置，效果如图 5-64 所示。

步骤 07 新建立方体，在"对象"选项卡中设置尺寸 Y 为"150"、分段 Y 为"7"，再为其添加圆角，并设置圆角半径为"26"、圆角细分为"8"，然后将其移动到圆柱体上方。选择立方体，按【C】键将其转换为可编辑对象。单击"多边形"按钮█进入面模式，选择"框选工具"█（或按【0】键），按【F4】键切换到正视图，框选立方体上方，如图 5-65 所示。

步骤 08 右击，在弹出的快捷菜单中选择"分裂"命令，将立方体上方提取出来，此时对象管理器中将会新建一个对象，双击对象名称，修改名称为"盒盖"。在对象管理器中选择上一步骤中创建的立方体，按【Delete】键删除框选部分，并修改其余部分的名称为"盒身"。

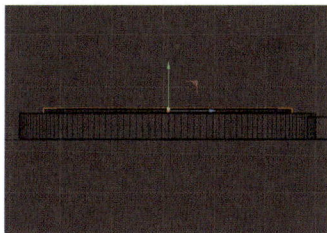

图5-63 复制圆柱体

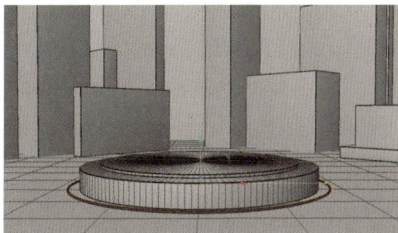

图5-64 创建圆环

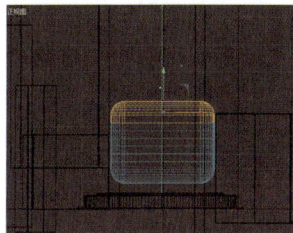

图5-65 框选立方体上方

步骤 09 选择盒盖、盒身对象，按住【Alt】键不放，在工具栏中选择"布料曲面"工具█，为对象增加厚度，在属性管理器中设置厚度为"-6"。选择盒盖对象，按【T】键切换为"缩放"工具█，在右视图中向外拖曳，略微放大盒盖对象，使其能够盖住盒身对象。

步骤 10 选择"循环/路径切割"工具█，在顶视图中切割盒盖对象，切割后，单击模型上方的■图标，再添加一条切割线，并通过移动▲图标，调整两条切割线位置，如图 5-66 所示。

步骤 11 选择"环状选择"工具■，选择切割面，如图 5-67 所示。

步骤 12 右击，在弹出的快捷菜单中选择"分裂"命令，然后在属性管理器中修改切割面的名称为"丝带"，并将其向上拖曳，使其成为一个单独的父级对象，如图 5-68 所示。

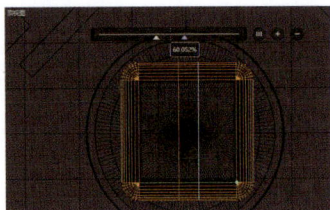

图5-66 添加切割线 图5-67 选择切割面 图5-68 拖曳对象

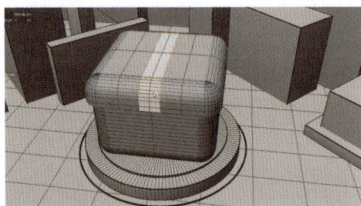

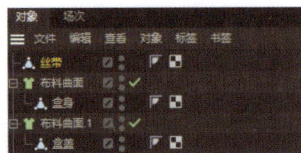

步骤 13 右击，在弹出的快捷菜单中选择"挤压"命令并拖曳丝带对象，使所选部分具备厚度，在属性管理器中设置偏移为"2"，选中"创建封顶"复选框。

步骤 14 使用"移动"工具■双击丝带对象，全选所有的面，利用"缩放"工具■略微调整对象在 Y 轴和 Z 轴上的参数。

💡 小技巧

若要快速、随意地调整模型尺寸，可选择"移动"工具■，拖曳模型中相应坐标轴上的黄色小圆点，或按【T】键激活"缩放"工具■，拖曳相应的轴来缩放对象。

步骤 15 按【Ctrl+C】组合键复制、按【Ctrl+V】组合键粘贴丝带对象，按【R】键切换为"旋转"工具■，设置旋转 Y 轴上的参数为"90"。

步骤 16 单击"边"按钮■进入边模式，选择"循环选择"工具■，按住【Shift】键，依次选择丝带对象的边缘线条并右击，在弹出的快捷菜单中选择"倒角"命令，拖曳边缘线条，使对象的边缘出现倒角，在属性管理器中设置偏移为"1"、细分为"4"。

步骤 17 使用与步骤 10～步骤 16 相同的方法在盒身对象上添加丝带，效果如图 5-69 所示。

步骤 18 单击"模型"按钮■进入模型模式，按【F4】键切换到正视图，在左侧工具栏中选择"样条画笔"工具■，在正视图中绘制礼盒的绑花形状，作为扫描路径，如图 5-70 所示。

步骤 19 使用"矩形"工具■创建一个矩形对象，设置矩形对象的宽度为"2"、高度为"28"，选中"圆角"复选框，设置半径为"1"，将其作为绑花的横截面路径。选择"扫描"工具■，创建扫描对象，并将绑花和矩形对象作为扫描对象的子层级（注意横截面路径在上，扫描路径在下）。返回透视窗口，将扫描的绑花对象移动到礼盒的顶端。选择样条对象，在属性管理器中设置角度为"0°"，使绑花的路径更平滑。

步骤 20 使用"对称"工具■创建对称对象，把扫描对象拖入对称对象的子级，调整对称对象的镜像平面为"ZY"，再复制一个对称对象并调整好绑花的位置。

步骤 21 按住【Shift】键不放，在对象管理器中选择与盒盖相关的模型对象，按【Alt+G】组合键打组，此时将会新建一个空白对象组，双击对象组名称，修改名称为"盒盖"，使用相同的方法将与盒身相关的模型对象打组并修改组名称。

步骤 22 在透视图中移动视图，并调整模型位置，寻找最终渲染的合适角度，参考效果如

图 5-71 所示。使用右侧工具栏中的"摄像机"工具🎬新建摄像机，在对象管理器中的"摄像机"对象右侧单击🔲按钮，开启摄像机视角。创建的摄像机对象在进入摄像机视角后会随着视图窗口的调整发生相应改变，因此需在对象管理器中选中"摄像机"对象，然后右击，在弹出的快捷菜单中选择【装配标签】/【保护】命令，为摄像机添加"保护"标签，锁定摄像机视角。

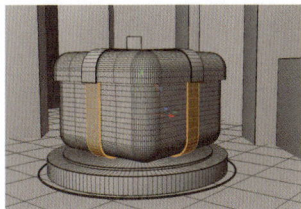

图5-69　制作盒身丝带　　　　图5-70　绘制绑花形状　　　　图5-71　选择渲染角度

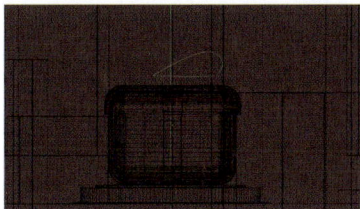

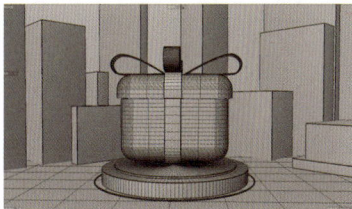

> 💡 **小技巧**
>
> 锁定摄像机视角后，视图窗口不能随意变换，此时可在"摄像机"对象右侧单击🔲按钮，关闭摄像机视角，或在视图窗口顶部选择"摄像机"菜单，在弹出的子菜单中选择"默认摄像机"命令，可切换回默认摄像机视角。

步骤 23　选择"文本"工具🔤，此时将创建一个立体文字，在属性管理器中单击"对象"选项卡，输入文字"跨年巨惠"，并设置字体为"方正超粗黑简体"、高度为"80"。

步骤 24　单击"封盖"选项卡，选中"独立斜角控制"复选框，在"起点倒角"选项中设置尺寸为"3"、外形深度为"25"、分段为"7"。

步骤 25　接下来需要制作动画效果。按【Ctrl+D】组合键在属性管理器中打开"工程"选项卡，在其中设置帧率为"25"、最大时长为"125F"（这里 F 代表帧，后文统一用帧表示）。

步骤 26　在对象管理器中选择中间的盒身对象，在"时间轴"面板中单击"自动关键帧"按钮🔴激活动画记录，再按【F9】键添加关键帧（或单击"记录活动对象"按钮⚙）。

步骤 27　在第 25 帧的位置继续添加关键帧，适当调整礼盒中盒身的位置和角度，制作盒身倾斜的效果。使用相同的方法在第 25 帧处适当调整礼盒中盒盖的位置和角度，制作打开礼盒的效果，如图 5-72 所示，再次单击"自动关键帧"按钮🔴关闭自动记录关键帧。

步骤 28　在对象管理器中选择文字对象，分别在第 0 帧和第 25 帧处添加关键帧，单击"转到上一关键帧"按钮◀返回第 0 帧，在属性管理器中单击"坐标"选项卡，设置 S（缩放）参数均为"0"，再次单击"自动关键帧"按钮🔴关闭自动记录关键帧。在工具栏中单击"启用轴心"按钮📐（或按【L】键）启动轴心模式，将文字的轴心（左下角位置）移动到文字中心，使其从中心缩放，关闭轴心模式。

步骤 29　打开"装饰素材 .c4d"素材文件（配套资源 :\ 素材文件 \ 第 5 章 \ 装饰素材 .c4d），将其中的模型全部复制过来，再复制多个模型，然后调整所有模型的位置和大小，设置视图为"光影着色"，便于查看效果，效果如图 5-73 所示。

步骤 30　将所有装饰元素模型打组，并修改组名称为"装饰"，将时间指示器移动到第 0 帧。选择装饰对象，在属性管理器中单击"基本"选项卡，设置"视窗可见""渲染器可见"选项为"关闭"，然后单击这两个选项前的⚪按钮，记录关键帧，如图 5-74 所示。

步骤 31　将时间指示器移动到第 25 帧处。在属性管理器中设置"视窗可见""渲染器可见"选项为"默认"，再次单击这两个选项前的⚪按钮，记录关键帧。

图5-72　调整礼盒位置

图5-73　复制模型素材

图5-74　创建关键帧

步骤32　选择【模拟】/【发射器】命令，在场景中创建一个粒子发射器，在属性管理器中的"发射器"选项卡中设置发射器的水平尺寸和垂直尺寸均为"200"、水平角度为"60"，调整发射器位置和旋转角度，使其从礼盒底部开始发射。

步骤33　接下来需要制作发射出的礼花。选择"平面"工具 🔷，创建一个平面，在属性管理器中设置该对象的宽度为"2"、高度为"15"、方向为"-Z"。

步骤34　按住【Shift】键，选择"弯曲"工具 ◑，将弯曲对象作为平面对象的子级。在属性管理器中单击 匹配到父级 按钮，并设置强度为"80°"、角度为"90°"，使平面产生弯曲效果。选择"宝石体"工具 ◈，创建一个宝石体，在属性管理器中设置该对象的半径为"5"。

步骤35　在对象管理器中将平面对象放置于发射器的子层级，使其与发射器进行关联。选择发射器，在属性管理器中的"粒子"选项卡中设置图5-75所示的参数。

步骤36　复制发射器，删除该发射器中的子层级，替换为宝石体对象，并修改视窗生成比率、渲染器生成比率均为"20"；再次复制发射器，删除该发射器中的子层级，复制一个金币对象放置于该发射器的子层级，并修改视窗生成比率、渲染器生成比率均为"10"。

步骤37　在对象管理器中选择三个发射器并右击，在弹出的快捷菜单中选择【子弹标签】/【刚体】命令；选择除摄像机对象的所有对象并右击，在弹出的快捷菜单中选择【子弹标签】/【碰撞体】命令，然后查看添加标签后的所有对象，如图5-76所示。

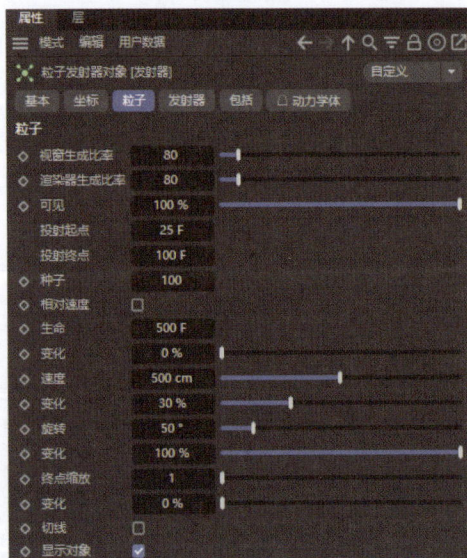

图5-75　设置粒子参数

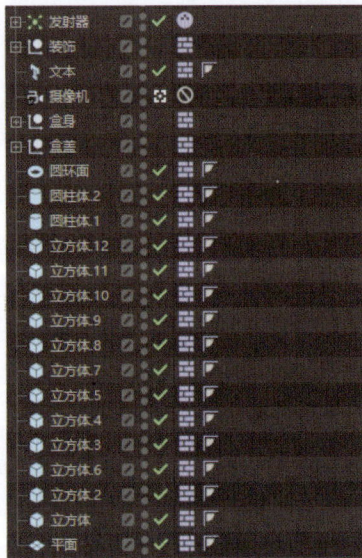

图5-76　添加标签

步骤38　按【F8】键预览动画，发现由于受到重力影响，粒子会迅速下落，此时可按【Ctrl+D】组合键，在属性管理器中单击"子弹"选项卡，设置重力为"150cm"。

步骤 39　选择【模拟】/【力场】/【风力】命令，添加一个风力控制器，将控制器移动到礼盒背后，并调整该控制器的角度，使风扇前的箭头指向礼盒，为粒子添加一个从后往前吹动的风力。在属性控制器中设置速度为"10cm"、紊流为"20%"。

步骤 40　单击"材质管理器"按钮，打开面板，使用"天空"工具添加天空对象，然后按【Shift+F8】组合键打开资产管理器，在管理器中选择图 5-77 所示的 HDRIs 材质，然后将其拖曳到材质管理器中，最后将该材质拖曳到天空对象中，作为场景整体的环境光。

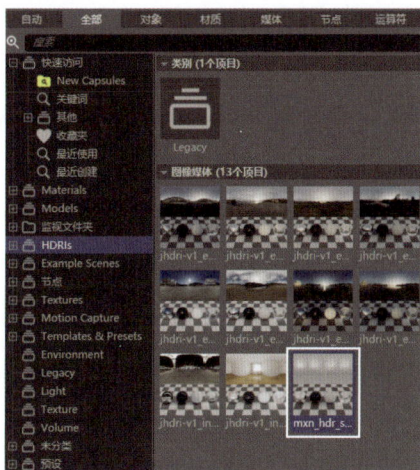

图5-77　选择HDRIs材质

步骤 41　按【Ctrl+B】组合键打开"渲染设置"对话框，设置渲染器为"标准"，单击 效果... 按钮，在打开的下拉列表中选择"全局光照"选项，然后关闭对话框。

知识补充

"全局光照"效果在Cinema 4D中较为常用，可以模拟真实世界的光线反射现象，让渲染的画面接近真实的光影关系；但使用该效果后会占用大量的内存，渲染速度也相应较慢。

步骤 42　长按"灯光"工具，在打开的面板中选择"区域光"工具，在场景中创建一盏灯光，然后结合正视图拖曳区域光四周的小黄点，使光照效果基本覆盖整个场景。调整灯光的位置，使其位于场景正前方，再复制两个灯光，结合四视图调整灯光位置，如图 5-78 所示，然后在属性管理器中的"常规"选项卡中根据画面需求修改灯光的强度。

步骤 43　单击"材质管理器"按钮，在打开的面板的空白处双击，新建一个默认材质球。双击材质球，打开"材质编辑器"对话框，在"颜色"复选框中设置颜色如图 5-79 所示。将该材质球拖曳到视图窗口中背景的第一个立方体中。

步骤 44　复制 4 个材质球，依次在"颜色"复选框中修改不同的颜色值，并分别将这 4 个材质球应用到背景中的立方体中。复制第 1 个材质球，打开"材质编辑器"对话框，选中"反射"复选框，单击 移除 按钮，删除默认高光，单击 添加... 按钮，在打开的列表中选择"GGX"选项，为新建的"层 1"添加 GGX 反射，设置反射参数为"9%"，然后将该材质球应用到地板中。

步骤 45　新建材质球，打开"材质编辑器"对话框，在材质球下方修改材质名称为"金属"，在"颜色"复选框中修改颜色值为"30""45""100"，选中"反射"复选框，添加 GGX 反射，设置菲涅耳为"导体"、预置为"金"。

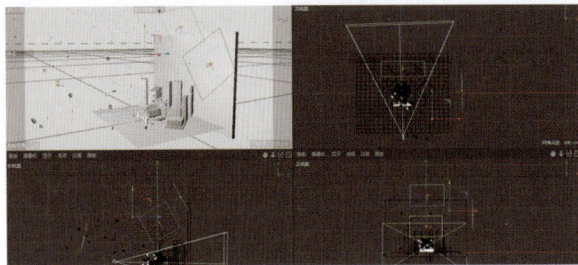

图5-78　结合四视图调整灯光位置

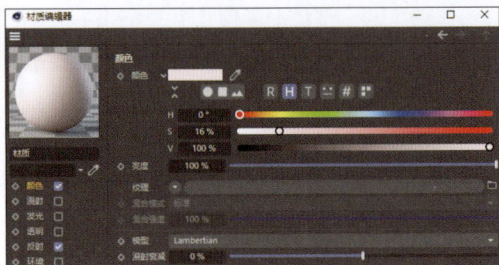

图5-79　设置材质颜色

步骤46　按住【Shift】键，在对象管理器中选择发射器、金币、元宝、文字，以及礼盒下方的圆环和圆柱体（仅第1个圆柱体），选择金属材质球并右击，在弹出的快捷菜单中选择"应用"命令，将其应用到选中的所有对象中。

步骤47　新建材质球，打开"材质编辑器"对话框，在"颜色"复选框中设置颜色参数为"7""100""100"。选中"反射"复选框，在其中新建两个层，并设置参数，然后将该材质球应用到礼盒对象上（注意不包括礼盒上的丝带）。

步骤48　复制上一个材质球，修改颜色参数为"37""78""100"，然后将其应用到礼盒上的丝带中；继续复制材质球，修改颜色为白色，将其应用到礼盒下方的第2个圆柱体中；复制1个材质球，在"反射"选项卡中修改参数，将其应用到文字模型中。

步骤49　按【Ctrl+Shift+S】组合键，打开"保存文件"对话框，设置好文件名称和保存位置，单击 保存(S) 按钮保存源文件。按【Ctrl+B】组合键打开"渲染设置"面板，在"输出"选项卡中设置帧范围为"全部帧"；在"保存"选项卡中设置渲染文件的保存路径和名称，格式为"MP4"；在"抗锯齿"选项卡中设置抗锯齿为"最佳"，最小级别为"2×2"，关闭对话框。

步骤50　按【Shift+R】组合键渲染场景，最终效果如图5-80所示（配套资源:\效果文件\第5章\"跨年活动三维场景动画"文件夹）。

效果预览

跨年活动三维场景动画

图5-80　最终效果

5.4　AI辅助动画作品创作——Midjourney中文站

Midjourney中文站是一个功能非常强大的AIGC平台，现已不限于单纯的绘制图像、生成视频，而是开发出了多种创意性功能，它们都被放置在"工具箱"选项卡中，如局部重绘动画图像、修复动画图像细节、转换动画图像风格，以及从动画图像中提取线稿。

5.4.1　智能绘制动画图像

Midjourney 中文站的智能绘制图像功能分为 MJ 绘画、SD 绘画和 D3 绘画三大类，它们分别有不同的特点。

1. MJ 绘画

单击"MJ 绘画"选项卡进入其操作界面，在"模型广场"栏中可看到 6 种绘制模式，如图 5-81 所示。这 6 种模式的使用方式基本一致，只需要在文本框中输入"作品类型 + 包含的内容和元素 + 风格与色彩 + 光影细节"形式的文字描述，单击 参数设置 按钮，在弹出的面板中设置详细参数，如上传参考图、添加提示词、生成尺寸等，单击 提交 按钮便可根据输入的关键词内容智能绘制图像。

- **MJ5.2（真实细节）**。该模式强调真实细节的表现，注重真实世界中的细节和纹理，使得图像看起来逼真和生动。
- **NJ5.0（动漫增强）**。该模式专注于动漫风格，生成的图像具有鲜明的动漫风格，色彩鲜艳，线条流畅。图 5-82 所示为输入"绘制一张田野中繁花盛放，蝴蝶飞舞，色彩丰富，光影感强，水彩风格的图像"关键词绘制出的图像。
- **MJ5.1（艺术增强）**。该模式专注于真实艺术风格图像的表现，生成的图像具有强烈的艺术氛围和风格，使得作品看起来独特和有创意。
- **NJ6.0（动漫质感）**。该模式也专注于动漫风格，生成的动漫风格图像不仅风格鲜明，还注重图像的质量和细节表现。
- **MJ6.0（真实质感）**。该模式强调真实质感的表现，生成的图像注重真实世界中的质感表现，如光影、材质等，看起来真实和立体。

图5-81　"模型广场"栏

- **MJ6.1（细节纹理）**。该模式继承了 MJ6.0（真实质感）模式的优势，同时强化图像内容的纹理表现，通过在图像中添加细节和纹理，使绘制的图像更加精细、真实。

2. SD 绘画

单击"SD 绘画"选项卡进入其操作界面，在左侧栏中可看到"文生图""图生图""条件生图""SD3"4 种绘制模式，这些模式将基于内置的模型生成 3D 风格的图像。它们的使用方法比较类似，需在"绘画描述"文本框中输入关键词，然后设置所需的模型风格、生成尺寸等，单击 提交 按钮便可根据输入的关键词内容智能绘制图像。图 5-83 所示为"文生图"模式下生成的图像。

3. D3 绘画

单击"D3 绘画"选项卡进入其操作界面，在"模型广场"栏中可看到"动漫模型""真实模型"两种绘制模式，任选一种模式，在文本框中输入关键词，平台将自行理解内容，并智能生成图像。图 5-84 所示为在"动漫模型"模式下仅输入"可爱的龙宝宝"关键词后智能绘制的图像。

图5-82　MJ绘画　　　　　　　图5-83　SD绘画　　　　　图5-84　D3绘画

5.4.2　局部重绘动画图像

　　若是对图像中的部分内容不满意，可以使用 Midjourney 中文站提供的局部重绘功能调整内容。在工具箱中选择"局部重绘"选项，进入该功能的操作界面，该界面左侧为参数设置区域，上传需处理的图像，界面中央将显示编辑窗口，拖曳鼠标指针可以采用涂抹的方式指定重绘区域，单击 ▉▉▉ 按钮确认操作；再选择模型，输入对涂抹区域的重绘描述，单击 ▉▉▉ 按钮即可完成局部重绘操作。

5.4.3　修复动画图像细节

　　修复动画图像细节是 Midjourney 中文站在充分分析动画图像的风格特征后，提供的可以提升图像清晰度、优化其纹理细节的一种功能。

　　在工具箱中选择"动漫细节修复"选项进入操作界面，该界面左侧为参数设置区域，在其中需要上传要修复的动画图像，设置出图质量、图片相关性和细节强度等参数，单击 ▉▉▉ 按钮便可以在右侧区域得到优化纹理细节后的图像，同时还能提升画面的清晰度，减少噪点，如图 5-85 所示。

图5-85　动漫细节修复

5.4.4　转换动画图像风格

　　Midjourney 中文站提供的"图片转素描"功能可将各种艺术风格的动画图像转换为素描风格的动画图像，以便创作人员制作画面为素描风格的动画作品，如图 5-86 所示。

　　在工具箱中选择"图片转素描"选项，进入该功能操作界面，该界面左侧为参数设置区域，在其中上传要转换的图片，可在文本框中输入关键词，帮助 AI 理解图片信息，然后单击 ▉▉▉ 按钮便可以得到转换风格后的图片。

图5-86　图片转素描

5.4.5　智能获取动画图像线稿

Midjourney 中文站提供的"图片转线稿"功能可分析动画图像中内容的轮廓，并一键生成线稿，然后创作人员可依据线稿自行设计并绘制出相似的图形，为动画角色、静物、场景的设计提供有力参考。

在工具箱中选择"图片转线稿"选项，进入该功能操作界面，该界面左侧为参数设置区域，在其中上传图片，在文本框中输入关键词，帮助 AI 理解图片信息，然后单击 ▆▆▆ 按钮便可以得到提取线稿后的图片。

【案例】 创作"山野情"动画场景素材

某市的文化部门计划制作一部以"山野情"为主题的宣传动画，讲述该市从以山为主要资源依托逐渐发展成为大城市的变迁历程。为突出时代变迁的对比，该文化部门打算采用 AIGC 技术生成反映过去与现在不同时期的动画场景素材，并巧妙利用这些素材进行后期制作，以展现该城市如今在科技与经济发展方面的显著成就。具体操作如下。

微课视频

创作"山野情"
动画场景素材

步骤 01　进入"Midjourney 中文站"官网，单击"MJ 模式"选项卡，选择"NJ6.0（动漫质感）"模式，在文本框中输入"绘制群山环绕城市的图像，城市建筑比较简陋，色彩以绿色为主，具有一种淳朴的氛围，光影感较强，卡通风格"关键词。

步骤 02　单击 ▆参数设置 按钮，在打开的面板中设置生成尺寸为"16：9"、质量化为"44"、风格化为"238"、多样化为"19"，如图 5-87 所示，单击文本框右侧的 ▆提交▶ 按钮，等待绘制结束，可得到图 5-88 所示的图像。

步骤 03　单击"查看"栏的 C1 ～ C4 按钮，可显示对应图像的大图。查看图像可发现 C1 和 C3 的内容比较贴合关键词，但是 C1 的尖塔建筑不符合现实，C3 的人群没有绘制五官，综合考虑后选择 C1 图像进行局部优化。单击"编辑"栏的 U1 按钮可单独创建该图像，并且下方将显示图 5-89 所示的参数。

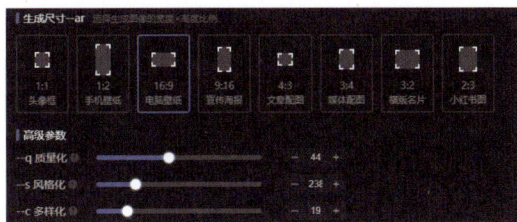

图5-87　设置参数

图5-88　绘制的图像

图5-89　单独创建图像

步骤 04　单击 ▆局部重绘 按钮，在打开的编辑窗口涂抹尖塔建筑，并在"重绘描述"文本框中输入"生成平房建筑，与周围建筑风格一致"文字，单击 ▆▆▆完成 按钮，如图 5-90 所示。

步骤 05　此时，将得到 4 张内容基本一致的图像，按照步骤 03 的方法查看每张图像，其中 C4 图像更加美观，单击 U4 按钮单独创建该图像。单击该图像缩览图，在显示的大图下方的控制栏中单击 ▆ 按钮下载图像，如图 5-91 所示，在存储位置处修改该图像的名称为"动画场景素材 1"（配套资源 :\ 效果文件 \ 第 5 章 \ 动画场景素材 1.png）。

图5-90　局部重绘

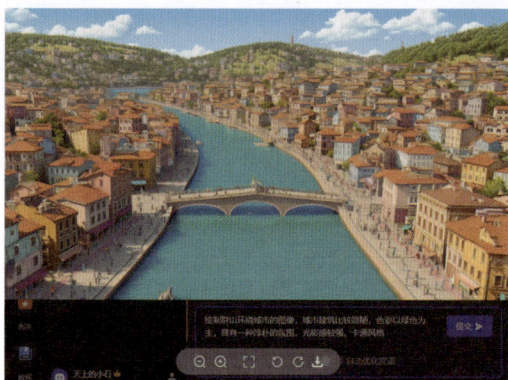

图5-91　查看大图并下载

步骤06　按照与步骤01、步骤02相同的方法和参数，使用"绘制群山环绕城市的图像，城市建筑高楼耸立，十分现代化，色彩以绿色为主，具有一种经济发达的氛围，光影感较强，卡通风格"关键词生成图像，并上传"动画场景素材1.png"图像作为参考图，同时激活"风格一致性""角色一致性"滑块，如图5-92所示。

步骤07　查看生成的图像，若有不合适的区域则进行局部重绘，若满意则直接下载合适的图像，然后在存储位置修改该图像的名称为"动画场景素材2"（配套资源:\效果文件\第5章\动画场景素材2.png），效果如图5-93所示。

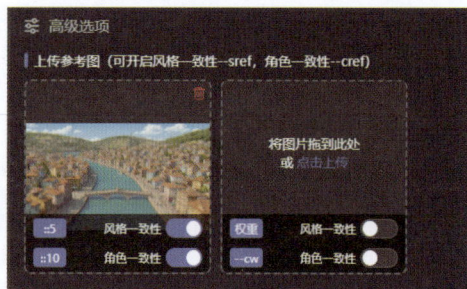

图5-92　上传参考图

图5-93　另一张场景素材

课堂实训

实训1　创作新品营销广告动画

实训背景

某饮品连锁品牌新研发了一款名为"鲜橙美式"的咖啡饮品，现计划在线下实体店中轮播动画形式的广告，以提升这款新品的知名度。要求使用Animate进行制作，动画效果丰富多彩且流畅自然，视觉效果美观，并搭配合适的背景音乐和广告语音频，增强视听效果。参考效果如图5-94所示。

效果预览

新品营销
广告动画

图5-94 新品营销广告动画

【素材位置】配套资源 :\ 素材文件 \ 第 5 章 \ "新品营销广告动画" 文件夹

【效果位置】配套资源 :\ 效果文件 \ 第 5 章 \ 新品营销广告动画 .fla、新品营销广告动画 .swf

实训思路

步骤 01 启动 Animate，导入 "背景图 .png" 文件并使其铺满整个舞台。将图形转换为图形元件，在内部创建图层，导入 "咖啡树枝 .png" 文件，利用 Alpha 和混合功能制作出纹理效果，再为其制作摆动动画。

微课视频

创作新品营销广告动画

步骤 02 为背景图层制作遮罩动画，遮罩层需要先绘制多个咖啡豆图形，再为这些图形制作缩放动画，使遮罩动画中包含着咖啡豆遮罩的缩放动态效果。

步骤 03 绘制椭圆形，将其转换为图形元件，在其内部导入 "咖啡 .ai" 文件，利用遮罩原理制作出咖啡从椭圆形中钻出的动画效果，再使用 "直接复制" 命令制作咖啡摇动的动画效果，接着剪切其中的四角星到主场景的新图层上。

步骤 04 将四角星转换为元件，在其内部制作缩放动画，并复制该元件到舞台上。绘制多个正方形装饰舞台，多次新建图层并添加文字，制作出上新文字逐渐展开，其他文字跟随出现，广告文字缩放出现的动画效果。

步骤 05 多次新建图层并添加提供的音频素材，并根据文字出现时间调整语音类音频的首帧位置。接着编辑背景音乐的音量，使其不影响语音，最后保存并导出文件。

实训2 创作活动场景三维动画

实训背景

某商场准备为七夕节活动打造一个活动场景，为了直观地展现活动现场的布置，现需要使用 Cinema 4D 制作一个活动场景三维动画，要求从场景的模型搭建、材质贴图、光影效果到动画展现，都尽量营造出一种浪漫而温馨的氛围，且具有创意性。参考效果如图 5-95 所示。

效果预览

活动场景三维动画

【素材位置】配套资源 :\ 素材文件 \ 第 5 章 \ 心形气球 .c4d

【效果位置】配套资源 :\ 效果文件 \ 第 5 章 \ "活动场景三维动画" 文件夹

图5-95 活动场景三维动画参考效果

实训思路

步骤 01　启动 Cinema 4D，利用"平面"工具🔷搭建场景背景和地面模型，然后调整输出的宽度和高度分别为"1920"和"1080"。

步骤 02　创建一个立方体模型并调整模型，利用"克隆"工具⚙生成多个立方体模型，并使用"随机"工具🔲使多个立方体在 Z 轴上随机排列，以制作出背景墙。

步骤 03　在透视图中移动视图，寻找最终渲染的合适角度并创建摄像机，利用"圆柱体"工具🔵、"晶格"工具♠、"球体"工具🔵和"克隆"工具⚙创建底座模型，并对底座模型进行编辑。

步骤 04　利用"矩形"工具▣、"挤压"工具🔷、"样条画笔"工具🖋创建大礼盒，以及礼盒上的丝带模型，然后制作出不同尺寸和样式的礼盒，并在空礼盒中添加一些球体进行装饰。

步骤 05　创建球体，使用"锥化"工具🔵使球体变形，创建圆锥和圆环制作气球嘴。创建立体文字。开启全局光照效果，再添加天空对象，并为其赋予 HDRI 材质，然后添加灯光补充光源。

步骤 06　创建不同的材质球，并赋予场景的各个模型中。设置动画参数，并利用素材、关键帧、动力学标签和风力制作出大礼盒从放大出现，到打开盒盖，再到心形气球从礼盒中飘出的效果，调整关键帧动画的运动曲线，最后保存和渲染文件。

> 微课视频
>
> [二维码]
>
> 创作活动场景
> 三维动画

课后练习

1．填空题

（1）二维动画在 _____ 上进行创作，只有 _____ 和 _____ 两个维度。三维动画在 _____ 中进行创作，有 _____ 、 _____ 和 _____ 三个维度。

（2）在动画中， _____ 、 _____ 和 _____ 是构成动画画面不可或缺的三大基本元素。

（3）在 Animate 中，在 _____ 模式下绘制的每一个图形都为独立的对象。

（4）在 Cinema 4D 的 _____ 管理器中会显示场景中所有创建的对象，也会清晰地显示各对象之间的层级关系。

2．选择题

（1）【单选】使用（　　）组合键可以分离图形、图像、文字。

　　A.【Ctrl + D】　　　　B.【Ctrl + B】

　　C.【Ctrl + C】　　　　D.【Ctrl + F】

（2）【单选】在 Cinema 4D 中按（　　）键可以快速切换到正视图。

　　A.【F1】　　　　　　B.【F2】

　　C.【F3】　　　　　　D.【F4】

（3）【多选】在 Animate 中，美化元件、图形、图像和文字可以使用（　　）栏内的参数。

　　A. 色彩效果　　　　B. 混合

　　C. 滤镜　　　　　　D. 美化

（4）【多选】在 Cinema 4D 中手绘复杂的二维样条可以使用的工具有（　　）。

　　A. 平面　　　　　　B. 草绘

　　C. 多边形画笔　　　D. 样条画笔

3. 操作题

（1）使用 Animate 为"阅元素"App 制作启动动画，要求能展示该 App 的定位。在制作时，可以自行绘制进度条，并通过添加文字来布局画面；利用补间动画原理，先制作各画面元素逐一出现的视觉效果，再制作手指拖曳导致进度条逐渐消失的效果，提示用户通过滑动屏幕启用该软件；最后利用逐帧动画原理制作出水蒸气效果，增强画面的真实感。参考效果如图 5-96 所示。

效果预览

"阅元素"App
启动动画

图 5-96　"阅元素"App 启动动画

【素材位置】配套资源 :\ 素材文件 \ 第 5 章 \ "'阅元素'App 启动动画"文件夹

【效果位置】配套资源 :\ 效果文件 \ 第 5 章 \ "阅元素"App 启动动画 .fla、"阅元素"App 启动动画 .swf

效果预览

新品宣传三维
场景动画

（2）使用 Cinema 4D 制作一个新品宣传三维场景动画，为即将上市的新产品预热，要求主色调为淡黄色，营造温馨而明亮的氛围，需强调活动氛围感和活动信息。在制作时，可以先搭建场景模型，再分别为模型赋予材质，然后制作气球模型飞出的动画效果，最后添加飘落的丝带。参考效果如图 5-97 所示。

图5-97　新品宣传三维场景动画

【素材位置】配套资源 :\ 素材文件 \ 第 5 章 \ "新品宣传三维场景动画"文件夹

【效果位置】配套资源 :\ 效果文件 \ 第 5 章 \ "新品宣传三维场景动画"文件夹

第 6 章

H5与微信小程序页面创作

本章概述

　　H5和微信小程序中集合了图形图像、音频、视频和动画等多种多媒体元素，是比较常见的数字多媒体作品类型。目前，众多在线平台提供H5和微信小程序页面的创作功能，如易企秀、凡科等，可以让创作人员快速创作出符合需求的H5或微信小程序页面作品。

学习目标

1. 熟悉H5类型及其制作要点、创作流程
2. 掌握微信小程序页面类型与设计要点
3. 能够使用易企秀创作H5，使用凡科创作微信小程序页面
4. 具备创新思维，能够设计出独特且符合用户需求的H5与微信小程序页面

案例展示

"花开幼教"家长会邀请函H5

"优椰露营地"微信小程序页面

6.1　H5和微信小程序页面作品创作要点

鉴于 H5 和微信小程序通常由多个页面组成，除了需要综合考虑各个页面的内容和设计，熟练掌握它们各自的创作要点显得尤为重要，如明确所要创作的 H5 类型及其创作要点，熟悉其创作流程，以及掌握微信小程序页面的类型与设计要点。

6.1.1　H5类型及其创作要点

H5 是 HTML5 的缩写，HTML5 是第 5 代超文本标记语言（Hypertext Mark Language，HTML）的简称，计算机和移动设备通过解码 HTML，可以把其内容显示出来，方便用户查看。

在数字多媒体领域，H5 是指运用 HTML5 制作的 H5 页面，具有灵活性高、开发成本低、制作周期短、可操作性与互动性强、展现方式多样、表现形式丰富、视听效果好等特点。随着科技的进步，以及 H5 的深度应用，H5 已经发展出多种类型。

- **活动运营型 H5**。活动运营型 H5 通过文字、画面和音乐等多种方式为用户创建活动场景，其互动形式包括填写表单等类型。创作人员创作活动运营型 H5 时，需要添加较强的互动设计和高质量的内容，以吸引有较强意愿的用户浏览全部页面内容，并激发用户向他人分享活动和 H5 的意愿，扩大 H5 和活动的传播范围。

扫码阅读

不同类型的H5

- **品牌宣传型 H5**。品牌宣传型 H5 可以视为品牌的小型官网，其内容倾向于展示品牌故事、品牌发展历程、品牌产品、品牌服务和品牌文化等方面，主要目的是塑造品牌形象并向用户传达品牌的精神和态度。创作人员创作品牌宣传型 H5 时，必须选择符合品牌形象的视觉元素，从而让用户对品牌留下深刻的印象。

- **产品推广型 H5**。产品推广型 H5 常用于展示产品信息，包括产品的功能、作用、类型等核心内容。创作人员创作产品推广型 H5 时，应充分展示产品特性，从而帮助用户全方位了解产品，刺激用户产生购买欲望；或者通过创意设计和产生情感共鸣的文案，让用户对产品产生好感，间接增强用户的购买欲望。

- **总结报告型 H5**。总结报告型 H5 原本用于总结企业的产品、业绩、经验等内容，以展示企业特定方面的信息，现如今各平台在年末推出的年度总结活动，如网易云的年度歌单、支付宝的年度账单等，也常采用 H5，这大大扩展了总结报告型 H5 的应用范围。创作人员创作总结报告型 H5 时，需要围绕展示的核心内容进行全方位描述，并且将复杂、不易理解的内容以图像、动画、视频等方式展现，让用户快速理解信息。

6.1.2　H5创作流程

创作人员在创作 H5 时，需要先明确设计目标，然后根据用户需求来进行内容策划和搜集素材，再进行视觉设计和交互设计，最后预览与测试效果。

1. 明确设计目标

明确设计目标是进行 H5 创作的前提条件，也为内容策划环节提供方向。设计目标应基于深入的市场分析、用户研究，以及明确的品牌定位、业务需求。具体而言，需明确 H5 旨在实现何种目的，如是推广某一特定产品、传达关键信息、增强品牌认知度，还是促进用户间的互动。然后结合用户的详细特征（如年龄、性别、兴趣偏好、使用习惯等多个维度）精心挑选一个既贴合目标又极具吸引力的主题，确保 H5 在内容上能与用户产生强烈的共鸣。

2. 内容策划

内容策划通常涵盖内容方向、交互方向和视觉方向 3 个方面的策划。

- **内容方向**。该方向以准确且高效地向用户传递信息为核心目标。创作人员在策划时，需深入洞察目标用户的情感需求与兴趣点，从受到大众普遍认知且高度关注的内容入手。这意味着 H5 的内容应以轻松愉快的方式呈现，且具有实际意义，并能触动人心，让用户在享受内容的同时，也能留下深刻的印象，加强用户的记忆点，从而促进内容的传播。
- **交互方向**。该方向以设计出具有丰富互动体验的交互形式为核心目标，主要关注用户操作的流畅度和良好体验。因此，创作人员在策划时，需要精心设计各种交互元素，如滑动、点击、拖曳等，确保它们不仅操作流畅自然，还能激发用户的好奇心与探索欲，从而提升用户的参与度。
- **视觉方向**。该方向以打造出精美、创新的视觉效果为核心目标。创作人员在策划时，可通过创新的构图方式、和谐的色彩搭配、丰富的动态效果，使页面整体效果不仅能带来视觉上的享受，还能带来极强的沉浸感和参与感，以提升 H5 的整体品质，吸引用户将视线停留在页面上，加深用户对内容的印象，最终提升 H5 的传播效果。

3. 搜集素材

搜集素材包括图像、视频、音频、文字等信息的搜集，这些信息可以通过以下 3 种途径获取。

- **网上搜集**。通过各大网站搜索需要的素材并下载。需要注意的是，一些网站中的图片、视频和音频不能直接用于商业用途，需购买使用权；文字信息也需注意原创版权。
- **AI 生成**。通过 AI 平台中内置的 AI 技术可以生成所需的文字、图像、音频和视频等多种内容，极大地提升素材搜集效率。同时，这些由 AI 生成的素材既具有个性化特点，又富有创意，能够给创作人员带来更多的创作灵感。
- **实物拍摄**。实物拍摄适用于企业及党政机关等需要展现真实场景和形象的主题。自行拍摄与录制相关素材，不仅可以确保素材具有高度真实性，还能使素材更好地契合特定需求，提升整体呈现效果。

设计素养

在数字多媒体领域，尊重并维护版权是创作人员不可或缺的基本素养，创作人员不应擅自使用不能直接用于商业用途的素材，应通过正规渠道购买，或积极联系版权所有者，寻求合法的使用授权。尊重版权不仅是对原创者劳动成果的尊重，也是维护行业健康生态的重要一环，能够有效避免潜在的版权纠纷问题，降低因侵权而引发的法律风险，同时也有助于提升创作人员自身的职业形象和信誉。

4. 视觉设计和交互设计

搜集素材后，便可以正式创作 H5，这主要包括视觉设计和交互设计两部分内容。

- **视觉设计**。当下有很多提供 H5 创作功能的平台，创作人员搜集素材后，可以选择一个平台（如创客贴、稿定设计、易企秀、人人秀、iH5 等），进行视觉设计。设计时既可以直接在平台中选择合适的 H5 模板进行编辑，从而大大提高制作效率；也可以在平台中新建空白的 H5 文件，然后根据自己的需求和创意进行个性化设计，使 H5 更加独特和具有辨识度。
- **交互设计**。不管是使用模板设计还是自行设计，H5 在线制作平台都提供大量的交互功能供创作人员使用，特别是 H5 模板中已经包含交互效果，创作人员可直接使用模板中的交互效果；或根据需要优化、更换交互方式，提升交互设计的效率，并实现独特的交互效果，提升用户的交互体验。

5. 预览与测试效果

创作人员完成 H5 的创作后，应预览 H5 的效果，并测试 H5 的布局是否合理、交互是否便于操作等，若出现问题，应在测试后及时调整。

6.1.3 微信小程序页面类型与设计要点

微信小程序的页面设计相对简洁，其中页面内容通常占据大部分空间。在页面底部设有导航栏，便于用户切换页面。而页面的右侧，创作人员可根据实际需求选择性添加控制栏，以提供诸如咨询客服、拨打商家电话等便捷功能，如图 6-1 所示。

微信小程序提供了多种类型的页面，但始终遵循简洁的原则，一般仅在导航栏中设置 3 ~ 5 个页面选项，这些页面类型常见的有首页、列表页、详情页、订单页和个人中心页等。虽然不同行业的微信小程序可能会对这些页面的命名有所调整，但它们的核心功能基本保持一致。此外，微信小程序的页面类型配置也颇为灵活，创作人员可以根据实际需求灵活配置页面的核心功能，以满足不同用户的需求。

图6-1 微信小程序页面组成

- **首页**。首页通常是用户打开微信小程序后首先看到的页面，用于展示微信小程序的主要功能和内容。
- **列表页**。列表页用于展示一系列内容紧密相联的页面，如商品列表、活动文章列表等。
- **详情页**。详情页用于展示某个具体内容的详细信息，如商品详情、活动详情等。
- **订单页**。订单页用于展示订购的服务、商品当前的状态、物流订单号等。
- **个人中心页**。个人中心页用于展示用户个人信息和设置等。

创作人员在设计微信小程序页面时，可注意以下要点，以确保良好的用户体验和高效的交互功能。

- **遵循设计规范**。微信平台明确给出微信小程序页面内容的设计规范，创作人员应遵循这些规范进行创作，如主内容文字使用黑色，次要内容文字使用灰色；导航栏设计高度为 128 像素，可随意设置颜色；图标设计尺寸为 81 像素 ×81 像素；轮播图比例为 16 ：9。由于规范较多，此处不展开讲解，可通过互联网搜索"微信小程序设计指南"自行查看。

- **页面设计简约、统一。**页面设计应简约、清晰、直观，避免页面过于复杂和拥挤。微信小程序的所有页面应保持一致的页面风格和色彩，使用户能够快速适应并找到所需功能。同时，不同页面之间也应保持统一性和延续性，减轻页面跳动造成的不适感。

- **导航易于理解。**采用易于理解和操作的导航方式，如添加顶部导航栏、底部导航栏等，使用户能够轻松找到目标页面。导航栏中的标签或按钮应明确标识其功能，避免给用户带来困惑。

- **功能布局合理。**功能布局应合理，按照功能的相关性进行分组，形成清晰的结构。考虑到屏幕较小，应尽量减少级联菜单（级联菜单是一种用户页面组件，用于分类和展示大量的选项，它通过层次结构将选项分组，用户需要逐级选择才能到达最终的选项）和层级结构，提高用户的操作效率。

- **注重操作体验。**交互设计能及时给予用户反馈，如点击按钮时的动画效果、加载页面时的进度提示等，减少用户操作的不确定性，同时确保操作的连贯性和流畅性，提升用户的操作体验。

- **注重细节。**图片应确保其清晰度和色彩还原度；文字应清晰易读，使用便于辨认的字体，同时注意字号大小和行距的设置，确保文字易于阅读和理解；图标和按钮应具有一致性和辨识度，避免与其他图标或按钮混淆。同时，还要注意保持这些元素与页面的协调和风格统一。

6.2 H5创作——易企秀

易企秀是一款在线 H5 制作平台，提供丰富的功能来帮助用户创作 H5，如可选择丰富的模板、运用各种功能组件、布局与调整页面、添加交互动画等。尤其是其中的模板功能，能够帮助用户快速搭建 H5 的基本框架，而且这些模板中的文字、图片、音乐、动画、交互设计等内容均可自由编辑。另外，易企秀还引入 AIGC 技术来生成 H5 模板，生成的 H5 模板同样支持后续的编辑操作，以便创作人员进一步定制和优化内容。

6.2.1 选择与编辑模板

模板是 H5 创作的关键，模板的风格影响着 H5 的主题呈现。创作人员在易企秀首页左侧导航栏中单击"H5"选项卡，可进入 H5 模板页面，在该页面中选择模板时，可根据用途、行业、节假、风格、功能、答题等一级类目进行筛查，再根据一级类目下方的二、三级类目进行细致选择，如图 6-2 所示。

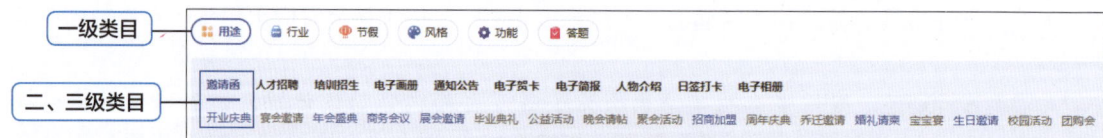

图6-2　易企秀的筛查模板功能

选择合适类目后将跳转到相应页面，在新页面中可根据其余类目再次筛选模板，并且这些模板可以按照综合排序、最新、最热、价格、颜色等方式排序，以便创作人员准确地选择所需的模板，如图 6-3 所示。

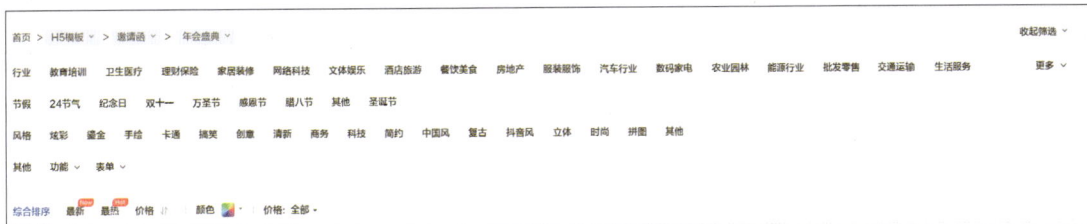

图6-3 易企秀的模板排序功能

单击所需的模板，将跳转页面，在该页面左侧的缩览图中可预览该模板的所有页面，在右侧"版权保障"栏中设置作品的使用范围，单击对应的制作按钮便可以进入"编辑"页面，如图 6-4 所示。在"编辑"页面的左右两侧和顶部显示了编辑操作所需的参数，单击模板中的元素后，页面将出现一个布满参数的"组件设置"面板，创作人员可以修改这些参数，编辑模板中的元素。

图6-4 模板的"编辑"页面

> 👆 **知识补充**
>
> "编辑"页面左上角的 ❗图标表示当前模板具有需要商业授权的元素，将鼠标指针移至该图标处，便可在弹出的面板中清晰地看到这些元素对应的内容。创作人员即使运用易企秀中的免费模板，也要确保其中的元素都拥有商业授权，在未得到授权的情况下可替换这些元素的对应内容，避免产生版权纠纷。

6.2.2 上传并管理素材

易企秀给予创作人员极大的自由度，在"编辑"页面左侧"我的"选项卡中，创作人员可以自行上传文本、视频、音乐、图片和二维码等素材，也可以文件夹的形式整合上传素材。除文本类型的素材，其他类型素材也可以通过计算机和手机两种方式上传，如图6-5所示。

以从计算机中上传图片为例，依次在"编辑"页面单击"我的""我上传的素材""图片"选项卡，再单击 本地上传 按钮，打开"打开"对话框，在其中选择图像文件后，单击 打开(O) 按钮，上传的图片将出现在"全部上传"栏中。若需要删除该素材，则单击 管理 按钮，此时素材前方会出现复选框，选中该复选框，单击 删除 按钮，页面中会出现"确定删除图片吗？"提示，单击 确定 按钮便可以彻底删除素材。

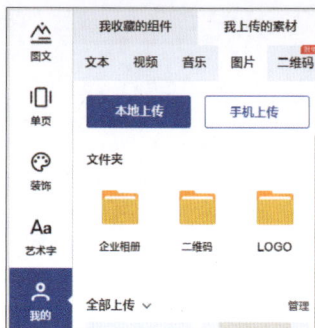

图6-5 上传和管理素材的区域

> **知识补充**
>
> 在"我上传的素材"下的"图片"选项卡中，"全部上传"栏中预设了较多图片素材，创作人员单击这些图片素材便可以将其添加到页面中。自行上传的图片素材默认放在预设图片的前方，以便创作人员使用。另外，易企秀仅提供图片这一类型的预设素材在"全部上传"栏中，也仅支持上传大小在5MB以内的素材。

若需要上传图片到文件夹中，可以单击"文件夹"栏的任一文件夹，此时将进入该文件夹，单击 本地上传 按钮或 手机上传 按钮可上传素材，上传的素材将同时位于该文件夹和"全部上传"栏中，单击 管理 按钮同样能删除上传的素材。另外，将鼠标指针移至"文件夹"栏的任一文件夹上时，该文件夹右上角将出现 … 按钮，单击该按钮，可以在打开的列表中选择"重命名""删除"选项来管理该文件夹。

6.2.3 更改页面内容

在创作H5的过程中，可以根据需要增减页面、更改页面的视觉效果、更改页面的文字和图片等。

- **增减页面**。在"编辑"页面右侧单击"页面管理"选项卡，可查看当前模板所有页面的缩览图，单击任一页面即可跳转到对应页面。若仅将鼠标指针移至缩览图上，其右侧将出现按钮组，单击其中的"删除当前页面"按钮 🗑，将弹出"页面删除后无法恢复"提示，单击 坚持删除 按钮后就能删除当前页面。另外，通过"页面管理"选项卡底部的 + 常规页 按钮和 + 长页面 按钮可以新增不同类型的页面。

- **更改页面的视觉效果**。在"编辑"页面右侧单击"页面设置"选项卡，可更改当前页面的视觉效果，包括背景颜色、背景叠加、滤镜、翻页效果和页面音乐。

- **更改页面的文字和图片**。在"编辑"页面右侧单击"图层管理"选项卡，可查看当前页面的所有内容，这些内容以图层的形式并按照堆叠顺序展示。创作人员可使用图6-6所示的按钮组进行调整。若需要详细更改页面的文字和图片，可在页面中选中对象，在出现的"组件设置"面板中进行设置；也可以右击，在弹出的快捷菜单中选择所需命令进行设置。

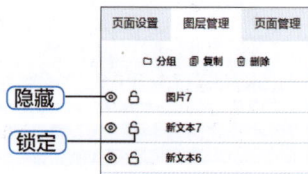

图6-6 图层管理按钮组

6.2.4 设置背景音乐、动画和交互

更改页面内容后，通过设置背景音乐、动画和交互，可以提升 H5 的视听感受。

1. 设置背景音乐

单击"编辑"页面顶部的♫按钮，打开"音乐库"对话框，在其中可以使用自主上传的音频文件，也可以使用音乐库中的音频文件。选择所需的音频文件后，单击右下角的 立即使用 按钮，便可以为当前所有页面设置统一的背景音乐。此时，将鼠标指针移至♫按钮处将弹出面板，在其中可更换背景音乐、删除背景音乐和添加音乐字幕。

2. 设置动画

若要为页面中的元素设置动画，需要先选中该元素，然后在"组件设置"面板的"动画"选项卡中单击 +添加动画 按钮，该面板将出现"进入""强调""退出"3 种类型的动画预设，单击任意一种动画预设便可以进行应用，并且 +添加动画 按钮下方将出现"动画"参数组，如图 6-7 所示，调整其中的参数便可改变动画效果。若需要为同一个元素添加多个动画，可重复执行添加动画的操作。

单击 +添加动画 按钮右侧的 ▷预览动画 按钮，可以预览当前选中元素的整体动画效果。此时单击某个"动画"参数组右侧的 ▷ 🗑 按钮组中的按钮，仅可删除和预览对应的动画，而不对其他"动画"参数组造成影响。

图 6-7 "动画"参数组

3. 设置交互

交互是 H5 的一大亮点，创作人员可通过添加组件或为页面中元素设置触发行为来进行交互设计。

- **添加组件**。在易企秀中，各种具有交互效果的小工具统称为组件。将鼠标指针移至"编辑"页面顶部的"组件"按钮🎛处，在弹出的面板中分布有"视觉""交互""趣味""特效""导航"类目的组件，如图 6-8 所示，单击"交互"类目下的任意组件便可将其添加到当前页面中。另外，其他类目中的组件大多数也能用于交互。

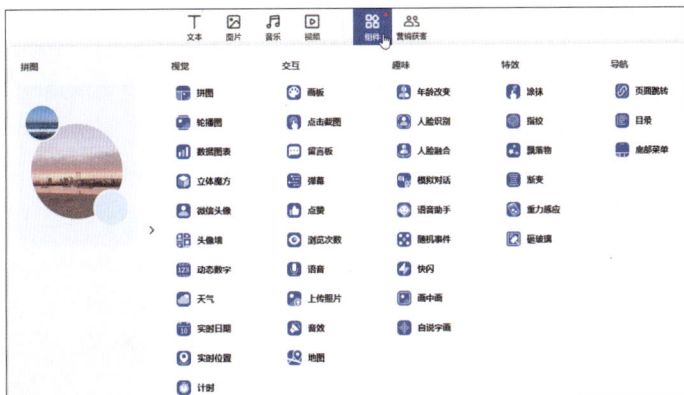

图6-8 组件选项

- **设置触发行为**。在易企秀中，使交互设计产生响应的用户行为统称为触发行为。选中页面中的元素，在"组件设置"面板的"触发"选项卡中可显示当前能设置的"点击

触发"类型，选择任一选项后，在该选项卡下方将显示对应的参数设置，创作人员需要设置这些参数才能添加触发式的交互效果。若需要设置其他形式的触发行为，可单击 `+ 添加触发` 按钮，在弹出的列表中选择触发形式选项，如图6-9所示。

图6-9　设置触发行为

6.2.5　预览、保存和生成H5

"编辑"页面右上角的按钮组提供了预览、保存和生成 H5 的功能。单击"更多"按钮 ☰，在弹出的列表中可选择批量制作等。单击 `预览和设置` 按钮，可在打开的面板左侧预览 H5 效果，右侧进行分享设置，单击右下角的 `发布` 按钮和 `保存` 按钮可直接发布和保存该 H5，这与 `预览和设置` 按钮右侧的 `保存` 按钮、`发布` 按钮具有相同功能。

单击 `发布` 按钮发布 H5 后，将跳转到一个新页面，该页面内容主要为推广设置和链接推广，其中链接推广分别以二维码、网址、微信小程序的形式让创作人员能在各大平台运用该 H5，也可以直接推广到今日头条、微信公众号等新媒体平台。

6.2.6　AI生成H5

易企秀将 AI 功能命名为小易 AI，并提供丰富的功能。在易企秀首页左侧导航栏中单击"AI 创作"选项卡，将进入小易 AI 页面，在该页面顶部分布着可以生成的作品类型选项卡，如文案、绘画、特效字、H5、长页等。

作品类型选项卡下方是操作区，操作区左侧为制作场景设置区域，选择所需的应用场景选项后，该区域将变为文字输入区，创作人员需要在其中输入必要的信息，再单击 `生成大纲` 按钮，才能在操作区右侧（即页面大纲和风格确认区域）得到生成作品的大纲。创作人员可以选择进行微调，如增删大纲一级类目、修改一级类目名称（会对该类目的正文造成影响），大纲右侧将出现页面风格设置选项，可通过单击 `更换` 按钮，在打开的面板中选择所需的风格，最后单击 `一键生成H5` 按钮。

单击 `一键生成H5` 按钮后，页面将出现"您的 H5 作品已生成，点击去编辑进入作品编辑页"提示和 `去编辑` 按钮，单击该按钮将进入编辑页面，在其中可查看完整的生成作品，也可以编辑、预览、保存和发布作品。

【案例】 创作"植树节"活动邀请函 H5

花开幼教准备在植树节当天举办亲子植树活动，通过带领全校小朋友和家长共同前往郊区种树，增进亲子关系，同时提升小朋友的环保意识和社会责任感。现需要制作一个邀请函主题的 H5 发布到微信朋友圈中，以作宣传。具体操作如下。

步骤 01 进入易企秀首页，单击"H5"选项卡后进入 H5 模板页面，依次单击"行业""教育培训""幼儿教育"选项卡，切换页面后，在"用途"栏中选择"邀请函"选项，在"价格"栏中选择"免费"选项，在筛选出的模板中选择首排倒数第 2 个选项，如图 6-10 所示。

图6-10　筛选模板

步骤 02 进入预览页面后，单击 免费制作 按钮进入编辑页面。

步骤 03 在"页面管理"选项卡中查看各页面内容，由于该模板内容较多，为节省浏览时间，可根据实际情况通过单击"删除当前页面"按钮 🗑，删除往期、我们、环境、报名、地址等内容所在页面，即模板的第 4、6、7、8、9 页。

步骤 04 单击第 1 页封面页缩览图，切换到该页。依次单击"我的""我上传的素材""图片"选项卡，单击 本地上传 按钮，打开"打开"对话框，依次选中"草坪 .png""人物 .png""太阳 .png""叶子 .png""云 .png"素材（配套资源:\素材文件 \ 第 6 章 \ "'植树节'活动邀请函 H5"文件夹），单击 打开(O) 按钮上传。再单击"音乐"选项卡，本地上传素材文件夹中的"欢快背景音乐 .mp3""提示音 .mp3"素材。

步骤 05 选择页面上的人物元素，按【Delete】键删除，再删除页面上的鸟、云彩、洒水壶和草坪素材。切换到"我的"下的"图片"选项卡，单击云彩素材缩览图，该图将被添加到页面上，并且该对象周围出现编辑框，拖曳右上角编辑点 ○ 来等比例调整对象大小，再移动该对象调整位置。

步骤 06 按照与步骤 05 相同的方法在页面中依次添加草坪、人物、太阳和叶子素材，并调整大小和位置，此时的封面页效果与模板提供的封面对比如图 6-11 所示。

小技巧

在编辑H5内容时，易企秀会在页面中同时展示常规屏和主流屏的框线，并仅将位于这些框线内的内容视为可发布部分，"页面管理"选项卡的缩略图只会展示常规屏框线内的内容。考虑到用户可能使用各种尺寸的设备进行预览，建议创作人员将关键元素和重要信息置于常规屏框线内。本例中，叶子元素被巧妙地放置在常规屏与主流屏的交界处，以确保至少部分叶子元素能在各种设备上可见，从而使该元素能达到丰富画面层次的效果。

步骤 07　单击"图层管理"选项卡，将鼠标指针移至"新文本 17"图层上，将其向上移动至图层顶部；重复操作，将其余文本图层和"形状 7"图层逐一移至该图层下方，保持原顺序不变，效果如图 6-12 所示。

步骤 08　单击"植"文字，在"组件设置"面板下的"样式"选项卡中单击"更多字体"按钮 ，打开"字体库"对话框，在"正版字体"下的"价格"选项卡中选择"免费"选项，滑动鼠标滚轮找到"站酷快乐体"字体，单击该字体缩略图便可以运用，此时该字体将添加到"字体"样式下拉列表中，选择"树"文字，在"字体"下拉列表中选择"站酷快乐体"字体便可以直接应用。将剩余文字的字体全部设置为该字体，效果如图 6-13 所示。

图6-11　修改页面图片　　　图6-12　调整图层堆叠顺序　　　图6-13　修改字体

步骤 09　双击底部文字，使其呈可编辑状态，输入"'花开幼教'植树节活动邀请函"，拖曳左右两侧编辑框，使文字呈一行排列。再将"浇个朋友吧"文字内容修改为"亲子活动"，然后将人物元素向上移动以优化排版，效果如图 6-14 所示。

步骤 10　切换到第 2 页，按照与步骤 05 ～步骤 07 相同的方式调整页面中的图片元素（不添加云彩素材）；按照步骤 09 的方法调整文字内容，内容参考素材文件夹中的"活动信息 .txt"素材，根据文字数量适当调整微信头像、微信昵称和文字位置。选择"微信昵称"文字，在"组件设置"面板下的"样式"选项卡的"文本样式"栏中单击字体右侧的色块，在打开的面板中单击黑色色块，将文字颜色更改为黑色，如图 6-15 所示。

步骤 11　按照步骤 10 的方法修改正文文字的颜色为黑色，此时第 2 页内容已修改完毕。由于另外两页排版与该页相同，可采用复制操作来快速修改另外两页的图片元素。先按照步骤 05 的方法删除第 3 页和第 4 页的部分图片元素，再切换到第 2 页。

图6-14　修改页面文字内容

图6-15　修改文字颜色

步骤 12　选择草坪图片，按【Ctrl + C】组合键复制，切换到第 3 页按【Ctrl + V】组合键原位粘贴该图片，切换到第 4 页重复粘贴操作。回到第 2 页继续复制其余图片素材，粘贴到第 3 页和第 4 页，结束操作后在"图层管理"选项卡中调整草坪和太阳图层的堆叠顺序。参考"活动信息 .txt"素材修改第 3 页和第 4 页正文内容，并将文字修改为黑色；修改标题字体为"思源黑体"，调整标题文字位置，效果如图 6-16 所示。

步骤 13　当前所有页面的内容皆已修改完毕，可开始调整动画效果。切换到第 1 页，选中太阳元素，在"组合设置"面板下的"动画"栏中可看到当前该元素已添加"淡入"动画效果，单击 淡入 按钮，在打开的面板中选择"进入"栏中的"向上翻滚"选项，修改效果参数如图 6-17 所示。为该页面所有修改过的图形元素应用相同的动画效果，使封面页动画效果更为丰富。

步骤 14　第 2 ~ 4 页自带的动画效果基本令人满意，适当优化即可。切换到第 2 页，按照与步骤 13 相同的方法将太阳的动画效果修改为"旋转"，设置时间为"20"、延迟为"0"，选中"循环播放""匀速播放"复选框；将叶子动画效果修改为"倾斜摆动"，设置时间为"20"、延迟为"0"，选中"循环播放"复选框。

步骤 15　选择太阳元素并右击，在弹出的快捷菜单中选择"复制动画"命令。切换到第 3 页，选中太阳元素并右击，在弹出的快捷菜单中选择"粘贴动画"命令。重复操作，使第 2 ~ 4 页的太阳和叶子元素具有相同的动画效果。

步骤 16　为便于家长查看活动安排，可在第 2 ~ 4 页添加截图交互设计。切换到第 2 页，将鼠标指针移至编辑页面顶部的"组件"按钮 处，在弹出的面板中选择"交互"栏的"点击截图"选项，将对应组件添加到画面中，调整组件的大小和位置，如图 6-18 所示。

步骤 17　选中"点击截图"组件并右击，在弹出的快捷菜单中选择"添加音效"命令，打开"音乐库"对话框，在"我的音乐"选项卡中选择"提示音"选项，单击 立即使用 按钮，此时该组件右侧将出现 图标。

步骤 18　将"点击截图"组件复制、粘贴到第 3 和第 4 页，其中第 4 页受内容影响，需要向下移动组件位置。将鼠标指针移至"音乐"按钮 处，在弹出的面板中选择"更换音乐"选项，在"我的音乐"选项卡中选择"欢快背景音乐"选项，单击 立即使用 按钮。

图6-16　修改第3页和第4页内容

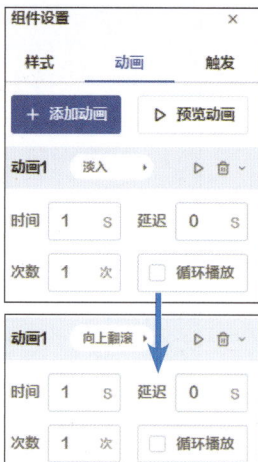

图6-17　修改动画效果

图6-18　添加组件

步骤19　单击 预览和设置 按钮，在打开的预览面板右侧单击 更换封面 按钮，打开"图片库"对话框，在"我的图片"选项卡中单击"人物.png"图片，返回预览面板后，设置标题名称为"'花开幼教'植树节活动邀请函"，如图6-19所示。在左侧预览H5效果，如图6-20所示。预览时可单击"点击截图"组件，测试其是否能正常使用，单击右下角的 保存 按钮保存该H5。

效果预览

"植树节"活动
邀请函H5

图6-19　设置封面和名称

设计素养

在制作与儿童相关的多媒体作品时，可采用卡通风格。该风格常运用可爱的形象、鲜明的色彩，能够迅速吸引儿童的注意力。儿童处于认知发展的初级阶段，他们更喜欢简单易懂、形象生动的视觉元素，而他们的大脑正在发育中，对视觉刺激的需求较高，高饱和度的颜色鲜艳夺目，能够满足儿童对视觉刺激的需求，激发他们的视觉兴趣和探索欲望。

图6-20　预览H5效果

【案例】 使用"小易 AI"创作招聘宣传 H5

云亿科技公司因临时业务需求，急需增加产品研策和研发设计岗位的人手，于是人力资源部门决定采用 AI 工具迅速制作招聘宣传 H5，然后在各大新媒体平台上发布，以尽快招募到合适的人才。具体操作如下。

微课视频

使用"小易AI"
创作招聘宣传
H5

步骤01　在易企秀首页左侧导航栏中单击"AI 创作"选项卡，进入小易 AI 页面，依次单击"H5""社会招聘"选项卡，设置生成作品的类型和应用场景，然后在相关文本框中输入信息，内容参考"云亿公司介绍 .txt"素材（配套资源 :\ 素材文件 \ 第 6 章 \"招聘宣传 H5"文件夹），单击 ⬛ 生成大纲 ⬛ 按钮生成大纲，效果如图 6-21 所示。

步骤02　将"创变之路"文字内容修改为"急招岗位"，通过单击 − 按钮删除多余的类目，只保留"云亿科技""急招岗位""优厚福利""加入我们"类目，如图 6-22 所示。单击页面风格下方的 ⬛ 更换 ⬛ 按钮，在打开的面板中选择所需的风格。

步骤03　单击 ⬛ 一键生成H5 ⬛ 按钮生成 H5，生成完成后，单击 ⬛ 去编辑 ⬛ 按钮进入"编辑"页面，在"页面管理"选项卡中可发现新增了 1 张封面页。

步骤04　上传提供的"Logo.png""图片 1.jpg""图片 2.jpg""图片 3.jpg"图片素材（配套资源 :\ 素材文件 \ 第 6 章 \"招聘宣传 H5"文件夹）。

步骤05　切换到第 1 页，单击页面右上角的 Logo 元素，在"组件设置"面板下的"样式"选项卡中单击 ⟳ 换图 按钮，打开"图片库"对话框，在"我的图片"选项卡中选择上传的"Logo.png"素材缩览图，替换所选的元素，然后在"滤镜"栏中选择"清新"选项，如图 6-23 所示。

步骤06　保持选中"Logo.png"素材，在"组件设置"面板下的"动画"选项卡中单击 ⬛ 淡入 ⬛ 按钮，在打开的面板的"进入"栏中选择"向上翻滚"选项。选择"招聘"文字，在"动画"选项卡中单击 ⬛ + 添加动画 ⬛ 按钮，在打开的面板的"强调"栏中选择"悬摆"选项。

步骤07　选中"云亿科技公司"文字，修改字体为"阿里巴巴惠普体 2.0 大粗 115"，如图 6-24 所示。

步骤 08　选择"Logo.png"素材，按【Ctrl + C】组合键复制，切换到第 2 页，按【Ctrl + V】组合键粘贴，由于此时该素材已具有动画效果，将会把该素材连同其动画效果一同粘贴到第 2 页的相同位置。重复操作，为第 3 ～ 5 页粘贴相同内容，再返回第 2 页。

步骤 09　按照与步骤 05 相同的方法将第 2 页的图片更改为"图片 1.jpg"素材，并添加"鲜明"滤镜。将图片下方的文字内容修改为素材文件夹"云亿公司介绍 .txt"素材中的"公司简介"内容。选择标题文字，按照与步骤 07 相同的方式修改为相同的字体，再设置字号为"18"；将正文字体修改为"阿里巴巴惠普体 2.0 细体 45"，字号为"16"，使正文和标题字体既风格统一，又存在区别，效果如图 6-25 所示。

步骤 10　按照与步骤 09 相同的方法调整第 3 页和第 4 页的图片（不添加滤镜）、文字内容和格式，效果如图 6-26 所示。

步骤 11　切换到第 5 页，该页本身已添加交互设计，因此该模板不需要添加额外的组件来构建交互，但当前表单中的文字内容不符合实际招聘需求，需要调整。按照与步骤 07 相同的方法调整标题文字的字体，然后选中"公司名称"文字，在"组件设置"面板"样式"选项卡"文本"栏下方的文本框中修改内容为"姓名"，输入类型设置保持不变，如图 6-27 所示。

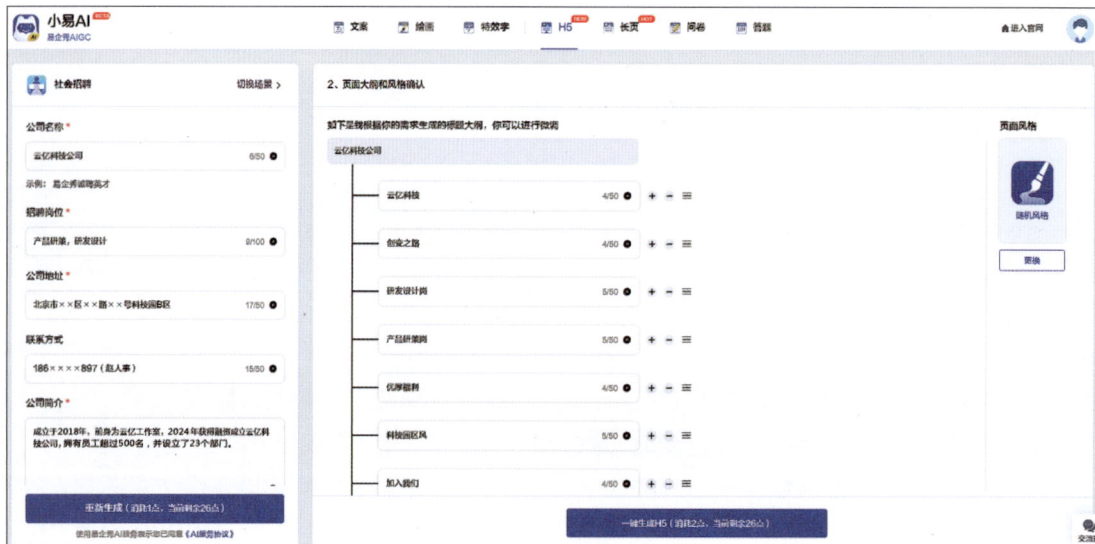

图6-21　页面大纲

图6-22　修改大纲和设置页面风格

图6-23　更换Logo并添加滤镜

图6-24　更换字体

图6-25　修改第2页内容

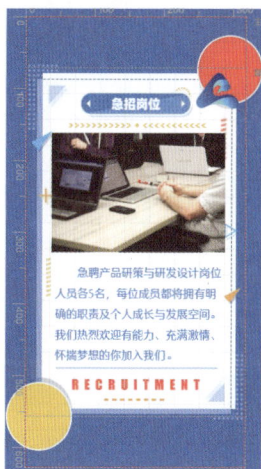

图6-26　修改第3页和第4页内容

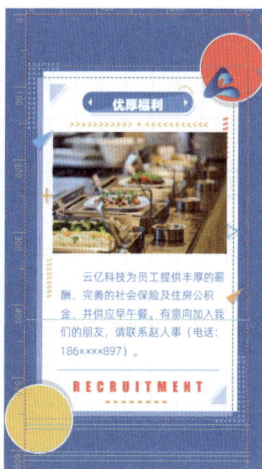

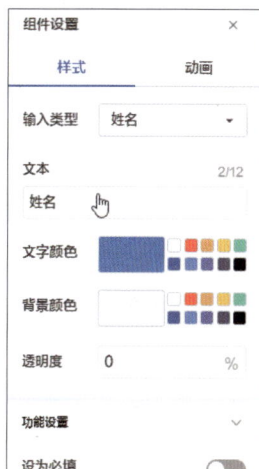

图6-27　修改组件

步骤 12　按照与步骤 11 相同的方法修改剩余文字，将"联系方式"文字修改为"性别"，在"输入类型"下拉列表中选择"文本"选项；将"应聘岗位"文字修改为"联系方式"，在"输入类型"下拉列表中选择"电话"选项；将"工作经验"文字修改为"应聘岗位"，在"输入类型"下拉列表中选择"文本"选项；将"期望薪资"文字修改为"个人简介"，在"输入类型"下拉列表中选择"文本"选项。

步骤 13　单击"艺术字"选项卡，在展开的面板中选择图 6-28 所示的选项，便可在页面中添加艺术字。双击页面中的艺术字，将内容更改为"联系方式：186×××× 7897（赵人事）"，以便用户在填写表单时遇到问题能与人事及时沟通；修改字号为"16"，字体为"阿里巴巴惠普体 2.0 细体 45"，效果如图 6-29 所示。

步骤 14　将鼠标指针移至"音乐"按钮♫处，在弹出的面板中选择"更换音乐"选项，打开"音乐库"对话框，单击左下角的 ☁上传音乐 按钮，打开"打开"对话框，在提供的素材文件夹中选择"大气背景音乐 .mp3"文件，单击 打开(O) 按钮，在"我的音乐"选项卡中选择已上传的音频，单击 立即使用 按钮。

步骤 15　单击 预览和设置 按钮，在打开的面板右侧设置标题名称为"云亿科技公司招聘 H5"，在左侧预览 H5 效果，着重测试"加入我们"页面的组件效果，如图 6-30

效果预览

招聘宣传H5

所示。若无问题，单击右下角的 保存 按钮保存该 H5。

图6-28　添加艺术字

图6-29　第5页内容效果

图6-30　预览H5效果

6.3　微信小程序页面创作——凡科

现如今，微信小程序已成为人们日常生活中不可或缺的服务性工具，广泛应用于医疗、餐饮、政务等众多领域。凡科作为业界领先的微信小程序开发平台，其凭借强大的技术实力和丰富的经验，为创作人员提供了高效、便捷的微信小程序定制服务。

6.3.1　筛选模板

在凡科中制作微信小程序的流程与在易企秀中制作 H5 相似，都需要根据主题、用途来筛选合适的模板。进入凡科官网，单击"建小程序"选项卡，将显示比较常用的行业选项，如图 6-31 所示，单击选项下方的 查看更多行业模板 按钮将跳转到"模板筛选"页面，在其中可以进行更细致的模板筛选操作。

图6-31　常用的行业模板类型

创作人员可通过所属行业、行业分类两大类目来筛选模板，单击"展开"右侧的按钮∨可查看全部类目，模板的排序也可以自行控制。筛选出合适的模板后，将鼠标指针移至模板缩览图上，将显示二维码预览提示和 ▢预览 按钮，单击该按钮可切换页面，在该页面左侧能预览该模板的具体内容，若对效果满意，单击右侧的 ▢免费搭建 按钮会切换到模板的"编辑"页面。

6.3.2　增删页面和模块

微信小程序主要由各个页面和页面上具有不同功能的模块组成。创作人员使用凡科提供的微信小程序模板时，可以自由增删页面和模块，若对调整后的效果不满意，可单击"编辑"页面右上角的 ⟳取消 按钮，重置模板。

1．增删页面

模板的"编辑"页面左侧为主要功能栏，单击"页面"选项卡，在弹出的面板中可以看到"我的页面""系统页面"两个选项卡，其中"我的页面"选项卡显示的页面为底部导航栏中除"首页"，创作人员可以删除和新增的其他页面，如图6-32所示。"系统页面"选项卡中显示了通过页面模块可跳转到的页面，这些页面不可以删除。

创作人员自行新增的页面都存放在"我的页面"选项卡中。单击 ＋添加页面 按钮，新建一个名称为"自定义"的页面，"编辑"页面中部的页面显示区域将会出现新增的页面。单击"自定义"右侧的⊙按钮，在"编辑"页面右侧将出现一个面板，在"页面管理"选项卡中可设置该页面的名称和其他属性；单击⊙按钮右侧的"复制"按钮□和"删除"按钮🗑可进行复制和删除操作。

2．增删模块

单击"编辑"页面左侧的"模块"选项卡，在弹出的面板中可以看到凡科提供的常用、互动、高级、信息库4个类型的模块，如图6-33所示，单击任一按钮，将展开对应的模块。单击模块便可将其添加到当前页面。若需要删除页面中的模块，单击该模块后，右侧将会出现"编辑"按钮✎、"上移"按钮⌃、"下移"按钮⌄、"移除"按钮✕，单击对应按钮可进行相应操作。

图6-32　增删页面

图6-33　"模块"选项卡

6.3.3　替换页面素材

微信小程序页面中的素材通常包括文字和图片两种，若要替换这两种素材则需要使用不同的方法。

- **替换文字。**直接双击非按钮上、非跳转链接的文字，进入编辑状态，直接输入文字就能替换。若要替换跳转链接中的文字，需要先进入跳转后的页面，再双击文字进行操作。
- **替换图片。**替换没有设置跳转链接功能（该功能可使用户通过单击图片跳转到其他页面）的图片时，只需要将其选中，"编辑"页面将出现"图片设置"面板，在该面板中单击"编辑"✏按钮，打开"修改图片"对话框，可自行上传图片或使用图片库中的图片进行替换。替换设置了跳转链接功能的图片时，需要进入跳转后的页面，选中页面内容，右侧将出现"编辑"按钮✏和"编辑信息库"按钮▤，单击对应按钮后，"编辑"页面右侧将出现对应设置面板，可在其中进行修改。

凡科还提供了一种特殊的素材，样式与模块类似，都为已经布局好的图文内容。单击"编辑"页面左侧的"素材"选项卡，便能在对应面板中查看这些素材，如图6-34所示。创作人员单击素材缩览图便可以将其添加到页面，并且能使用与调整模块和替换文字、图片相同的方法来调整该素材。另外，为便于使用这种素材，凡科还在"素材"选项卡中提供了搜索和分类功能，创作人员输入关键词或者根据分类项筛选素材，即可快速找到所需的素材。

图6-34　"素材"选项卡

6.3.4　统一页面风格

考虑到微信小程序页面和其模块类型不一的情况，凡科提供了"风格"功能，创作人员可以快速统一各个页面和其中模块的颜色和样式（模块中的背景色、文字色、图片不受影响），以强化微信小程序页面设计的统一性。具体操作方法为：单击"编辑"页面左侧的"风格"选项卡，在弹出的面板中可设置配色方案、模块皮肤、页面背景，如图6-35所示。

图6-35　"风格"选项卡

- **设置配色方案和模块皮肤。**设置配色方案只需单击对应的颜色色块，设置模块皮肤只需选择所需的皮肤选项。
- **设置页面背景。**通常情况下微信小程序的背景色默认为白色，若需要设置为其他颜色或图案，可单击 选定义 按钮，下方将出现 ◎选择颜色 按钮（用于设置背景色）和 🖾叠加图片 按钮（用于将图片叠加到背景上）。

6.3.5　编辑页面控件

凡科平台的微信小程序模板页面还提供控件（凡科平台将一些小功能工具统称为控件），常见的导航栏、侧边客服和直播功能都属于控件。单击"编辑"页面左侧的"控件"选项卡，在其中显示了模板已添加的控件，如图6-36所示，其中灰色文字表示控件不可编辑，黑色文字表示控件可编辑。取消选中控件名称前的复选框，便可以将

图6-36　"控件"选项卡

对应控件从页面中移除；单击控件名称右侧的✐按钮，在"编辑"页面右侧将出现参数设置面板，在其中可设置当前控件。不同功能的控件对应的参数设置有所不同。

6.3.6　保存、预览并发布微信小程序

"编辑"页面右上角提供 🖫保存 🔍预览 按钮组用于保存和预览效果，若未保存微信小程序，直接将鼠标指针移至 🔍预览 按钮处，该按钮将变换成 🖫保存并预览 形态，单击此时的按钮将同时保持和预览微信小程序。单击"编辑"页面顶部的 审核发布 按钮可在审核后发布微信小程序。

【案例】　创作"优椰露营地"微信小程序页面

如今微信小程序成了消费者查看商家服务、商家产品信息的便利渠道，"优椰露营地"基于这种考虑，准备制作自己的微信小程序。具体操作如下。

步骤 01　在凡科官网单击"建小程序"选项卡，单击 按照步步行业模板 ⊙ 按钮进入模板筛选页面，在"所属行业"栏中单击"酒店、餐饮、旅游票务"选项卡，在"行业分类"栏中单击"酒旅官网"选项卡，在"排序"栏中单击"热门"选项卡，浏览筛选出的模板，将鼠标指针移至首排第 2 个模板上，显示 预览 按钮，单击该按钮切换页面，如图 6-37所示。

步骤 02　单击 免费搭建 按钮切换到模板的"编辑"页面，单击"首页"按钮⌂，切换到"首页"页面，滑动鼠标滚轮使页面显示底部内容，单击"营地探索"文字右侧的"移除"按钮⊠删除该模块。重复操作，删除原"营地探索"文字下方的图片和文字，以及轮播图下方的分类模块，效果如图 6-38 所示，使首页仅包含两屏内容。

图6-37　筛选模板

步骤 03　将鼠标指针移至导航栏，在其右侧显示的按钮组中单击"编辑"按钮✐，在页面右侧将显示一个面板，在该面板的"内容"选项卡中单击"露营攻略"导航栏文字右侧的按钮🗑，如图 6-39 所示，从导航栏中移除该页面。

图6-38 删除首页模块

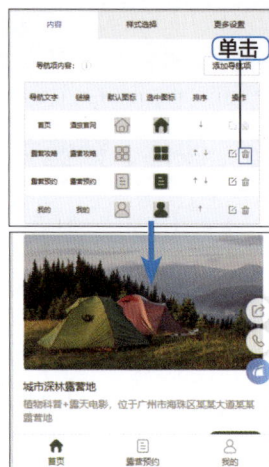

图6-39 删除"露营攻略"页面

步骤04 将保留的模块更改为优椰露营地的内容。双击"首页"页面顶部的"酒店名称"文字，使其呈可编辑状态，输入"优椰露营地首页"文字。

步骤05 单击任一轮播图，页面右侧将弹出面板，将鼠标指针移至"基础"选项卡下"图片设置"栏的首张图片上，其右下角将出现 按钮，单击该按钮打开"修改图片"对话框。单击 按钮打开"打开"文件夹，选择素材文件夹中的"轮播图1.jpg"图片（配套资源:\素材文件\第6章\"'优椰露营地'微信小程序"文件夹），单击 按钮；再将素材文件夹中的"轮播图2.jpg"图片（配套资源:\素材文件\第6章\"'优椰露营地'微信小程序"文件夹）设置为第2张轮播图，效果如图6-40所示。

> 💡 **小技巧**
>
> 若是上传的图片数量较多，创作人员可先单击 按钮，创建文件夹后进入该文件夹，再单击 按钮上传图片，此时上传的图片都将位于该文件夹内。基于此，创作人员可以根据图片的类型、使用场景等因素来分类上传所需的图片。

步骤06 首页三个热门营地的内容详细展现在"露营预约"页面中，单击"露营预约"选项卡切换到该页面，单击顶部的选项卡可发现三个营地被分别置于"精致露营""徒步露营""登山露营"选项卡中，这与实际分类不符，因此需要调整。

步骤07 单击导航栏的"编辑"按钮 ，打开"管理服务分类"对话框，双击"精致露营"文字，使其呈可编辑状态，输入"山地型"文字。重复操作，将剩余两种类型修改为"水域型""平原型"，单击 按钮。

步骤08 单击"小丘城市营地"模块的"编辑"按钮 ，打开"编辑服务"对话框，参考素材文件夹中的"露营地信息.txt"文件修改名称、摘要、主图、类型、价格、服务详情等信息，单击 按钮保存设置。其中主图修改方式与步骤05相似，需上传素材文件夹中的"花枝山营地.jpg"图片，效果如图6-41所示。

步骤09 按照与步骤08相同的方式修改其他两个模块，主图需分别上传素材文件夹中的"星露河营地.jpg""湿地公园营地.jpg"图片，效果如图6-42所示。

图6-40　替换轮播图　　　图6-41　修改营地信息　　　图6-42　修改其他营地的信息

步骤10　切换到"首页"页面查看效果，可发现营地价格呈从低到高排列，而"露营预约"页面的营地价格呈从高到低排列，需要将其统一。切换到"露营预约"页面，单击导航栏的"编辑"按钮，打开"管理服务分类"对话框，单击两次"平原型"左侧的按钮，使其位于第1排；单击"水域型"左侧的按钮，使其位于第2排，效果如图6-43所示，单击 保存 按钮。

步骤11　切换到"我的"页面，此时该页面中的内容为默认内容，需要根据实际情况调整。单击"编辑"按钮，在页面右侧打开"我的页面"面板，在"登录设置"栏中选中"开启"单选项，此时将默认采用微信快速验证登录；在"基本信息"栏中修改联系电话为"123×××7899"，营业时间为"08:00—23:00"；选中"地址"栏及"介绍"栏右侧的"隐藏"单选项，如图6-44所示，此时该页面效果如图6-45所示。

图6-43　调整服务分类

步骤12　切换到各个页面查看整体效果，发现"首页"页面还缺少搜索内容的功能，因此需要添加，以便用户使用。切换到"首页"页面，依次单击"编辑"页面左侧的"模块""高级"选项卡，选择"搜索"选项，如图6-46所示，将对应模块添加到页面底部，效果如图6-47所示，单击3次"上移"按钮，将其调整到轮播图上方。

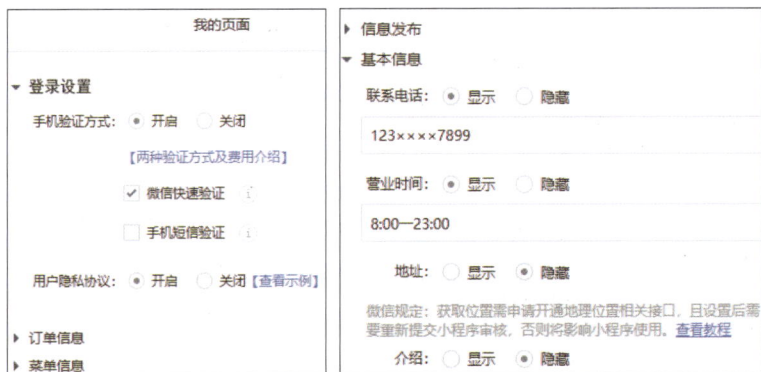

图6-44　设置"我的"页面

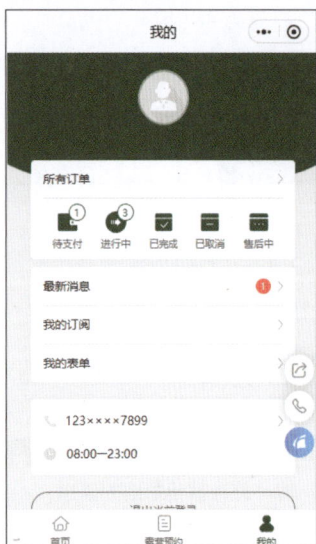

图6-45 "我的"页面效果　　图6-46 添加"搜索"模块　　图6-47 调整"搜索"模块

步骤13　单击"编辑"页面右上角的 保存 按钮保存文件，单击 预览 按钮预览效果，如图6-48所示，效果无误后，单击 正式发布 按钮发布微信小程序。

知识补充

发布微信小程序到微信平台前需要先授权给凡科，然后才能在微信平台正式上架微信小程序，以供用户使用。微信官方明确规定：只有微信用户主动授权使用微信小程序后，第三方平台（如凡科）才具备对微信小程序进行设计和代码管理的权限，并且微信小程序个人开发的服务类目有严格规定的，内容不在服务类目中的不能通过审核。授权的微信小程序必须是完成备案的，这一要求来源于2023年7月21日工业和信息化部发布的《工业和信息化部关于开展移动互联网应用程序备案工作的通知》。微信平台为此明确通知，自2023年9月1日起，所有未上架的微信小程序必须完成备案后才可上架；若微信小程序已经上架，必须要在2024年3月31日前完成备案，若逾期未完成备案，将会在2024年4月1日后被清退处理。

图6-48 "优椰露营地"微信小程序页面

课堂实训

实训1　创作"读书日活动"邀请函H5

实训背景

诚悦读书平台计划在 4 月 23 日世界读书日当天举办一个线下交流会，为此需要制作一个邀请函形式的 H5，让用户通过填写其中的报名表参与活动。参考效果如图 6-49 所示。

图6-49　"读书日活动"邀请函H5

【素材位置】配套资源:\素材文件\第 6 章\"'读书日活动'邀请函 H5"文件夹
【效果位置】配套资源:\效果文件\第 6 章\"'读书日活动'邀请函 H5"文件夹

实训思路

步骤 01　登录易企秀官网以"读书""邀请函"为关键词筛选模板，在"编辑"页面中先删除"节日目的""节日主旨""活动地址"页面，再自行上传"书.png"图片替换未得到商业授权的书本图片。

步骤02　参考"活动信息.txt"文件修改剩余页面的文字内容，明确活动的时间、地点和流程。替换掉未得到授权的字体，如将标题字体统一设置为"站酷小薇 LOGI体"，正文字体统一设置为"思源黑体"。

步骤 03　为封面页的元素设置不同类型的动画效果，为第 2 页和第 3 页的段落文字添加打字效果的动画，为第 4 页和第 5 页的活动流程文字和表单文字添加非淡入动画，丰富视觉效果。

步骤 04　在音乐库中搜索"舒缓"类型的免费音乐，将其设置为背景音乐。预览并修改文件名称为"'诚悦读书活动'邀请函"，将其保存后发布。

实训2 创作"瀚海"体育场馆微信小程序

实训背景

"瀚海"体育场馆需要上架微信小程序，以便用户预约场地和查看营业信息，并添加赛事信息，激发用户参与运动的兴趣。参考效果如图6-50所示。

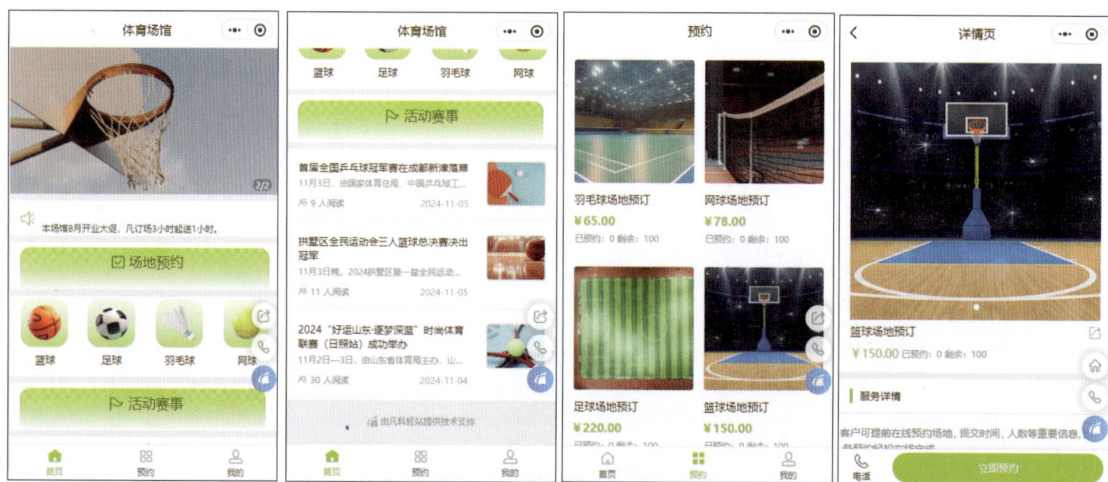

图6-50 "瀚海"体育场馆微信小程序

【素材位置】配套资源:\ 素材文件 \ 第 6 章 \ "'瀚海'体育场馆"文件夹

【效果位置】配套资源:\ 效果文件 \ 第 6 章 \ "'瀚海'体育场馆"文件夹

实训思路

步骤 01 登录凡科官网，以"体育健身"为关键词筛选模板，预览模板后根据实际需求评估每个页面需要修改的内容。

步骤 02 替换"首页"页面的轮播图，在图片库中搜索球类相关图片，如足球、乒乓球等，删除图片描述。参考"场馆资料 .txt"文件修改公告和赛事信息、封面图，以及在赛事正文中插入配图。

步骤 03 参考"场馆资料 .txt"文件修改"预约"页面的场地价格、服务详情和场地图片。

步骤 04 参考"场馆资料 .txt"文件修改"我的"页面中的电话，并添加营业时间信息。

步骤 05 在"控件"选项卡中选中"侧停客服"复选框，添加侧停客服。

微课视频

创作"瀚海"体育场馆微信小程序

课后练习

1．填空题

（1）在数字多媒体领域，H5是指 _____ 页面，具有灵活性高、_____、制作周期短、_____ 与 _____ 强、展现方式多样、表现形式丰富、视听效果好等特点。

（2）H5 创作流程中，内容策划通常涵盖 _____、_____ 和 _____ 3 个方面。

（3）创作人员在设计微信小程序页面时，需注意 _____、_____、_____、_____、_____、_____ 要点，以确保良好的用户体验和高效的交互功能。

2．选择题

（1）【单选】易企秀仅支持上传大小在（　　）以内的素材。

  A．20MB B．1MB C．5MB D．10MB

（2）【单选】在凡科平台中，"搜索"模块属于（　　）类型的模块。

  A．常用 B．互动 C．高级 D．信息库

（3）【多选】使用易企秀制作 H5 时，需要发布的内容应位于（　　）以内。

  A．常规屏框线   B．主流屏框线

  C．全面屏框线   D．曲面屏框线

3．操作题

（1）诚悦读书平台计划在高考前三天开始发布倒计时 H5 为高考学子加油，要求使用合适的模板，替换部分图片和文字内容，以及背景音乐，新增平台 Logo 素材进行宣传，并丰富动画效果和交互效果。参考效果如图 6-51 所示。

【素材位置】配套资源:\素材文件\第 6 章\"诚悦读书'高考加油'H5"文件夹

效果预览

"诚悦读书'高考加油'H5"

图6-51　诚悦读书"高考加油"H5

（2）在凡科平台中挑选自己感兴趣行业的微信小程序模板，充分发挥创新能力调整页面中的内容，如更换页面模块的类型、调整页面布局等，从而提升创作能力。

第 7 章

综合项目

本章概述

　　在多媒体领域，创作人员经常参与多种类型的项目，并且这些项目通常需要创作多种形式的设计作品。基于这一背景，本章精心规划了新品宣传项目、食品品牌项目及环保项目，旨在指导创作人员迅速而高效地完成作品创作。

学习目标

1. 灵活运用多种软件完成各类多媒体作品的创作
2. 能够根据项目内容选择合适的创作工具
3. 提升创新思维，为作品融入创意设计

案例展示

环保宣传视频

环保宣传动画

7.1 新品宣传项目创作

目前，电动汽车行业的发展日益蓬勃，"绿驰未来"公司顺应这一趋势，新推出了电动汽车，现急需大力开展推广活动，以迅速提升该车型的市场知名度。为此，该品牌初步计划在小红书、微信、抖音这3个平台上进行宣传，需要创作相应的推广素材。

7.1.1 创作"购车指南"小红书笔记封面

"绿驰未来"公司在小红书上的营销方式以推广笔记为主，为此，其与一名知名博主展开合作，共同策划推出一系列以"购车指南"为主题的笔记。为了达到更自然且有效的推广效果，该笔记计划采用用户接受度较高的卡通风格设计封面，以吸引流量，再将电动汽车的外观图放置在封面图中，让用户对汽车外观有初步了解。

微课视频

创作"购车指南"小红书笔记封面

1. 创作要求

（1）图像风格为卡通风格，图像中车辆的外观与"绿驰未来"汽车品牌的电动汽车相似。

（2）整体视觉效果美观，重点突出主题，尺寸为1242像素×1660像素，分辨率为72像素/英寸。

【素材位置】配套资源:\素材文件\第7章\新品宣传项目\"配图素材"文件夹

【效果位置】配套资源:\效果文件\第7章\"'购车指南'小红书笔记封面配图"文件夹

2. 创作思路

（1）为了使图像中汽车的形象与新车具有一定的相似度，先查看并分析公司提供的汽车外观图，研究该汽车的外观特征，如"白色外形，黑色轮胎"，据此拟定AI生图关键词。

（2）使用即梦AI的图片生成功能，生成白色汽车行驶在田野中的图像，然后使用扩图功能扩展图像，参考效果如图7-1所示。

（3）在Photoshop中导入扩展后的图像，作为封面图背景。绘制文本框，输入标题文字。

（4）导入装饰素材，绘制其他装饰，导入其他文字，丰富画面效果。参考效果如图7-2所示。

图7-1 生成和编辑图像

图7-2 封面效果

7.1.2 创作"汽车展览会"邀请函H5

"绿驰未来"公司计划参加由当地市政府主办的汽车展览会，现需要制作邀请函形式的H5，发送给新老客户。

1．创作要求

（1）邀请函内容包括展览会的时间、地点、流程、主办方和咨询电话等。

（2）邀请函措辞诚恳，视觉效果美观，交互设计自然流畅。

【素材位置】配套资源 :\ 素材文件 \ 第 7 章 \ 新品宣传项目 \ "H5 素材"文件夹

【效果位置】配套资源 :\ 效果文件 \ 第 7 章 \ 新品宣传项目 \ "H5 素材"文件夹

2．创作思路

（1）在易企秀中筛选所需的 H5 模板，删减不需要的页面。

（2）上传本地素材，切换到第 1 页，使用新素材替换页面中的 Logo、汽车图像，根据公司提供的文字资料修改该页面的文字内容，其中，标题文字需要修改为具有商业授权的字体格式，再添加"点击截图"组件，并为替换的图像和添加的组件应用动画。

（3）切换到第 2 页，删除顶部图像、左下角图像和右下角文字，修改正文内容，再添加汽车图像，然后为正文和汽车图形应用不同的动画。

（4）切换到第 3 页，删除顶部图像，修改文字内容，添加"点击截图"组件并应用动画。切换到第 4 页，删除顶部图像。预览 H5 效果，设置标题名称后保存文件。

参考效果如图 7-3 所示。

微课视频

创作"汽车展览会"邀请函H5

效果预览

"汽车展览会"邀请函H5

图7-3 "汽车展览会"邀请函H5

7.1.3 创作"汽车宣传"微博焦点图

"绿驰未来"公司计划在新浪微博的官方账号上新增一张新品电动汽车的微博焦点图，使来访的用户都能在第一时间看到该新品的消息，增加新品传播度。

1．创作要求

（1）焦点图重点突出，视觉效果美观，设计新颖别致，具有科技感。

（2）尺寸为 560 像素 ×260 像素，72 像素 / 英寸，RGB 颜色模式。

【素材位置】配套资源 :\ 素材文件 \ 第 7 章 \ 新品宣传项目 \ "焦点图素材"文件夹

【效果位置】配套资源 :\ 效果文件 \ 第 7 章 \ "汽车宣传"微博焦点图 .ai、"汽车宣传"微博焦点图 .jpg

2．创作思路

（1）在 Illustrator 中绘制与画板等大的渐变色矩形，渐变色采用具有科技感、视觉冲击力较强的对比色；置入涟漪图像并调整其不透明度，与矩形一同成为焦点图的背景。

（2）置入汽车图像，通过复制、旋转，创建不透明度蒙版等操作调整汽车图像，再在两车之间绘制具有不透明度效果的椭圆形充当地面，制作出汽车倒影。

（3）在画面左侧添加 4 排相同颜色的文字。降低第 1 排文字的不透明度，制作成装饰元素；为第 4 排文字绘制圆角矩形，以重点强调和装饰文字。通过这种设计制作出左文右图的排版布局。

（4）绘制与画板等大的矩形，选中画板全部内容创建剪贴蒙版。保存文件并导出图像，参考效果如图 7-4 所示。

微课视频

创作"汽车宣传"微博焦点图

图7-4 "汽车宣传"微博焦点图

设计素养

微博焦点图是新浪微博提供给通过微博会员认证用户的功能，用于在用户个人主页展示1～5张图片，其他用户访问个人主页时将首先看到这些图片，能够在公司和品牌宣传方面发挥良好的作用，因而应用越来越广泛。创作人员在创作数字多媒体作品时，应主动了解该作品的类型特征、适用场景和适用平台出台的要求，避免创作出的作品因不符合平台要求而无法顺利使用。

7.2 食品品牌项目创作

"鸿藁香"食品品牌致力于为消费者提供新鲜、自然、美味的糕点，并与消费者建立深厚的情感联系。该品牌五周年纪念日即将来临，品牌决定进行全面升级，通过创作品牌宣传片头动画、品牌介绍音频、品牌宣传视频，以及上架"在线购物"微信小程序，向消费者展现焕然一新的品牌形象。

7.2.1 创作品牌宣传片头动画

"鸿藁香"食品品牌准备在品牌宣传片头动画中以三维动画的形式展示品牌名称，从而增强品牌识别度，并通过精美的画面让消费者留下深刻的印象。

1. 创作要求

（1）使用 Cinema 4D 进行制作，采用卡通风格和自然和谐的色彩搭配，营造自然、和谐、美观的视觉效果。

（2）尺寸为 1920 像素 ×1080 像素，帧速率为 25fps，时长在 5 秒左右。

【素材位置】配套资源:\素材文件\第 7 章\食品品牌项目\"动画素材"文件夹

【效果位置】配套资源:\效果文件\第 7 章\"品牌宣传片头动画"文件夹

2. 创作思路

（1）在 Cinema 4D 中新建文件，通过单击"平面"按钮█创建两个平面模型，分别作为地面和背景。单击"摄像机"按钮█新建摄像机，开启摄像机视角并调整画面视角，再锁定摄像机对象。

（2）创建基础模型，并对模型进行编辑，使其符合画面效果，利用"文本"按钮█创建立体文字，完成模型搭建。

（3）单击"材质管理器"按钮█，在弹出的面板中创建不同的材质球，并将材质运用到模型中。

（4）添加天空对象，然后为其添加 HDRI 材质，作为场景整体的环境光。调整总时长为 150 帧，开启自动关键帧，并利用位置属性的关键帧制作气球飞升的运动效果。

（5）新建一个粒子发射器，调整发射器至合适的大小和位置。新建 4 个球体作为粒子发射器的子层级，并为部分模型添加不同的动力学标签，最后渲染和导出文件。

参考效果如图 7-5 所示。

微课视频

创作品牌宣传
片头动画

效果预览

品牌宣传片头
动画

图7-5　品牌宣传片头动画

7.2.2 创作品牌介绍音频

"鸿藁香"品牌在充分认识到品牌介绍音频是增强品牌认知和提升品牌形象、与消费者建立情感联系、辅助品牌传播的有力手段后，计划创作一个全新的品牌介绍音频。

1. 创作要求

（1）音频包含语音、音效、背景音乐 3 类内容，听觉效果丰富。

（2）语音识别度高、吐字清晰、节奏流畅。

（3）音效和背景音乐融入自然，与语音相呼应。

（4）采用无损压缩的 WAV 音频格式。

【素材位置】配套资源:\ 素材文件 \ 第 7 章 \ 食品品牌项目 \ "品牌介绍音频素材"文件夹

【效果位置】配套资源:\ 效果文件 \ 第 7 章 \ 品牌介绍语音 .wav、"品牌介绍音频"文件夹

2. 创作思路

（1）在讯飞智作中筛选音色沉稳、有磁性的主播角色，通过音色吸引受众，在语句间隔处添加时长较长的停顿，生成语音音频，以便后期剪辑。

（2）在 Audition 中新建多轨会话，根据提供的文本资料，使用标记来分割语音音频，在分割点所处位置的不同轨道中添加所有的音频素材，调整入点和出点，适当进行淡化处理，使背景音乐和音效的插入不突兀。

（3）调整各个轨道中音频的音量，使语音音量最高，音效和背景音乐次之，再为"吟唱"背景音乐应用音频效果，增强空灵感。

（4）混合当前会话中的所有音频，在得到的新音频中应用音频效果，增强人声表现，最后调整任一声道的音量，使两个声道的音量不一致，制作出立体声效果。

微课视频
创作品牌介绍音频

效果预览
品牌介绍音频

7.2.3 创作品牌宣传视频

"鸿蕖香"食品品牌计划在各大短视频平台发布品牌宣传视频，增加品牌曝光度，从而扩大品牌的知名度和影响力。

1. 创作要求

（1）使用 Premiere 和 After Effects 进行制作，视频画面以自然色调为主，添加合适的音效，如鸟叫声、流水声，营造清新、自然的氛围，同时确保视频节奏流畅、画面清晰，音效与画面同步。

（2）在视频中间添加特效画面，以提升视频的视觉吸引力；在视频结尾处添加字幕和品牌名称，以增加品牌识别度。

（3）尺寸为 1920 像素 ×1080 像素，帧速率为 25fps，时长在 50 秒左右。

【素材位置】配套资源:\ 素材文件 \ 第 7 章 \ 食品品牌项目 \ "品牌宣传视频素材"文件夹

【效果位置】配套资源:\ 效果文件 \ 第 7 章 \ "品牌宣传视频"文件夹

2. 创作思路

（1）在 Premiere 中导入所有视频和音频素材，新建符合要求的序列。

（2）在"源"面板中设置"晨曦 .mp4""山泉 .mp4"素材的入点、出点，选取合适的视频片段，并将其添加到时间轴中。删除视频素材自带的原始音频，调整视频素材的缩放与序列一致，然后调整视频的播放速度，再根据视频画面依次添加鸟叫声和水流声音效。

（3）继续在时间轴中添加与品牌相关的其余视频素材，删除部分视频素材的自带音频，调整部分视频素材的缩放与序列一致，再调整合适的视频速度。

微课视频
创作品牌宣传视频

（4）在"Lumetri 颜色"面板中对部分视频素材进行调色处理，使画面色调更加美观。同时，还可以利用蒙版控制部分视频素材的调色范围。

（5）打开 After Effects，新建项目文件。利用"3D 摄像机跟踪器"效果创建跟踪摄像机和文字，并更改渲染器为"CINEMA 4D"，再为文字制作立体效果，然后分别导出同名的 MP4 格式文件，返回 Premiere 中替换同名序列。继续在 After Effects 中导入全部素材图片，并利用纯色图层和"梯度渐变"效果制作背景，利用三维图层、摄像机、关键帧和动画预设制作出多张图片汇聚到一起，然后品牌文字出现的特效效果。最后导出名称为"片尾"的视频，保存源文件。

（6）返回 Premiere，将导出的"片尾 .mp4"视频添加到时间轴中。添加语音素材，并将其转录为字幕，再编辑字幕。利用文字、蒙版、关键帧、"方向模糊"效果丰富部分画面的内容，并添加视频过渡效果，然后添加并编辑背景音乐，最后预览画面并保存和导出文件。

参考效果如图 7-6 所示。

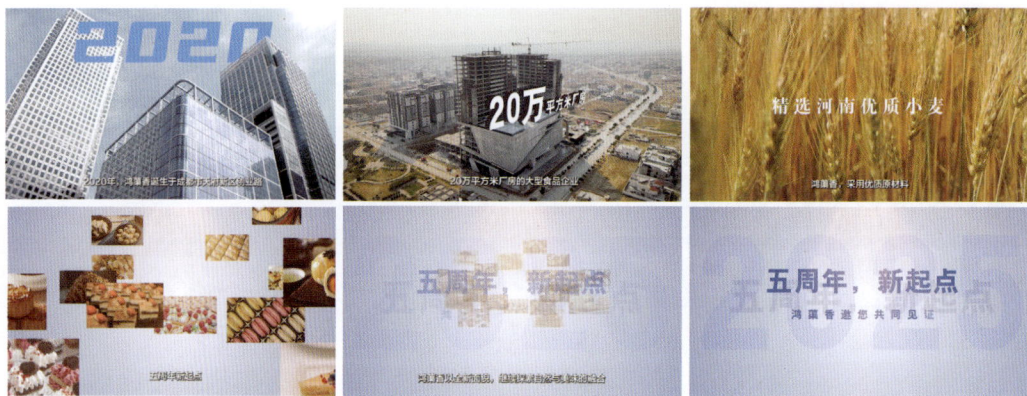

图7-6　品牌宣传视频

7.2.4　创作"在线购物"微信小程序页面

"鸿藁香"食品品牌计划上架功能为在线购物的微信小程序，并重点强调"预约"功能，方便消费者合理安排时间购买糕点。

1.　创作要求

（1）微信小程序包括"首页""预约""配送""我的"4 个页面："首页"顶部为图像，中间为公告，底部为商品展示区；"预约"页面分为中式、西式两个选项，详细展示各类商品信息；"配送"页面需展示配送注意事项；"我的"页面展示订单消息、配送时间段和咨询电话等内容。

（2）页面整体性较强，各功能设置合理、实用。

【素材位置】配套资源:\素材文件\第 7 章\食品品牌项目\"微信小程序"文件夹

【效果位置】配套资源:\效果文件\第 7 章\"微信小程序页面"文件夹

2.　创作思路

（1）在凡科官网根据行业类型筛选模板。在"首页"页面中删除不需要的内容，如预约栏、"生鲜超市"图像、类型按钮等；修改页面、图像和文字内容，新增公告模块，并添加两条公告。

（2）在"预约"页面中修改和删除分类选项名称，逐一修改原3栏内容，并新增一栏内容，使当前"中式""西式"选项中各有两种商品。

（3）在"配送"页面中修改图像和文字内容，在"页面"功能栏中修改该页名称。

（4）在"我的"页面中修改需要显示的信息，隐藏不需要的内容。

参考效果如图7-7所示。

微课视频

创作"在线购物"微信小程序页面

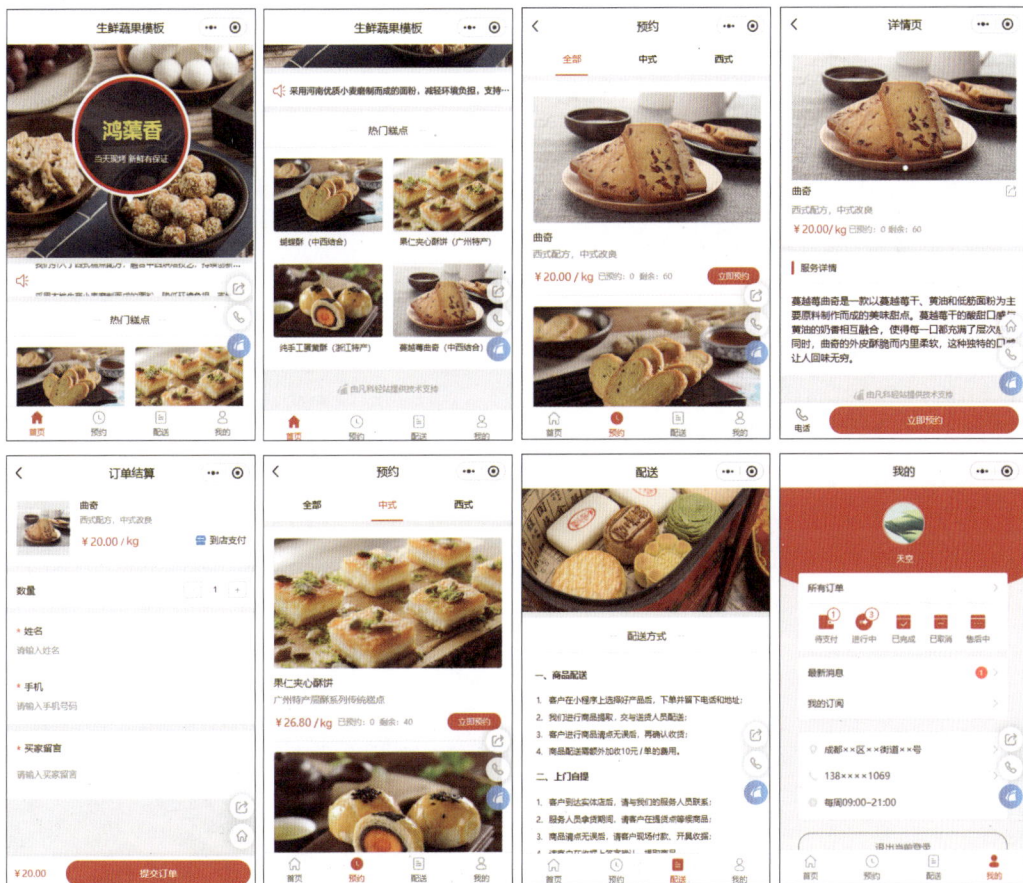

效果预览

"在线购物"微信小程序页面

图7-7 "在线购物"微信小程序页面

7.3 环保项目创作

环境保护是一项通过采取多样化措施，旨在合理利用资源、防止环境污染、保持生态平衡，从而确保人类社会健康发展并实现人与自然和谐共生的活动。某市政府计划启动一项名为"绿色行动·共筑美好家园"的环保项目。为了拓宽该项目的传播渠道，增强项目的影响力，激发更多人的公益热情，并吸引他们投身这项意义非凡的公益活动，现需制作宣传海报、宣传视频及宣传动画，并从不同的环保角度来呼吁人们保护自然。

7.3.1 创作环保宣传海报

在环保活动中，宣传海报作为一种直观、生动的传播媒介，承担着向公众传递环保信息、唤醒公众的环保意识、引导公众进行环保行动等多重任务。因此，某市政府计划在政府办公楼、广场等人流量较大的区域张贴宣传海报。

1. 创作要求

（1）宣传海报主题突出，文案简洁有力，图像视觉效果震撼，能有效激发公众对环保事业的认同。

（2）尺寸为 1240 像素 ×1754 像素，分辨率为 150 像素 / 英寸，CMYK 颜色模式。

【素材位置】配套资源 :\ 素材文件 \ 第 7 章 \ 环保项目 \ "海报素材" 文件夹

【效果位置】配套资源 :\ 效果文件 \ 第 7 章 \ 环保宣传海报 .psd、环保宣传海报 .jpg

2. 创造思路

（1）在文心一言中以环保为主题生成一些关键词，再根据所选的关键词生成一句宣传语，将关键词和宣传语都创建为文档文件，作为海报创作素材。参考效果如图 7-8 所示。

微课视频

创作环保宣传海报

（2）在 Midjourney 中文站中根据提供的森林图像素材拟定关键词，生成污染后的森林图像。参考效果如图 7-9 所示。

（3）在 Photoshop 中导入提供的森林图像素材，使用调色命令制作去色效果，再运用选区、滤镜、图层蒙版、剪贴蒙版等功能，制作出纸张撕开的特殊效果，露出调色后的森林图像，在视觉上形成无色和有色图像的强烈反差。

效果预览

环保宣传海报

（4）添加生成的森林图像，使用蒙版、混合模式合成无色区域的图像，加强污染区域的视觉冲击力。添加主题文字和宣传语，绘制黄色的装饰矩形以强调生成的关键词。再分别绘制白色矩形框和白色矩形装饰画面。参考效果如图 7-10 所示。

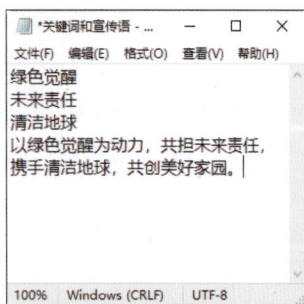

图7-8 生成关键词和宣传语

图7-9 生成污染后的图像

图7-10 环保宣传海报

7.3.2 创作环保宣传视频

某市为沿海城市，一直大力发展旅游业。然而，受人为因素影响，海洋污染比较严重，沙滩上垃圾随处可见。基于这一现状，市政府决定制作防止海洋污染的宣传视频，呼吁人们保护海洋。

1. 创作要求

（1）主题突出，视频具有创意，能详细展现海洋污染的危害。

（2）分辨率为 1920 像素 ×1080 像素，帧速率为 30fps，MP4 格式，时长为 40 秒以内。

【素材位置】配套资源:\素材文件\第 7 章\环保项目\"视频素材"文件夹

【效果位置】配套资源:\效果文件\第 7 章\海洋污染语音 .mp3、环保宣传视频 .mp4

2. 创作思路

（1）在 TTSMaker 中选择音色沉稳、吐字清晰的配音角色，生成字幕配音。

（2）在剪映专业版中先调整各个视频素材的持续时间，使第 1 段较长，第 2 段和第 3 段较短，第 4 段最短，以便制作开头和结束效果。

（3）应用调节功能，调整各视频画面的颜色，使其亮度、饱和度在视觉上较为统一，增强整体性。

（4）根据视频时长分割字幕配音，再添加和编辑字幕，制作出音画同步效果；然后添加背景音乐，并调整其音量，避免降低配音的识别度。

（5）在"转场"和"特效"选项卡中选择效果并应用到视频上，模拟受众以第一视角看到污染场景的效果，提升视频感染力。在"文本"选项卡中选择合适的文字模板，编辑文字内容，直接点明视频的主题，再制作视频的开场效果。

参考效果如图 7-11 所示。

微课视频

创作环保宣传视频

效果预览

环保宣传视频

图7-11　宣传视频

7.3.3　创作环保宣传动画

市政府计划制作一个以"垃圾分类"为主题的宣传动画，以提升青少年从身边小事做起、保护自然的素养。

1. 创作要求

（1）动画画面美观，动态效果具有新意，内容选材贴近生活。

（2）尺寸为 1280 像素 ×720 像素，帧速率为 24fps，时长为 12 秒左右。

【素材位置】配套资源 :\ 素材文件 \ 第 7 章 \ 环保项目 \ "动画素材" 文件夹

【效果位置】配套资源 :\ 效果文件 \ 第 7 章 \ 环保宣传动画 .fla、环保宣传动画 .swf

2. 创作思路

（1）在 Animate 中导入提供的所有素材，利用图层功能搭建湿垃圾、干垃圾、有害垃圾和可回收垃圾的产生场景，然后利用传统补间动画制作不同的人在不同环境中丢垃圾的动态效果。

（2）利用转场素材制作 4 个场景的切换效果。利用滤镜功能制作场景由清晰逐渐变模糊的视觉效果，突出丢垃圾的动画效果，并制造立体空间效果。

（3）利用"场景"面板搭建第 2 个主舞台，在其中利用已导入的图像素材布局画面，制作出垃圾分类场景效果，从而点明主题。

（4）添加文本框素材，在其中输入文字，利用文字再次强调该宣传动画的主题。同时，利用 TTSMaker 生成部分文字的语音音频，添加到动画中，丰富视听效果。

（5）利用补间动画原理为第 2 个主舞台中的所有元素制作动态效果。

参考效果如图 7-12 所示。

微课视频

创作环保宣传动画

效果预览

环保宣传动画

图7-12　环保宣传动画